CUMRUN VAFA

La simplicidad del universo

*Rompecabezas matemáticos
para descifrar el universo*

Traducción de Beatriz Gato Rivera

GUADALMAZÁN

Título original: *Puzzles to Unravel the Universe*

© Cumrun Vafa, 2020
© Traducción de Beatriz Gato Rivera, 2025
© Talenbook, s.l., 2025

Primera edición: abril de 2025

Guadalmazán • Colección Matemáticas
Director editorial: Antonio Cuesta
Edición de Óscar Córdoba

www.editorialguadalmazan.com
info@almuzaralibros.com

Talenbook, s.l.
C/ Cervantes, 26 • 28014 • Madrid

Imprime: Black Print
ISBN: 978-84-19414-51-9
Depósito Legal: M-10929-2025
Hecho e impreso en España - *Made and printed in Spain*

A mi amada esposa y amiga de toda la vida,
Afarin,
a mis hijos queridos,
Farzan, Keyon y Neekon,
quienes han sido mi inspiración para escribir este libro,
y a mis padres, Simeen y Javad, por su amor y por alentar mi
curiosidad.

Índice

Prólogo

Nosotros los humanos tenemos un interés innato por entender cómo funcionan las cosas. Esperamos observar patrones a nuestro alrededor que nos ayuden a anticipar lo que viene a continuación. Cuantificar estos patrones es lo que nos condujo gradualmente a desarrollar las matemáticas. No es sorprendente, por tanto, que las matemáticas sean el lenguaje apropiado para describir cómo se comporta la naturaleza. En efecto, las matemáticas son la columna vertebral de la física, la cual tiene por objeto describir cómo funciona el universo en su nivel más fundamental. Cuanto más profundamente comprendemos las leyes de la naturaleza, más necesitamos de matemáticas avanzadas. Tanto es así que la física actual tiene cierta reputación de ser impenetrable para los no iniciados debido a su complejidad matemática.

Sin embargo, esta percepción pasa por alto la simplicidad de las leyes de la física y la elegancia que exhiben las matemáticas al capturar lo esencial de la realidad física. Siendo yo un físico con un marcado interés en las matemáticas, he sido testigo de primera mano de cómo por debajo de todas esas estructuras matemáticas tan complejas y formidables que aparecen al formular las leyes de la física se hallan verdades simples y profundas. Son estas verdades las que muchos científicos se esfuerzan por precisar cuando finalmente se descubren las leyes de la naturaleza, y forman una especie de «resumen ejecutivo» muy estimado por ellos porque son lecciones extraídas a partir de los descubrimientos de esas leyes.

Afortunadamente, a menudo es posible ilustrar estas ideas clave con juegos matemáticos sencillos, como rompecabezas y acertijos. Estos juegos son tan simples que no es necesaria una formación amplia ni en física ni en matemáticas para abordarlos y apreciar su significado. Además, no son solo muy divertidos de resolver sino también muy gratificantes ya que capturan ideas profundas sobre la realidad física que van mucho más allá de lo que alcanzan unos simples rompecabezas o acertijos.

En este libro pretendo embarcar al lector en un viaje para descifrar algunos aspectos de las leyes que rigen el universo por medio de juegos matemáticos amenos y entretenidos. El principio que comparten todos ellos es la observación de que por debajo de la realidad física no subyace ninguna idea general predominante, sino más bien un conjunto de conceptos casi opuestos entre sí que juntos la estructuran. El objetivo principal de este libro es comprender cómo estos razonamientos opuestos pueden entretejerse y trabajar en armonía para llegar a resultados importantes. Espero demostrar estas ideas contemplando, a través del prisma de los juegos matemáticos, algunos de los principios más relevantes que hemos descubierto sobre la naturaleza.

Después de repasar brevemente la historia de la ciencia y la interrelación entre la física y las matemáticas a lo largo de los siglos, pasaré a tratar los temas principales uno por uno. Cada sección del libro comienza con una idea sobre una materia concreta y luego se debate la importancia de la idea opuesta. A continuación, se repite el mismo procedimiento, pero intercambiando las materias entre física y matemáticas. Y todo esto se presenta con el telón de fondo de los rompecabezas y acertijos mencionados.

El primer tema que tratamos es el de las simetrías. Por un lado, veremos el significado de preservar simetrías en la física y las matemáticas; y por otro, explicaremos la importancia de romperlas. El rompecabezas en el que se pide diseñar la carretera más corta que conecta cuatro ciudades situadas en las esquinas de un cuadrado, es un ejemplo muy bonito de este fenómeno. Aunque las simetrías explican cómo funcionan las leyes de conservación, como por ejemplo, la de la conservación de la energía, veremos por qué romper simetrías es aún más importante para nuestra propia existencia, algo que, como comentaremos, está relacionado con la partícula de Higgs descubierta en 2012. Además, explicamos cómo nuestros propios ojos y su ubicación en el rostro denotan también una rotura de simetrías.

Otro tema que abordamos es la importancia de las ideas intuitivas, así como de las no intuitivas, tanto en la física como en las matemáticas. Las ideas intuitivas (como la continuidad, que aparece de manera destacada en varios aspectos de las leyes de la física) y las abstracciones no intuitivas (como visualizar el tiempo como una dimensión extra) son ambas necesarias para comprender la realidad de una manera más profunda. Mostramos que la idea de continuidad, pese a ser tan simple, lleva a conclusiones de gran alcance. Como ilustración, proponemos un rompecabezas que revela por qué en el ecuador hay siempre puntos diametralmente opuestos con la misma temperatura. Y también mostramos cómo la continuidad en las leyes de la física puede explicar por qué la teoría de la relatividad general de Albert Einstein predice que una lente gravitatoria produce siempre un número impar de imágenes de cualquier objeto astronómico.

Después pasamos al concepto de naturalidad, que nos permite hacer estimaciones aproximadas sobre el comportamiento de la naturaleza a partir de muy poca información. Como ejemplo, mostramos con una estimación sencilla cuánto necesitaría encogerse el Sol para convertirse en un agujero negro. Y luego vamos al concepto opuesto y hablamos de cómo en las leyes fundamentales de la naturaleza aparecen algunos números anormalmente grandes o pequeños que son muy difíciles de predecir. En particular, está la cuestión de por qué la fuerza gravitatoria entre protones es un billón de billones de billones (10^{36}) más pequeña que la repulsión eléctrica entre ellos. Además, ilustramos la aparición de grandes números en la física, de manera totalmente inesperada, con el viejo problema del ganado de Arquímedes, en cuya solución aparece un número ¡con casi un millón de dígitos!

También me aventuro a tratar brevemente algunas de las conexiones entre la ciencia y la religión pero, a diferencia de lo que se suele ver en este contexto, esta cuestión también se enmarca en el lenguaje lúdico de los juegos matemáticos. Por ejemplo, en uno de ellos se presenta un rectángulo compuesto por otros más pequeños. En estos rectángulos, la anchura o la altura tiene como longitud un número entero, por lo que el rectángulo mayor, sorprendentemente, también tiene esta propiedad.

Finalmente, hablo de algunos de los desarrollos más interesantes de la física fundamental actual en el contexto de la teoría de cuerdas, que surgió hace cuatro décadas como una teoría cuántica unificada que describe todas las fuerzas fundamentales. Me centro en la idea de la dualidad en la teoría de cuerdas, que ha fascinado a los físicos teóricos especialistas en este tema durante las tres últimas décadas y ha desempeñado un papel primordial en su desarrollo. También explico cómo la dualidad nos lleva a una mejor comprensión de los agujeros negros y de la naturaleza del espacio y del tiempo, entre otros ejemplos. Para ilustrar el concepto de dualidad, proponemos un rompecabezas en el que unas hormigas chocan frontalmente en una barra de medir y cada hormiga intenta no caerse por los extremos de la barra durante el mayor tiempo posible. Pues bien, resulta que la idea de dualidad descubierta en la teoría de cuerdas da lugar a un microcosmos dentro de este libro. Es la idea de que algunos principios opuestos pueden encajar a la perfección de una forma coherente y convincente para predecir cómo se comporta la naturaleza. Nada puede ser más potente que tener ideas contrapuestas trabajando en armonía, razón por la cual la dualidad se ha convertido en una poderosa herramienta para descifrar los secretos más profundos de nuestro universo.

Espero que ustedes encuentren interesante y constructiva la lectura de este libro, así como la resolución de sus juegos matemáticos. Será un placer para mí si consigue proporcionarles una nueva forma de entender las leyes fundamentales de nuestro universo y del papel que desempeñan las matemáticas en él, a la vez que les permita apreciar también el poder de estos juegos para desafiarnos e inspirarnos, ¡y a veces incluso sorprendernos! Y aún en el caso en que ustedes no fuesen amantes de los rompecabezas y acertijos cuando eran niños —como yo lo era y lo sigo siendo— ¡nunca es demasiado tarde para convertirse en uno de ellos!

He de decir que he tenido la suerte de llevar conmigo a algunos de los estudiantes de primer año del Harvard College en este viaje para descubrir cómo los juegos matemáticos pueden revelar algunos de los misterios del universo. Esto lo hice a través de un curso que diseñé con tal finalidad, del cual ha resultado este libro, que se ha enriquecido con las reacciones y sugerencias que he recibido de los estudiantes que lo siguieron. Se basó, inicialmente, en los apuntes tomados por tres estudiantes —Tony Feng, Kewei Li, y Weiming Zhao— que fueron editados sustancialmente por Steve Nadis, a los que posteriormente Xiaotian Yin añadió algunas figuras. También me he beneficiado del estímulo de varios colegas para completar este libro, en particular de Yaotian Fu y Brian Greene. A todos ellos les estoy profundamente agradecido. La presente edición en español incluye pequeñas revisiones de la redacción original por parte de los colegas involucrados en la traducción, por lo que también les doy las gracias*. Además, estoy seguro de que hay muchas maneras de mejorar este libro. Si los lectores tienen sugerencias, me alegraría recibirlas a través de mi página web, www.cumrunvafa.org.

Y finalmente, aunque no menos importante, también he de decir que fue mi esposa Afarin quien me sugirió impartir el curso y escribir este libro, que no existiría sin su entusiasmo, por lo que le estoy profundamente agradecido a ella también.

---

* Beatriz Gato Rivera está muy agradecida a Fernando Barbero por leer todo el manuscrito traducido y hacer muchas sugerencias y comentarios, tanto a nivel lingüístico como científico, y también le da las gracias a Bert Schellekens por sugerencias y comentarios varios y por ayudar a insertar los textos traducidos en las figuras.

1. Introducción a la física moderna

Muchos aspectos fundamentales de la física se sustentan en principios matemáticos sencillos que pueden quedar ocultos debido a la complejidad del formalismo en el que se presentan: tanto el lenguaje, poco familiar, como las ecuaciones, a veces intimidantes. Lo mismo sucede con muchas ideas matemáticas abstractas, que a menudo encierran conceptos sencillos que, sin embargo, pueden verse oscurecidos por el contexto en el que se presentan. Las ideas profundas de la física y las matemáticas suelen compartir un denominador común, lo que quizás no resulte sorprendente dada la cercanía de estas dos disciplinas. Más sorprendente es el hecho de que algunas de esas mismas ideas pueden surgir durante la resolución de juegos matemáticos, como rompecabezas y acertijos.

Este libro trata de los juegos matemáticos y su relación con la física. Aunque los rompecabezas y acertijos pueden ser fascinantes y entretenidos en sí mismos, vamos a ver cómo pueden servir de puente entre las dos disciplinas y también vamos a revelar algunos de los vínculos comunes que comparten. No se requieren conocimientos avanzados de matemáticas ni de física para resolver los juegos matemáticos que se presentan en este libro, ni se presupone que el lector tenga una formación amplia en ninguna de estas materias. Pero un interés genuino, así como algunos conocimientos en torno a estos temas, sí que serían ciertamente útiles a la hora de apreciar este libro, dirigido a estudiantes universitarios y a alumnos avanzados de enseñanza secundaria, entre otros destinatarios.

Aunque la física y las matemáticas están estrechamente entrelazadas, sus culturas y filosofías son muy diferentes. Las matemáticas parten de axiomas fundamentales y se construyen sobre inferencias lógicas. Las leyes físicas, sin embargo, en vez de deducirse usando una lógica jerárquica, se han concebido para explicar cómo funcionan las distintas componentes de la naturaleza y cómo encajan entre sí sus leyes. La física hace hincapié en las *relaciones* entre estas leyes, más que en las dependencias lógicas entre ellas, aunque, por supuesto, la cohesión lógica de las diferentes ideas sigue siendo un ingrediente necesario de las leyes físicas. Por otro lado, mientras que en matemáticas es esencial tener claro cuáles son los axiomas y las premisas subyacentes, los axiomas o principios fundamentales de la física pueden modificarse a medida que salen a la luz nuevos resultados o ideas teóricas.

La historia nos ha mostrado que pueden producirse avances importantes en esta disciplina cuando lo que se consideraba inicialmente una consecuencia de una ley física se revela posteriormente como un principio general por derecho propio. Un buen físico, por tanto, debe estar siempre abierto a revisiones o «reajustes» de este tipo, ya que un nuevo principio que se acaba de reconocer suele acabar siendo más fundamental, y con un ámbito de aplicación más amplio, que el principio original del que se pensaba que había surgido. Un buen ejemplo lo constituye el principio de conservación del impulso o momento. Aunque originalmente se consideró una consecuencia de las leyes del movimiento de Newton, más de 225 años después de su presentación en los *Principia Mathematica* se llegó a la conclusión de que los principios de conservación son más fundamentales que las leyes del movimiento porque se derivan de las simetrías subyacentes en la naturaleza.

Por esta razón, los físicos intentan mantener una actitud flexible en cuanto a cuáles son los principios fundamentales; cuestión ésta en constante evolución. En lugar de conceder una importancia capital al carácter jerárquico de las ideas, los físicos están dispuestos a reordenar las estructuras en cualquier momento, lo que es contrario a la visión que los matemáticos tienen, por lo general, de las matemáticas. Un teorema matemático, si se demuestra que es correcto, se tiene por verdadero para siempre, a diferencia de los principios físicos, que están sujetos a cambios cuando se producen nuevos descubrimientos empíricos.

También hay otras diferencias. Explicar fenómenos de física complejos, por ejemplo, requiere a menudo de aproximaciones que los matemáticos se resisten a hacer. La cuestión de si un espacio es «continuo», por ejemplo, es decir, si no contiene ningún hueco, o si, por el contrario, está formado por puntos muy próximos entre sí, puede no ser relevante para los físicos que se centran en los resultados de experimentos realizados a escalas de distancia mucho mayores. Pero para los matemáticos, sin embargo, la «suavidad» de un espacio dado, o la ausencia de ella, es una de sus características principales, y no un detalle poco relevante.

El objetivo de este capítulo es proporcionar una breve panorámica sobre la física. Será un repaso rápido y poco detallado, pues no pretende ser exhaustivo, lo cual resultaría imposible en el reducido espacio de un solo capítulo. En su lugar, nos proponemos exponer algunos ejemplos extraídos de la historia de la física que pueden darnos una idea de donde nos encontramos hoy en día en la larga búsqueda por comprender las leyes fundamentales de la naturaleza.

IDEAS DEL MUNDO ANTIGUO

En su afán por explicar lo que ocurría en el mundo que los rodeaba, los griegos concibieron muchas ideas curiosas sobre la física. Estaban cautivados con la elegancia de las matemáticas, y algunos eruditos, incluido Platón, creían que la verdadera realidad de este mundo residía en la geometría. Ellos veían una gran belleza en la geometría euclídea y en los sólidos platónicos, que pensaban que podían utilizarse para describir la naturaleza en su conjunto. Sin embargo, mientras que la mayor parte de su trabajo en matemáticas estaba muy adelantado a su tiempo, su física no estaba al mismo nivel. Aristóteles, por ejemplo, creía que las rocas caen hacia abajo porque les gusta estar en el suelo. Entre todos los estados posibles, afirmaba, estar en el suelo es el que más disfrutan. Por consiguiente, seguía explicando, las rocas caen más deprisa a medida que se acercan al suelo porque se sienten felices de estar más cerca de su lugar de reposo natural y preferido[1].

---

1   Véase el tratado *Sobre el Cielo*, de Aristóteles

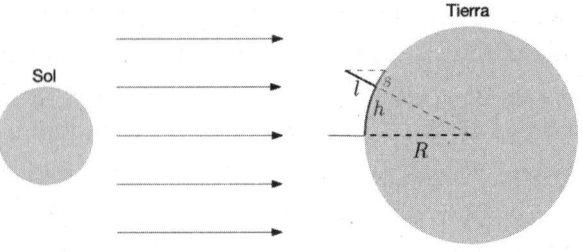

Figura 1. La circunferencia de la Tierra fue medida por
Eratóstenes de Cirene hacia el año 230 a.C.

A pesar de las descripciones incorrectas de los fenómenos físicos que dieron los antiguos griegos, su aspiración genuina de describir el mundo usando la belleza de las matemáticas sigue siendo vital para la ciencia actual. Algunas de sus ideas, como la noción de que la materia se compone de átomos individuales (propuesta por Leucipo y Demócrito, entre otros), siguen siendo válidas hoy en día. Ellos no sólo creían que la Tierra era una esfera, sino que también midieron su circunferencia alrededor del año 230 a. C. Eratóstenes, en particular, usó ideas sencillas de trigonometría, junto con observaciones sobre cómo cambia la longitud de una sombra a medida que nos alejamos del ecuador, para calcular el radio de la Tierra. El resultado que obtuvo no se alejó demasiado de la realidad, pues sólo difiere en un 15% del radio de la Tierra medido en la actualidad. La idea básica que empleó es que, a medida que nos alejamos una distancia h por encima del ecuador, la sombra de una vara de longitud l a mediodía crece de 0 a s (véase la Fig. 1). El radio de la Tierra, R, puede deducirse entonces a partir de un cálculo trigonométrico sencillo, y resulta ser

$$R \sim h \cdot l/s$$

La idea de aplicar nociones de geometría pura para deducir aspectos interesantes de la naturaleza ha perdurado mucho más allá de la época de los primeros matemáticos griegos. Alrededor del año 1000 d. C., Ibn Muadh e Ibn Al-Haytham determinaron que la altura que alcanzaba la atmósfera era de unas 52 millas[2] (84 km), lo que se sitúa dentro de un 20 % del valor aceptado hoy en día. Muadh y algunos otros científicos musulmanes utilizaron el ángulo de inclinación del Sol en el crepúsculo, así como sencillas funciones trigonométricas, para realizar sus cálculos. El planteamiento era bastante simple: la razón por la que el cielo no se oscurece inmediatamente después de la puesta del Sol, argumentaban, tiene que ser que las partes superiores de la atmósfera pueden seguir recibiendo la luz del Sol, incluso después del anochecer (véase la Fig. 2). Muadh razonó que el tiempo *t* que tarda la luz solar en «agotarse», un par de horas, expresado como una fracción de la duración del día, está relacionado con la altura *h* de la atmósfera expresada como una fracción de *R*, el radio de la Tierra, de la forma: $1/2 \ (t/24)^2 \sim h/R$.

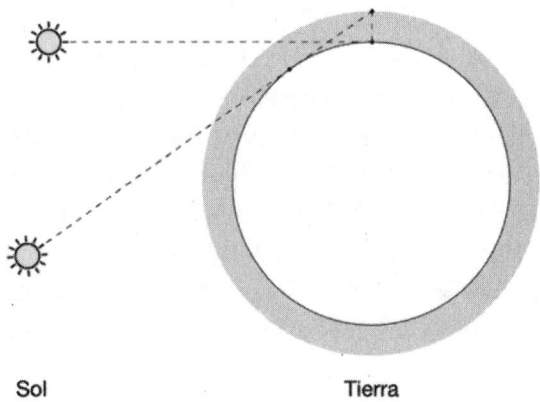

Sol   Tierra

Figura 2. La altura de la atmósfera fue medida por Ibn Muadh e Ibn Al-Haytham en los siglos XI y XII.

Pero las aplicaciones de las matemáticas a la física, en mayor profundidad, tuvieron que esperar hasta tiempos más modernos, siendo los trabajos de Sir Isaac Newton, a mediados y finales del siglo XVII, los que constituyeron un verdadero punto de partida a este respecto.

---

2   Véase http://link.springer.com/article/10.1007%2FBF02464977

MECÁNICA NEWTONIANA

Newton fue, sin duda alguna, uno de los grandes pioneros de la física moderna. Su segunda ley del movimiento está plasmada en una de las ecuaciones más famosas de la física, que describe una relación diferencial entre la *posición x(t)*, la *masa m*, y la *fuerza F*:

$$a = \frac{d^2x}{dt^2} = \frac{F}{m}$$

Mientras que F y m son magnitudes físicas, la *aceleración a* es más una magnitud matemática, definida como la segunda derivada de la posición con respecto al tiempo.

A medida que la física se volvía más cuantitativa, las matemáticas se iban mezclando cada vez más con esta. De hecho, Newton tuvo que inventar todo un campo de las matemáticas, el cálculo diferencial, para formalizar su segunda ley en términos matemáticos precisos. Este es solo uno de los numerosos ejemplos en los que el imperativo de expresar las leyes de la física de forma precisa impulsó el desarrollo de nuevas ramas de las matemáticas. Las matemáticas, recíprocamente, también han aportado nuevas ideas a la física. A lo largo del libro, vamos a ver mucho más de esta interconexión recíproca y de este toma y daca entre las dos disciplinas.

MECÁNICA LAGRANGIANA Y HAMILTONIANA

La continua indagación en los fundamentos matemáticos de la mecánica newtoniana, examinados en diferentes contextos físicos, condujo a su reformulación junto con la aparición de nuevas matemáticas. A finales del siglo XVIII, por ejemplo, Joseph-Louis Lagrange propuso una nueva forma de concebir la mecánica, denominada «lagrangiana», que conducía a los mismos resultados físicos que la mecánica newtoniana pero se basaba en el «principio de mínima acción» en lugar de basarse en el concepto de fuerza. La acción es una integral que puede definirse para cada camino posible que una partícula puede seguir, desde el punto inicial donde se encuentra hasta un punto final. Viene dada por la ecuación $S=\int (K-V)\, dt$, donde K es la energía cinética de la partícula y V su energía potencial a lo largo del camino (véase la Fig. 3).

El principio de mínima acción sostiene que el camino que la partícula seguirá en la realidad es el que minimiza la acción. Si existen múltiples soluciones, cada una de ellas dará lugar a un extremo, un mínimo o máximo, de la acción.

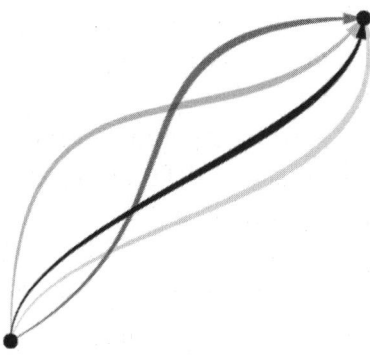

Figura 3. La formulación lagrangiana de la mecánica considera todos los caminos posibles desde un punto inicial hasta un punto final. El camino físico, o camino que seguirá una partícula de manera natural, es el que minimiza una cantidad llamada acción.

Esta nueva manera de ver las cosas facilitó a los físicos el estudio de sistemas mecánicos sujetos a restricciones o ligaduras, como el problema de una bola rodando por una colina de una topografía dada o el de una peonza girando sobre distintos tipos de superficies.

Para formalizar la mecánica lagrangiana, los matemáticos Euler y Lagrange inventaron un nuevo campo de las matemáticas llamado cálculo de variaciones, que se ocupa de calcular los extremos (máximos o mínimos) de cantidades definidas por integrales sobre caminos, que satisfacen las ecuaciones de Euler-Lagrange. Los físicos, a su vez, podrían utilizar el cálculo de variaciones para determinar el camino con la mínima longitud posible. Hay que señalar que este procedimiento es más complicado que el de encontrar el mínimo de una función de un número finito de variables, porque hay infinitos caminos que conectan dos puntos en el espacio. Así que, en cierto sentido, es equivalente a encontrar el mínimo de una función (la acción) de infinitas variables (todos los caminos). La renovación de la mecánica clásica, hecha posible gracias a las aportaciones de Lagrange y Euler, sentó las bases para sus futuras relaciones con la física del siglo XX, en particular con la mecánica cuántica, que no era fácilmente accesible a través de las ecuaciones formuladas originalmente por Newton.

En otra reformulación de la mecánica clásica, Hamilton redujo las derivadas de segundo orden respecto al tiempo a derivadas de primer orden utilizando un número doble de variables. Hamilton consideró como variables fundamentales tanto la posición, $x(t)$, como el momento, $p(t)=mv(t)$, en lugar de considerar solo $x(t)$, como se había hecho hasta entonces. La mecánica hamiltoniana, como se denominó a la nueva formulación, marcó el inicio de la noción moderna de espacio de fases definido por posiciones y momentos. Pues bien, como veremos más adelante, esta mecánica resultó ser muy útil para formular la mecánica cuántica.

Hoy en día consideramos que las formulaciones lagrangiana y hamiltoniana de la mecánica son más generales y fundamentales que las leyes de Newton y, por tanto, tienen un campo de aplicación más amplio. Esto ilustra el hecho de que los axiomas de la física no son inmutables, como tampoco lo es su marco subyacente. Ambos pueden cambiar y de hecho cambian con el tiempo.

EL ELECTROMAGNETISMO DE MAXWELL

Cuando Maxwell empezó a desarrollar su teoría del electromagnetismo, muchos de sus aspectos y leyes ya eran conocidos por Michael Faraday y otros científicos. Al intentar unificar las distintas leyes, Maxwell descubrió una inconsistencia *matemática* entre las distintas ecuaciones, que resolvió añadiendo un nuevo término a estas. Las consecuencias físicas de ese nuevo término (que ahora lleva su nombre) eran difíciles de medir en el laboratorio, pero él se dio cuenta de que implicaba la existencia de ondas formadas por campos eléctricos y magnéticos, que se movían a una velocidad cercana a lo que por aquel entonces se estimaba que era la velocidad de la luz.

Esto inspiró a Maxwell a postular que ¡la luz no es más que una onda electromagnética![3]

Esto fue una demostración más del poder de la lógica matemática para predecir nuevos fenómenos físicos, ya que la corrección que hizo Maxwell surgió de consideraciones *matemáticas* y no físicas. Su descubrimiento de una simple incoherencia matemática le llevó a la conclusión de que la luz consiste en vibraciones eléctricas y magnéticas que se desplazan por el espacio, ¡todo un triunfo del pensamiento humano! Este es uno de los innumerables ejemplos que demuestran que los principios matemáticos pueden bastar para motivar nuevas leyes de la física.

Las ecuaciones de Maxwell en el espacio vacío resultan ser ecuaciones de la forma

$$\frac{\partial^2 \vec{F}}{\partial t^2} = c^2 \nabla^2 \vec{F},$$

en donde $\vec{F}$ puede ser el campo magnético $\vec{B}$ o el campo eléctrico $\vec{E}$. Las soluciones de esta ecuación dan lugar a ondas electromagnéticas que se mueven con velocidad c, la velocidad de la luz en el vacío.

Y ahí no acabó la historia, ya que se plantearon más preguntas. Si se resuelve la ecuación, se deduce que las ondas se propagan, en efecto, a una velocidad c. Pero, ¿cómo se mide exactamente esa velocidad? ¿Estamos hablando de la velocidad con respecto a la Tierra? ¿O con respecto al Sol? ¿Y a qué tipo de observadores se refiere esta ecuación? ¿A observadores estacionarios o también a los que están en movimiento? En particular, se razonaba, si nos moviésemos con velocidad constante respecto a un sistema de referencia inercial, las leyes de Newton seguirían siendo aplicables, pero la velocidad de las ondas electromagnéticas que mediríamos los observadores en movimiento sería diferente, como es natural. Así que en aquella época se creía que c no podía ser la misma para todos los sistemas de referencia inerciales porque, si lo fuera, eso iría en contra de la ley de adición de velocidades de la mecánica newtoniana. Pero, sin embargo, las ecuaciones de

---

3   Se postuló además que esta onda requería un medio para propagarse, el entonces llamado éter lumínifero (véase *A Guide to the Scientific Knowledge of Things Familiar*, de Brewer, para conocer el pensamiento científico de la época), cuya existencia fue posteriormente refutada por el experimento de Michelson-Morley.

Maxwell carecían de las simetrías de la mecánica newtoniana (simetrías galileanas) que nos dicen que las velocidades observadas varían cuando cambiamos los sistemas de referencia inerciales y dependen de la velocidad relativa entre ellos. Por este motivo, a primera vista, la gran intuición de Maxwell parecía llevar a una contradicción.

A continuación entró en escena Hendrik Lorentz, que propuso un procedimiento matemático para descubrir simetrías en las ecuaciones de Maxwell distintas de las que se esperarían basándonos en la mecánica newtoniana. Las transformaciones de Lorentz nos enseñan cómo cambian los campos eléctrico y magnético, así como las coordenadas de la posición (x,y,z) y del tiempo t al pasar de un sistema de referencia inercial a otro, lo que permite, a su vez, que las ecuaciones de Maxwell tengan exactamente la misma forma en todos los sistemas de referencia inerciales. Esto condujo a la adopción de las *transformaciones de Lorentz* frente a las transformaciones galileanas utilizadas en la mecánica newtoniana. Pero esta nueva formulación tenía implicaciones físicas muy extrañas, como la llamada contracción de Lorentz, el fenómeno por el cual las longitudes *se encogen* al pasar de un sistema de referencia inercial a otro. En particular, Lorentz se dió cuenta de que para que las ecuaciones de Maxwell resultaran siempre válidas, independientemente de la velocidad del observador con respecto a un sistema de referencia inercial, las longitudes se tenían que contraer. Como es natural, tuvo dificultades para dar sentido a este resultado, e intentó sin éxito explicar ese efecto mediante fuerzas eléctricas y otras ideas. Aunque su teoría matemática funcionaba a la perfección, Lorentz no fue capaz de ofrecer una justificación física coherente y pensó que sus transformaciones sólo se podían aplicar al electromagnetismo. La interpretación correcta de lo que había encontrado tuvo que esperar a Albert Einstein, quien utilizó las transformaciones de Lorentz para desarrollar su teoría de la relatividad especial.

LA TEORÍA DE LA RELATIVIDAD DE EINSTEIN

Einstein se unió al debate y sugirió que los fenómenos descubiertos por Lorentz y otros científicos no eran específicos del electromagnetismo, sino que afectaban más ampliamente a la física en general.

Entre las consecuencias de esas ideas, Einstein descubrió una fórmula compacta que equipara masa y energía y figura entre las más célebres de la historia de la ciencia:

$$E = mc^2.$$

Su teoría nos enseña que las nociones de espacio, y especialmente de tiempo, que siempre se habían considerado absolutos, dependen en realidad de la velocidad del observador. Más aún, Einstein descubrió que las transformaciones de Lorentz son transformaciones físicas del espacio-tiempo y no un mero truco matemático necesario para que las ecuaciones de Maxwell sean consistentes. Al principio, esta propuesta suscitó cierta resistencia en la comunidad científica, pero desde entonces sus aciertos se han confirmado de manera irrefutable.

La teoría de la relatividad especial de Einstein contiene transformaciones lineales para pasar de un sistema de referencia inercial dado a otro. Como tal, esta teoría es bastante simple en lo concerniente a las matemáticas que maneja y quizás, para algunos, resultaba un poco aburrida al usar solo álgebra lineal elemental en vez de matemáticas complicadas. Esto ayuda a ilustrar el hecho de que las ideas físicas profundas no tienen por qué provenir de matemáticas profundas o complicadas necesariamente; solo necesitan provenir de matemáticas *auto-consistentes*.

Einstein fue más allá de la relatividad especial, y se embarcó en una revisión de la teoría de la gravitación de Newton. Georg Friedrich Bernhard Riemann ya había introducido, unas décadas antes, una nueva geometría que lleva su nombre. La geometría de Riemann no presupone el quinto postulado de Euclides y, en consecuencia, permite fenómenos tales como la existencia de triángulos cuyos ángulos no suman 180 grados cuando el espacio en el que se asientan es curvo (véase la Fig. 4). Por su parte, Johann Carl Friedrich Gauss, que había sido profesor de Riemann, ya había especulado anteriormente con que tales fenómenos podrían darse en el mundo real y ser medibles. Curiosamente, se cuenta que Gauss propuso que nuestro universo es curvo. No está claro si se trata de una leyenda o de un hecho verídico, pero según un relato de la época Gauss intentó medir la curvatura del espacio midiendo los tres ángulos de un triángulo, cuyos vértices eran las cumbres de tres montañas (véase la Fig. 5), para comprobar si sumaban 180 grados , suponiendo que los rayos de luz son líneas rectas y forman los lados del triángulo. Sus mediciones mostraron que los tres ángulos efectivamente sumaban 180 grados, dentro de los límites del error experimental, lo cual indicaba que, aún en el caso de que nuestro universo fuera curvo, esa curvatura era demasiado pequeña como para que él pudiera discernirla.

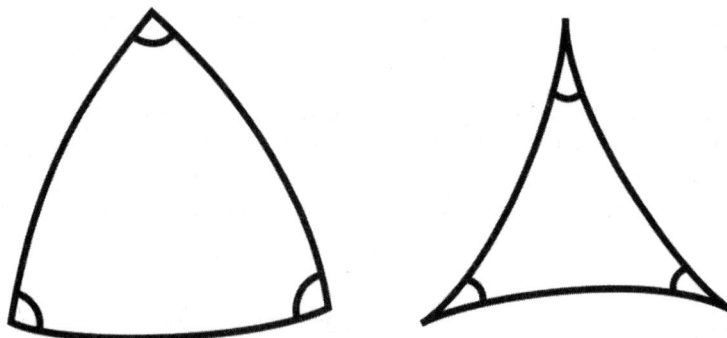

Figura 4. Geometrías no euclidianas: No se presupone el postulado de Euclides de las líneas paralelas, por lo que la suma de los ángulos de un triángulo no tiene que ser necesariamente 180 grados.

Quizás no sorprenda que Riemann también pensara que su geometría debería tener algunas aplicaciones físicas. De hecho, incluso especuló con que podría utilizarse para unificar la teoría de la electricidad y el magnetismo con la teoría de la gravitación. Pero la aplicación de la geometría de Riemann a la física tuvo que esperar a la reformulación de la gravitación newtoniana por parte de Einstein y a su descubrimiento del análogo de las ecuaciones de Maxwell para la gravedad: la teoría general de la relatividad. En la relatividad general, que es una teoría de la gravitación totalmente geométrica, las trayectorias de los objetos en caída libre en un campo gravitatorio son simplemente «líneas rectas» (llamadas geodésicas) correspondientes a la geometría curva del espacio-tiempo. Parecen «curvadas» (como si los objetos tuvieran una aceleración) porque el propio espacio-tiempo es curvo, del mismo modo que la distancia más corta entre dos puntos sobre la superficie de una naranja, el análogo de una línea recta, viene dada por una línea curva.

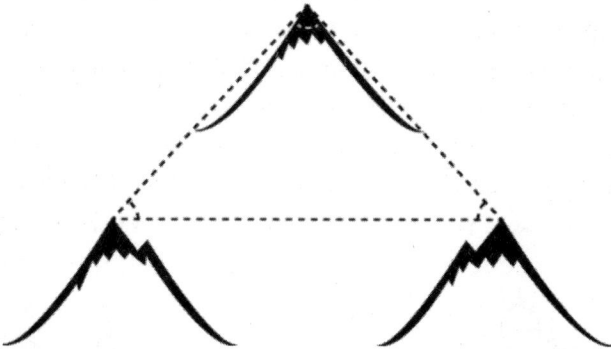

Figura 5. Según una leyenda (cuya validez se disputa), Gauss intentó determinar la curvatura del espacio midiendo los ángulos interiores de un triángulo cuyos vértices eran los picos de tres montañas. Era una idea interesante, aunque no se observó ninguna curvatura fuera de lo normal al realizar esta medición.

Hoy sabemos, gracias a la bien contrastada teoría de Einstein, que el universo es en efecto curvo (la geometría del espacio-tiempo). Y también sabemos que Gauss iba por buen camino, pero estaba intentando medir la curvatura del espacio tridimensional, que es demasiado pequeña (o quizás, incluso nula) como para poderla detectar. Aunque Riemann y Gauss eran matemáticos, algunas de las matemáticas más interesantes que descubrieron encontraron más tarde su lugar en la física a través de la teoría general de la relatividad. He aquí otro ejemplo de la ayuda mutua que se han prestado la física y las matemáticas, haciendo avanzar ambas disciplinas a la vez.

A diferencia de la relatividad especial, en la que las matemáticas eran casi triviales, las matemáticas de la relatividad general eran muy complicadas y profundas. Sin embargo, por muy radicales que fueran las ideas en estas dos teorías, el advenimiento casi simultáneo de la mecánica cuántica resultó aún más misterioso y desconcertante para los científicos, incluso para Einstein, una persona que jamás se sintió del todo cómoda en este campo que contribuyó a crear y a convertirse en pionero.

MECÁNICA CUÁNTICA

La mecánica cuántica introdujo la extraña noción de que la física se basa en *probabilidades*. Para muchos físicos esto representaba un paso atrás, pues implicaba que ya no podíamos predecir con seguridad cómo se comportaría la naturaleza. Los sistemas físicos estaban sujetos a fluctuaciones aleatorias, lo que significaba que era el azar, y no la certeza, lo que se imponía. Por este motivo, Einstein esgrimió su muy citada objeción en contra de la mecánica cuántica: «Dios no juega a los dados con el universo». La mecánica cuántica es además altamente contraintuitiva, incluso para los físicos modernos y algunos de sus más destacados expertos. Tal como célebremente declaró Richard Feynman: «Quien diga que entiende la mecánica cuántica, ¡miente!». En cualquier caso, la comunidad de la física lleva mucho tiempo adoptando con entusiasmo la mecánica cuántica por la sencilla razón de que sus predicciones concuerdan asombrosamente bien con los experimentos.

El choque entre la mecánica cuántica y los principios bien establecidos de la física dio lugar a algunos enigmas interesantes. En la década de 1920, los físicos se dieron cuenta de que los electrones parecían poseer un «grado de libertad» adicional, una característica independiente y distintiva que denominaron espín. Aunque su significado era similar al de una rotación interna convencional, también presentaba diferencias sorprendentes.

Por aquel entonces, en 1925, Erwin Schrödinger ya obtuvo una ecuación que describía la mecánica cuántica para velocidades muy inferiores a la de la luz (la ecuación de Schrödinger), pero Paul Dirac quería combinar la relatividad especial con la mecánica cuántica para el caso de velocidades cercanas a la de la luz. Pues bien, al encontrar esa ecuación un par de años después, Dirac encontró que *necesitaba* un grado de libertad adicional, explicando así el origen del espín, ese nuevo tipo de rotación interna. Una vez más, las matemáticas intervinieron para reconciliar dos áreas de la física, y esto, como mostraré a continuación, abrió nuevas vías en esta disciplina.

Para entender mejor la situación, veamos primero la ecuación de Schrödinger no relativista[4]:

$$\hat{E} = \frac{\hat{p}^2}{2m} + \hat{V}.$$

Sin embargo, Dirac quería una ecuación que fuese consistente con la conocida ecuación de Einstein de la relatividad especial y tuviera su misma forma:

$$\hat{E}^2 = \hat{p}^2 c^2 + m^2 c^4.$$

Para obtener un resultado que fuese también análogo a la ecuación de Schrödinger, Dirac quería reducir la potencia de E en la ecuación anterior, de E^2 a E, sin necesidad de tomar la raíz cuadrada. Entonces se dio cuenta de que se necesitaban matrices 4 x 4 para definir su ecuación, e introdujo cuatro matrices, α_k y β, tales que:

$$\hat{E} = \sum_{k=1}^{3} \alpha_k \, p_k c + \beta m c^2.$$

Pues bien, escogiendo estas matrices de manera apropiada, resultó que el cuadrado de esta expresión conducía a la ecuación de Einstein. Más aún, el grado de libertad del espín del electrón surgía de estas mismas matrices. Un razonamiento matemático condujo pues a Dirac a encontrar una explicación satisfactoria sobre el origen del espín de los electrones, lo que ilustra de nuevo cómo las matemáticas abstractas pueden arrojar luz sobre la física. La ecuación de Dirac, publicada en 1928, es uno de los enunciados más célebres, no sólo de la física sino también de las matemáticas, y ha sido estudiada desde entonces por investigadores de ambas disciplinas.

---

4   Los términos en esta ecuación son operadores. $\hat{E}$ es el operador de la energía $i\hbar \frac{\partial}{\partial t}$, $\hat{p}$ es el operador del momento $-i\hbar\nabla$ y $\hat{V}$ es el operador de la energía potencial. La masa m es un número.

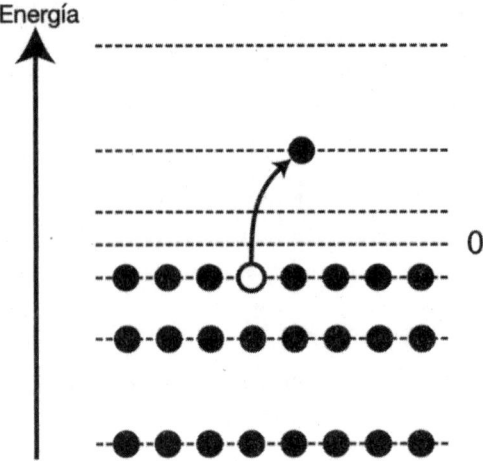

Figura 6. La ecuación de Dirac tiene soluciones con energías tanto positivas como negativas. Su autor intentó explicar este hecho argumentando que los estados de energía negativa están llenos de un «mar de Dirac» de electrones. De este modo, cuando uno de los electrones del «mar» salta a un estado de energía positiva, deja tras de sí un agujero, que puede interpretarse como una partícula con carga positiva, por lo demás idéntica al electrón.

No obstante, Wolfgang Pauli enseguida señaló a Dirac que su ecuación permitía estados energéticos arbitrariamente *negativos*. Dirac reconoció que esto representaba un problema grave que había que resolver.[5] Entonces intentó solucionar este problema haciendo uso del Principio de Exclusión de Pauli, el cual establece que no puede haber dos electrones que compartan el mismo estado cuántico y sugirió que los niveles correspondientes a las energías negativas ya estaban todos ocupados. (El conjunto de partículas con energía negativa se denomina «mar de Dirac», véase la Fig. 6). Por lo tanto, ningún otro electrón podía colocarse entre los estados de energía negativa, ¡resolviéndose así el problema!

Ahora bien, algunos físicos se dieron cuenta de que esta hipótesis planteaba la extraña posibilidad de que las partículas pudieran ser lanzadas fuera del mar hacia un estado de energía superior, dejando

---

5   Un relato muy ameno sobre este asunto puede verse en el libro «*The Strangest Man: The Hidden Life of Paul Dirac, Mystic of the Atom*» por Graham Farmelo.

tras de sí un hueco de carga positiva de la misma magnitud que la carga del electrón, hueco que se comportaría como una nueva partícula con carga opuesta a la del electrón. Al principio, Dirac trató de desestimar esta cuestión, proponiendo, a principios de 1930, que la nueva partícula con carga positiva no era más que un protón. Oppenheimer reaccionó inmediatamente y escribió un artículo argumentando que si los protones correspondiesen a las soluciones de energía negativa de la ecuación de Dirac, entonces todos los átomos se destruirían rápidamente y «la vida media para la materia ordinaria sería del orden de 10^{-10} segundos». Más aún, otros físicos se dieron cuenta de que la partícula con carga positiva debía tener la misma masa que el electrón, como se deduce de la propia ecuación de Dirac, y el protón, sin embargo, tiene una masa unas 2000 veces mayor.

Así que Dirac tuvo que aceptar el hecho de que su ecuación implicaba la existencia de una partícula con carga positiva y la misma masa que el electrón. Finalmente, en 1931, Dirac dio un paso al frente y postuló la existencia de esa partícula[6], a la que llamó anti-electrón. Ahora bien, como no se conocía tal partícula, Dirac y su teoría comenzaron a ser objeto de serias dudas. Sorprendentemente, un año después, Carl Anderson encontró pruebas experimentales de la existencia de esa partícula, a la que denominó positrón, examinando las trazas que dejaban los rayos cósmicos en su cámara de niebla. Efectivamente, el positrón tenía exactamente las mismas propiedades que el electrón, excepto su carga eléctrica opuesta. Una vez más, la elegancia matemática condujo a la predicción de nuevos fenómenos físicos, difíciles de creer al principio, pero que finalmente demostraron ser ciertos.

En sus inicios, la mecánica cuántica tuvo un ámbito de aplicación muy restringido y fue necesario reformularla para poder aplicarla a la teoría de campos de Maxwell de las fuerzas eléctricas y magnéticas. Esta reformulación fue llevada a cabo por Richard Feynman y otros físicos, basándose en gran medida en la estrategia adoptada por Euler y Lagrange en sus reformulaciones de la mecánica newtoniana, sobre las que trataremos a continuación.

---

6   En el artículo de 1931 «Quantised singularities in the electromagnetic field», publicado en Proc. Roy Soc. A 133, 60, Dirac no solo postuló la existencia del anti-electrón sino también la del anti-protón y afirmó que se podrían crear pares electrón-anti-electrón en el laboratorio.

TEORÍA CUÁNTICA DE CAMPOS

Como hemos comentado, la física clásica sostiene que las partículas toman caminos que minimizan la acción. La teoría cuántica de campos presenta una descripción más complicada en la que las partículas no toman sólo un camino, sino todos los posibles, y a cada camino se le asigna una fase (un número complejo de módulo unidad). La probabilidad de que una partícula vaya de un punto inicial a un punto final, cualesquiera que sean, es proporcional a la suma de todas las fases. Vamos a explicar esto en un lenguaje más técnico (que algunos lectores quizá prefieran saltarse).

La reformulación de la mecánica cuántica basada en la *integral de camino* de Feynman, aplicada a las partículas, postula que entre dos puntos cualesquiera (x_1,t_1) y (x_2,t_2), las partículas siguen caminos cuya contribución está ponderada por la exponencial de la *acción*:

$$\int \mathcal{D}\big(X(t)\big)e^{\left(\frac{i}{\hbar}\int (K-V)\, dt\right)},$$

donde $\hbar$ es la constante de Planck y la integral se calcula sobre el espacio de todos los caminos posibles entre (x_1,t_1) y (x_2,t_2). La integral es un número complejo cuyo módulo al cuadrado nos da la probabilidad de que una partícula vaya del punto x_1 en el tiempo t_1 al punto x_2 en el tiempo t_2. Las trayectorias clásicas corresponden a $\hbar \to 0$. En este límite, el método de la fase estacionaria para evaluar la integral da, en una buena aproximación, las trayectorias que son estacionarias con respecto a sus variaciones y, en particular, corresponden a las trayectorias clásicas. La reformulación de Feynman de la mecánica cuántica de Schrödinger dio lugar a una teoría similar a la reformulación de Euler-Lagrange de la mecánica newtoniana en términos de un principio de acción, pues esta podía adaptarse fácilmente a la mecánica cuántica, a diferencia de la formulación original de las leyes de Newton. Por esta razón, hoy en día la consideramos más fundamental.

Obsérvese que la reformulación matemática de la mecánica cuántica, en términos de integrales de camino, implica una integral de dimensión infinita porque el espacio de todos los caminos posibles es de dimensión infinita. No obstante, esto se ha conseguido manejar desde el punto de vista matemático. Sin embargo, Feynman también aplicó el método de la integral de camino a la teoría de Maxwell del electromagnetismo, integrando sobre todos los campos eléctricos y magnéticos posibles. Esto incluye integrar sobre el espacio de funciones en $\mathbb{R}^4$, de dimensión infinita. La complejidad matemática en este caso es mucho mayor que la que se encuentra al integrar sobre el espacio infinito dimensional de todos los caminos posibles.

Uno de los principales cometidos de la teoría cuántica de campos, ¡cuyos fundamentos matemáticos siguen desarrollándose 70 años después de su introducción original! es llegar a una formulación matemáticamente rigurosa. Sin embargo, a pesar de no disponer en la actualidad de una tal formulación para esta teoría, los físicos han desarrollado toda una serie de herramientas de cálculo, incluidas varias técnicas de aproximación, cuyos resultados concuerdan con los obtenidos experimentalmente con una precisión extraordinaria.

GRAVEDAD CUÁNTICA

En sus primeros intentos por desarrollar la teoría de Feynman, los físicos no fueron capaces de conciliar la teoría general de la relatividad con la teoría cuántica de campos para crear una teoría unificada de la *gravedad cuántica* que describiera la gravedad al nivel de las partículas individuales. En efecto, usando técnicas de cálculo desarrolladas para las teorías cuánticas de campos, se encuentra que las probabilidades de los fenómenos físicos que involucran aspectos cuánticos de la gravedad, como la dispersión de dos cuantos de ondas gravitatorias que chocan entre sí (denominados «gravitones»), pueden arrojar números infinitamente grandes. Esto es un problema grave, pues una probabilidad mayor que uno, y no digamos infinita, es un concepto que carece de sentido físico.

También hay que tener en cuenta que, incluso si tuviéramos una teoría cuántica de la gravedad matemáticamente consistente, la confirmación de dicha teoría quedaría muy lejos de los métodos experimentales actuales, ya que requeriría el uso de energías muchos órdenes de magnitud superiores a las que podrían generarse en un laboratorio. Algunos físicos se mostraron reticentes a trabajar en teorías de gravedad cuántica, dado lo improbable de su validación empírica y también debido al hecho de que los intentos por fusionar la mecánica cuántica con la relatividad general parecían conducir a resultados disparatados. Sin embargo, teniendo en cuenta los ejemplos de Maxwell, Dirac y otros, muchos físicos saben que, lejos de suponer un quebradero de cabeza, una aparente contradicción puede ser a menudo una suerte, una oportunidad para hacer un nuevo descubrimiento que haga avanzar la física. Por esta razón, muchos físicos han seguido intentando resolver las inconsistencias antes mencionadas con la esperanza de construir una teoría unificada de la gravedad cuántica viable.

Pues bien, una posible solución surgió de un lugar inesperado. A finales de la década de 1960, los físicos de partículas se quedaron perplejos ante los resultados de los experimentos relacionados con la dispersión de partículas subatómicas llamadas hadrones. Examinaron dos tipos de procesos. En el primero, una partícula emitía algo que la otra partícula absorbía, mientras que en el segundo proceso dos partículas se fusionaban para formar una sola, antes de separarse de nuevo en dos (véase la Fig. 7). Aunque estos dos tipos de procesos parecían ser muy diferentes, conducían a los mismos resultados. Los físicos no entendían por qué ocurría esto, aunque suponían que estaba implicada una nueva simetría.

Posteriormente, los investigadores descubrieron que esa simetría podía hacerse realidad, y los dos procesos físicos aparentemente diferentes podían verse como si fueran uno solo y el mismo, si las partículas de sus modelos originales se sustituían por unos corpúsculos alargados que vibraban, a los que se les denominó cuerdas. Cabe señalar que, en sus comienzos, las cuerdas se habían concebido como objetos matemáticos que carecían de justificación física, pero desde entonces se fue imponiendo la idea de considerarlas también como objetos físicos, idea que ha demostrado ser bastante fructífera, como veremos.

Esta fue, de hecho, la génesis de *la teoría de cuerdas*, en la que las partículas involucradas (hadrones) fueron reemplazadas por cuerdas en su papel de componentes básicos de la naturaleza. De este modo, la simetría a la que nos referíamos pasó a tener una interpretación geométrica: Al moverse, las cuerdas forman tubos, y al unirse y separarse crean superficies. En consecuencia, los dos canales de dispersión corresponden al mismo diagrama para las cuerdas, con lo cual se explica esa simetría (véase la Fig. 7).

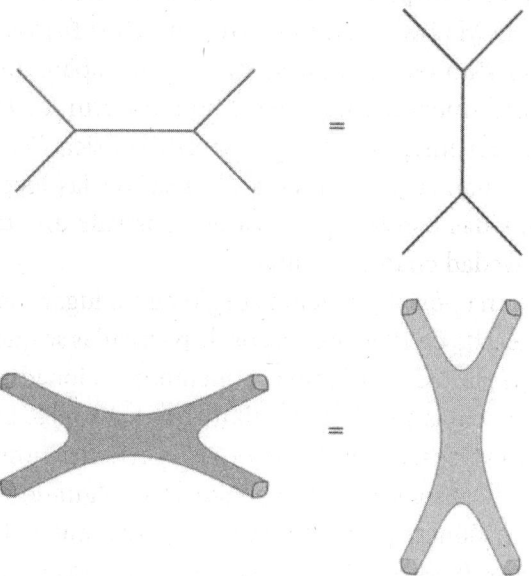

Figura 7. Los diagramas de dispersión de las cuerdas (abajo) tienen la misma topología para los dos procesos inequivalentes de dispersión de partículas (arriba).

Más tarde se descubrió que la teoría de cuerdas no proporcionaba una buena descripción de los hadrones, aunque sí de algunos aspectos cuánticos de la gravedad. En concreto, el estado de menor energía en esta teoría correspondía a una partícula sin masa de espín 2, al igual que el gravitón, la excitación cuántica de la gravedad (del mismo modo que el fotón es la excitación cuántica del electromagnetismo). Por este motivo, la teoría de cuerdas se convirtió en la candidata principal para elaborar una teoría cuántica de la gravedad. De hecho, si suponemos que los gravitones son cuerdas diminutas, en lugar de partículas puntuales, muchas de las cantidades infinitas que plagaban las teorías anteriores desaparecen.

La teoría de cuerdas requiere una gran cantidad de matemáticas modernas, ya que estas han tenido mucha influencia en ella y, de hecho, le han dado forma. A cambio, la física plasmada en la teoría de cuerdas ha tenido un gran impacto en las matemáticas puras. En la actualidad, la teoría de cuerdas aún se considera la principal candidata para describir una teoría cuántica de la gravedad. Más aún, a modo de efecto colateral, también parece unificar todas las demás fuerzas en un único marco teórico, en el que todas ellas son manifestaciones de cuerdas que se separan y se unen. Aquí es donde se encuentra la física fundamental en este momento: tenemos una teoría que es muy enriquecedora desde el punto de vista matemático (como explicaremos más adelante), pero que aún no ha sido verificada experimentalmente, y probablemente no lo será en un futuro próximo debido al tamaño extremadamente pequeño de las cuerdas.

2. Simetrías y Leyes de Conservación

La simetría es atractiva a la vista y puede que tranquilizadora para los sentidos, como si reforzara la idea de que existe una estructura y un orden subyacente (o global) en nuestro mundo. Hace mucho tiempo que la gente se maravilla ante la complejidad de los copos de nieve de forma hexagonal, un ejemplo citado a menudo sobre la belleza de la naturaleza. Del mismo modo, los rostros humanos de apariencia simétrica suelen ser percibidos como más atractivos. La simetría también ha tenido una influencia considerable y bastante obvia en la arquitectura, como puede apreciarse de manera espectacular, por ejemplo, contemplando el Taj Mahal, una de las Siete Maravillas del mundo moderno.

La simetría también desempeña un papel sumamente importante en las leyes y el funcionamiento de la física, un papel que va mucho más allá de lo puramente estético. Para un físico, una simetría no es simplemente una propiedad de un objeto, como un hexágono o un octógono regular, que refleja una construcción y una constitución interna perfectamente equilibradas, sino también una operación realizada sobre un objeto o sistema físico que lo deja inalterable; es decir, sin ninguna modificación. Entre las operaciones de este tipo se incluyen las rotaciones de 120 grados de un triángulo equilátero alrededor de su centro o las rotaciones de 90 grados de un cuadrado. Las rotaciones de un círculo o una esfera alrededor de su centro son ejemplos de simetrías continuas, válidas para todos y cada uno de los ángulos de giro. En cambio, las rotaciones mencionadas de un triángulo equilátero y de un cuadrado son ejemplos de simetrías discretas, como sucede con las rotaciones de 72 grados de un pentágono regular.

Pero el alcance de la simetría va mucho más allá, como puso de manifiesto un teorema demostrado hace más de un siglo por la matemática alemana Emmy Noether. Ella probó que a cada simetría continua de la naturaleza le corresponde una ley de conservación. Gracias a este teorema es posible deducir principios importantes de la física, como la conservación de la energía, del momento lineal y del momento angular, a partir de argumentos de simetría estrictamente matemáticos, como se verá más adelante en este capítulo.

JUEGOS MATEMÁTICOS INSPIRADORES

Como dijimos antes, los juegos matemáticos pueden ser herramientas eficaces con las que revelar la interacción sutil entre la física y las matemáticas. También pueden ser especialmente útiles para ilustrar el vínculo entre las simetrías y las leyes de conservación, como esperamos clarificar con los ejemplos siguientes:

Acertijo
Nuestra misión, si decidimos aceptarla, consiste en cubrir un tablero de ajedrez estándar (de 64 casillas) con fichas de dominó, en el que cada ficha cubre dos casillas adyacentes. El problema es que solo tenemos 31 fichas, lo que dejará dos casillas sin cubrir (véase la Fig. 8). En esta situación, ¿podemos colocar las fichas de manera que cubran todas las casillas excepto las de dos esquinas diagonalmente opuestas?

Figura 8. Cubrir el tablero de ajedrez con 31 fichas de dominó,
excepto dos esquinas diagonalmente opuestas.

Solución

Cuando se coloca una ficha de dominó en un tablero de ajedrez, esta cubre una casilla negra y otra blanca. Como las casillas de las esquinas opuestas tienen el mismo color, este problema no puede resolverse. Este es un ejemplo de ley de conservación, como veremos a continuación.

Sean N_{negro} y N_{blanco} los números de casillas negras y blancas que no están cubiertas por las fichas. A medida que colocamos estas en el tablero, los números N_{negro} y N_{blanco} van cambiando, pero la cantidad $\Delta = N_{negro} - N_{blanco}$ no cambia porque cada ficha cubre exactamente una casilla negra y una blanca. Es decir, Δ es una cantidad que se conserva; permanece constante e invariable en el tiempo. Suponiendo que hubiéramos conseguido realizar con éxito esa tarea, habríamos acabado con $\Delta = 2$. Pero habíamos comenzado con $\Delta = 32 - 32 = 0$ antes de colocar ninguna ficha, y este número, al ser una cantidad conservada, no puede cambiar, lo que lleva a una contradicción. Así pues, no hay solución al problema tal y como se ha planteado en un principio.

Rompecabezas

Supongamos que tenemos una cuadrícula de 4×6 con una entrada en la esquina superior derecha y una salida en el cuadrado más a la izquierda de la segunda fila.

¿Es posible atravesar esta cuadrícula moviéndose únicamente en horizontal y vertical, y pasando por cada cuadrado una sola vez?

Solución

Desafortunadamente, para aquellos que buscan una respuesta afirmativa, esto no es posible. Imaginemos que coloreamos cada cuadrado alternando entre blanco y negro, y sin que haya dos cuadrados adyacentes del mismo color, como se muestra en la figura. Entonces resulta que los cuadrados de entrada y salida son del *mismo* color, pero cada paso lleva de un cuadrado de un color a otro de otro color. Por este motivo, el último paso, que es un número par, debería caer en un cuadrado negro. En consecuencia, es imposible empezar y terminar en un cuadrado del mismo color mientras se pasa por cada cuadrado una sola vez.

Vemos pues que la simetría, en este caso la simetría entre cuadrados de colores diferentes, es un invariante formidable. Sin embargo, la coloración no dictamina completamente la viabilidad en este tipo de problemas en los que hay una cuadrícula con una entrada y una salida. Consideremos el siguiente ejemplo, en el que la entrada y la salida son los cuadrados situados más a la derecha y más a la izquierda en la segunda fila.

No podemos descartar, de entrada, que este problema no pueda resolverse usando únicamente argumentos de aritmética modular (en este caso módulo 2, que significa número par o impar), pero al intentar resolverlo queda claro que no es posible.

SIMETRÍAS

Una simetría, como hemos explicado, consiste en una transformación de un objeto o sistema que lo deja con la misma apariencia que tenía antes. Como ilustra la Fig. 9, un triángulo isósceles tiene una simetría de reflexión con respecto a una de sus alturas.

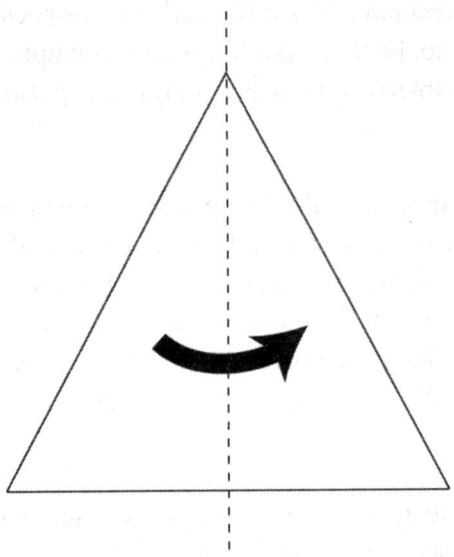

Figura 9. Los triángulos isósceles gozan de una simetría de reflexión con respecto a una de sus alturas.

Las simetrías están estrechamente relacionadas con las invariancias. El término invariancia, esencialmente sinónimo de simetría, se refiere a la realización de alguna operación que deja intacto, o invariante, un objeto o una configuración.

La simetría es un principio omnipresente en la física, y podríamos pensar que las simetrías deberían incorporarse automáticamente a las leyes de la naturaleza como características intrínsecas e inviolables. Pero hay algunas excepciones. Por ejemplo, podríamos imaginar que las leyes de la física son invariantes bajo simetrías como las reflexiones. En particular, si algo ocurre de una manera determinada, podríamos suponer que su imagen especular también debería ser físicamente posible. Aunque en muchos casos esto es cierto, en algunos otros es manifiestamente falso. Por ejemplo, existen partículas con una quiralidad determinada (lo que significa que su espín y su dirección del movimiento obedecen la regla de la mano derecha o la de la mano izquierda), pero su imagen especular, otras partículas con la quiralidad opuesta, o no existen o tienen propiedades diferentes. Por ejemplo, los electrones tienen diferentes interacciones con otras partículas dependiendo de su quiralidad; es decir, de si «giran» de manera horaria o antihoraria con respecto a la dirección de su movimiento. La física, por tanto, no es siempre invariante bajo las reflexiones, simetría que suele denominarse *paridad*.

Acertijo

Tomemos las cartas del palo de corazones de una baraja de póker. ¿Cómo se pueden ordenar de tal manera que si alternamos entre dar la vuelta a la carta que está encima y colocarla sobre la mesa, y poner la siguiente carta debajo de la baraja (empezando por poner la primera carta debajo), entonces las cartas salgan exactamente en el orden 1,2...*J, Q, K*?

Solución

Hay muchas soluciones, pero una muy sencilla es la siguiente: se colocan las cartas en el orden normal: 1, 2, ..., *J, Q, K,* y simplemente se invierten los anteriores movimientos como si se estuviera poniendo una película al revés (alternando entre tomar una carta de la mesa y colocarla en la parte superior de la baraja y tomar la carta de la parte inferior y colocarla en la parte superior) hasta que se reconstruya la baraja.

¿Y qué tiene que ver este acertijo con las simetrías? Pues se trata de un ejemplo de la operación llamada *inversión temporal*, que es la versión en el tiempo de la reflexión en el espacio que hemos visto. La inversión temporal es una simetría en algunos sistemas físicos. En el caso que nos ocupa, aunque invirtiéramos la flecha del tiempo y todo transcurriese hacia atrás, tendríamos la baraja ordenada de tal manera que, cuando hiciéramos avanzar el tiempo, las cartas saldrían exactamente como queremos.

Otra simetría de la que hablamos brevemente en el capítulo anterior es la simetría entre materia y antimateria (como los electrones y los positrones), cuya única diferencia es el signo de sus cargas eléctricas respectivas. Esta simetría se denomina *conjugación de carga*.

Pues bien, resulta que la inversión temporal, la paridad (reflexión en el espacio) y la conjugación de carga no son simetrías físicas genuinas de la naturaleza cuando se consideran de forma aislada. Pero lo cierto es que, al combinar la teoría de la relatividad especial de Einstein y la mecánica cuántica, se llega a la conclusión de que cuando estas tres operaciones se realizan de forma sucesiva como si fueran una sola, entonces sí que constituyen una simetría de la física. En otras palabras, si partimos de cualquier sistema físico y tomamos su imagen especular, invertimos la flecha del tiempo hacia atrás, y sustituimos cada partícula por su antipartícula, entonces obtendremos un sistema físico viable.[7]

La física tiene simetrías *continuas* más potentes que las que acabamos de ver; por ejemplo, las *traslaciones*. Consideremos una línea recta. Esta tiene una simetría bajo traslaciones, como se ve en la Fig. 10.

Figura 10. Mover una línea recta a lo largo de sí
misma lleva de nuevo a la misma línea.

En efecto, si movemos una línea recta a lo largo de sí misma el resultado es indistinguible de lo que teníamos al principio. Obviamente, para que esta operación sea una simetría de un sistema físico real, tenemos que mover todo lo que se encuentre sobre la recta para que el sistema físico tenga exactamente el mismo aspecto.

La traslación en el tiempo es otra simetría. Si hago un experimento hoy y repito el mismo experimento mañana (suponiendo que todo en el universo permaneciera igual que hoy), entonces tanto los experimentos como sus resultados serían los mismos.

Otro grupo de simetrías continuas es el proporcionado por las *rotaciones*, lo cual se ilustra perfectamente con una esfera, ya que

---

7   Se podría argumentar que la simetría de inversión temporal no es una simetría
      exacta en la física porque tenemos el Big Bang que marca un punto de partida
      bien definido y, por tanto, una dirección del tiempo inequívoca. Sin embargo,
      esa afirmación, por sí misma, no dice que la inversión temporal no sea una
      simetría, ya que un universo en contracción, en lugar de expansión, también
      sería un universo viable.

esta se mantiene invariante bajo todas las rotaciones alrededor de cualquier recta que pase por su centro, es decir, alrededor de cualquier eje de rotación (véase la Fig. 11).

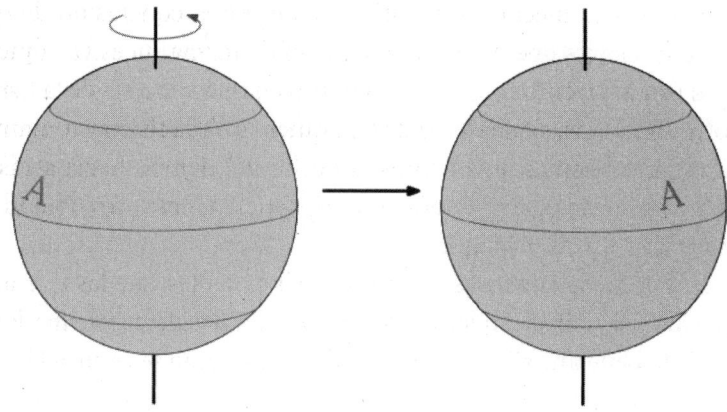

Figura 11. La rotación de una esfera alrededor de cualquier recta que pase por su centro es una simetría.

Aunque la mayoría de las personas están familiarizadas con la noción de la simetría de rotación en el espacio, algunas de estas simetrías pueden ser bastante sutiles. Las transformaciones de Lorentz, por ejemplo, son rotaciones en el espacio-tiempo de cuatro dimensiones, que implican literalmente la mezcla del espacio y del tiempo: el espacio se rota en la dirección del tiempo, mientras que el tiempo se rota en la dirección del espacio. Las rotaciones de las coordenadas espaciales y temporales entre sí conllevan un tipo de simetría más generalizada, simetría que la teoría de la relatividad especial de Einstein exige específicamente.[8]

---

8   Para los lectores con conocimientos de matemáticas: el grupo de rotaciones en el espacio tridimensional es SO(3), que deja invariantes las longitudes $x^2+y^2+z^2$, y el grupo de rotaciones de Lorentz en el espacio-tiempo es SO(3,1), que incluye transformaciones que mezclan el espacio y el tiempo entre sí de forma que $x^2+y^2+z^2-c^2t^2$ queda invariante. Aquí c es la velocidad de la luz en el vacío.

EL TEOREMA DE NOETHER

Hay una estrecha relación entre las simetrías y las leyes de conservación. Cuando hablamos de conservación nos referimos a una cantidad que permanece constante y no cambia con el tiempo. Por ejemplo, si tenemos 10 bolas indestructibles que realmente hagan honor a ese calificativo, el número de bolas no cambiará con el tiempo. Pues bien, resulta que cada simetría en la física implica la existencia de una cantidad que se conserva en la naturaleza. Esta afirmación es una consecuencia del *teorema de Noether*, publicado en 1918, que sostiene que para cada simetría continua debe existir una ley de conservación correspondiente.

Además, aparte de su belleza, las simetrías desempeñan un papel indispensable en la física, como ya se ha comentado antes en este capítulo. Por ejemplo, la simetría de traslación en el espacio implica que, en igualdad de condiciones, los experimentos realizados en distintos lugares deben conducir a resultados idénticos. Pero esa misma simetría tiene consecuencias aún más trascendentes, pues conduce inexorablemente a la conservación del momento lineal (el producto de la masa por la velocidad). Esto, en sí mismo, es bastante sorprendente, pues el principio de conservación del momento es algo mucho más complicado que el hecho obvio de que los resultados de los experimentos de física no dependen del lugar en el que los realicemos.

Este principio, a su vez, puede utilizarse para reformular la mecánica newtoniana. Consideremos, por ejemplo, la conservación del momento lineal para dos partículas, 1 y 2:

$$\frac{d}{dt}(\vec{p_1} + \vec{p_2}) = 0 \ .$$

Esta expresión diferencial muestra que el momento total de las dos partículas no puede variar pues es independiente del tiempo, lo que significa que se conserva, como tiene que ocurrir de acuerdo con las leyes de la física. A continuación, podemos *definir* la fuerza sobre la partícula *i* como:

$$\vec{F_i} = \frac{d}{dt}\vec{p_i} \ .$$

De este modo, hemos recuperado no sólo la Segunda Ley de Newton, $\vec{F} = m\vec{a}$, sino también su Tercera Ley: a partir de las ecuaciones anteriores podemos ver que la suma de las fuerzas sobre la partícula 1 y la partícula 2 es cero, lo cual es otra forma de decir que estas dos fuerzas son iguales y opuestas.

¿Se acuerdan de cuando hablamos de que no siempre está claro qué leyes de la física son fundamentales? El punto de vista actual entre los físicos sostiene que la conservación del momento es más fundamental que las leyes del movimiento de Newton, porque la primera es consecuencia directa de un principio de simetría que tiene un dominio de aplicabilidad más extenso que las leyes del movimiento.

Ahora estamos empezando a ver la estrecha relación que existe entre simetría e invariancia o conservación. Las tres simetrías continuas que hemos tratado hasta ahora conducen a las siguientes leyes de conservación:

- La simetría bajo traslaciones en el espacio conduce a la conservación del momento lineal.
- La simetría bajo traslaciones en el tiempo conduce a la conservación de la energía.
- La simetría bajo rotaciones conduce a la conservación del momento angular.

Adivinanza

Supongamos que tenemos dos recipientes del mismo tamaño, uno con pintura verde y otro con pintura blanca, y los dos contienen exactamente la misma cantidad de pintura. Ahora sacamos una pequeña cantidad de pintura verde en un bote y la echamos en el recipiente de pintura blanca. A continuación, sacamos la misma cantidad de pintura del recipiente con la mezcla y la ponemos en el recipiente con la pintura verde (véase la Fig. 12). ¿Cuál es mayor? ¿La concentración de pintura verde en el recipiente con pintura blanca, o la concentración de pintura blanca en el recipiente con pintura verde?

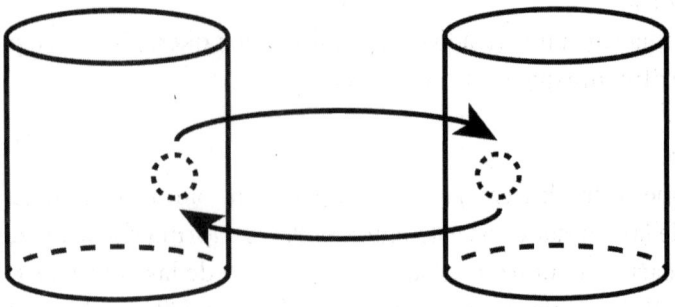

Figura 12. Sacamos una pequeña cantidad de pintura del recipiente con la pintura verde y la ponemos en el recipiente con la pintura blanca y, tras mezclar las pinturas, devolvemos la misma cantidad al recipiente con la pintura verde.

Solución

¡Las dos concentraciones son iguales! Como los volúmenes de pintura eran iguales al principio, al final también tendremos el mismo volumen en cada recipiente. Por lo tanto, al finalizar este proceso, cualquier volumen de pintura verde desplazado de su recipiente inicial solo puede ser sustituido por un volumen igual de pintura blanca, lo que se deduce de la conservación del volumen de las pinturas. En consecuencia, la cantidad de pintura verde que falta de su recipiente inicial es igual a la cantidad de pintura blanca que falta del suyo. Así pues, terminamos con las mismas concentraciones en las mezclas de pinturas en ambos recipientes. Este es un ejemplo sencillo, pero simpático, que ilustra la utilidad de las leyes de conservación.

La idea que hay detrás de esta adivinanza también puede ilustrarse con una baraja de cartas. Primero se toman diez cartas rojas y diez negras. A continuación se quitan tres cartas rojas del primer grupo y se mezclan con las cartas negras. Luego se barajan las cartas negras (que ahora contienen tres cartas rojas adicionales), se sacan tres cartas de esa mezcla, y se ponen con las cartas rojas. El lector debe ser capaz ahora de deducir que hay, necesariamente, tantas cartas negras en el mazo de cartas rojas como cartas rojas en el mazo de cartas negras. Para ello solo tiene que utilizar la noción general de conservación de las cartas negras y rojas (como en el caso de los volúmenes de pintura del ejercicio anterior).

Adivinanza

Se saca una carta numerada de una baraja de póker. ¿Cómo se puede saber fácilmente que carta se ha sacado?

Solución

Dado que todas las cartas numeradas de la baraja suman 220, el dígito de las unidades de esta suma es 0. Una forma eficaz de identificar la carta en cuestión es sumar los valores de las cartas restantes módulo 10 (es decir, manteniendo solo el dígito de las unidades). Por ejemplo, si la suma resultara ser 3, sabríamos de inmediato que falta un 7, mientras que una suma igual a 9 nos indicaría que falta un 1. Otro vistazo rápido a la baraja revelará el palo de la carta que falta. El punto clave en este ejemplo, una vez más, es considerar una ley de conservación, que en este caso se refiere al dígito de las unidades de la suma de todas las cartas.

Esto recuerda, en cierto modo, a uno de los ejemplos más famosos de la aplicación de la conservación de la energía a un problema crucial de la física, que condujo al descubrimiento teórico de la partícula elemental llamada neutrino, por parte de Pauli. Los físicos habían descubierto que ciertos productos de la desintegración de un tipo de partícula parecían no conservar la energía. En otras palabras, la energía total de las partículas resultantes de la desintegración no se correspondía con la energía de la partícula original. Así que Pauli conjeturó, en 1930, que debía existir una partícula desconocida diminuta, a la que más tarde se le dio el nombre de neutrino, que escapaba a la detección y se llevaba la energía extra sin que nadie se diera cuenta. Pauli apostó que los neutrinos nunca se detectarían porque interactuaban muy débilmente con la materia, pero perdió la apuesta en 1956, año en el que los neutrinos se descubrieron experimentalmente.

Acertijo

Se tienen diez cajas, cada una con diez pesas. Nueve de las cajas tienen pesas de 1 kg, pero la otra caja está defectuosa y tiene pesas de 0,9 kg. Se dispone de una balanza digital que muestra el peso total de cualquier subconjunto de pesas que se elijan. ¿Cómo se puede detectar la caja defectuosa en una sola pesada?

Solución

Hay que etiquetar las cajas del 1 al 10 y tomar *n* pesas de la enésima caja. Entonces se puede determinar qué caja es la defectuosa sin más que calcular la diferencia entre el peso real y el peso que se habría obtenido si ninguna de las cajas estuviera defectuosa, que habría sido de 1+2+···+10 = 55 kg.

Rompecabezas

Consideremos una cuadrícula infinita en el primer cuadrante, o cuadrante superior derecho, del sistema de coordenadas cartesianas (véase la Fig. 13).

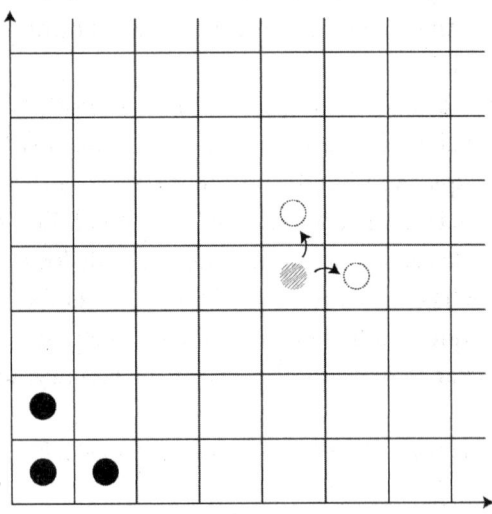

Figura 13. Cuadrícula infinita con algunas fichas en los cuadrados, en donde cada ficha puede sustituirse por otras dos: una justo encima y la otra justo a su derecha, pero solo si ambos cuadrados están vacíos.

Vamos a colocar unas fichas en algunos de los cuadrados y permitiremos que cambien de lugar, pero solo siguiendo una regla determinada: cada ficha puede sustituirse por dos fichas, colocando una en el cuadrado justo encima y la otra en el cuadrado a su derecha, pero solo si ambos cuadrados están desocupados. Supongamos que comenzamos con solo tres fichas situadas en los tres primeros cuadrados de la esquina inferior izquierda de la cuadrícula, como se muestra en la Fig. 13. Luego hacemos uso de la regla para ir quitando las fichas de manera que no quede ninguna en esos tres cuadrados. ¿Es esto posible?

Solución

No, eso no es posible. Para ver por qué, asignemos un número a cada cuadrado de esta cuadrícula, de manera que su valor sea igual a la suma de los valores de los dos cuadrados situados uno justo encima y el otro a su derecha. Para ser más precisos, asignemos el número 1 al primer cuadrado de la esquina inferior izquierda. A continuación, asignemos el número 1/2 al cuadrado justo encima y al cuadrado a su derecha. Estos dos cuadrados forman lo que llamaremos la primera diagonal. La siguiente diagonal está formada por tres cuadrados, a cada uno de los cuales se le asigna el número 1/4. La diagonal que sigue a esta está formada por cuatro cuadrados, a cada uno de los cuales se le asigna el número 1/8, y así sucesivamente. Es decir, cada vez que pasamos a la siguiente diagonal, el número asignado se reduce a la mitad.

Ahora sumamos los valores de todos los cuadrados que están ocupados por una ficha. Nótese que la operación de sustituir una ficha por dos, una desplazada horizontalmente hacia la derecha y la otra verticalmente hacia arriba, preserva el valor total. En otras palabras, se tiene una *ley de conservación* del valor total de los cuadrados ocupados por las fichas. Al comienzo, el valor es 1+1/2+1/2 = 2. Ahora bien, obsérvese que si toda la cuadrícula estuviera ocupada, el valor total de los cuadrados sería igual a la suma de las columnas verticales:

$$[1+(1/2)+(1/4)+(1/8)+...] \times [1+(1/2)+(1/4)+(1/8)+...] = 4$$

Dado que los tres primeros cuadrados tienen un valor conjunto igual a 2, esto implica que, si se consiguiera colocar las fichas fuera de los tres primeros cuadrados, el valor total de los cuadrados que ocuparían tendría que seguir sumando 2. Pero esto solo puede hacerse si todos los demás cuadrados de la cuadrícula se ocupan con fichas, puesto que el valor total de todos los cuadrados (incluidos los tres primeros) es 4. Por lo tanto, la tarea en cuestión no es posible.

Adivinanza

Supongamos que hay un número impar de soldados en una explanada, a diferentes distancias unos de otros. Todos los soldados tienen instrucciones de vigilar al compañero que se encuentra más cerca de ellos. Demuestre que, al menos, un soldado no está siendo vigilado.

Solución

Para empezar, vamos a fijarnos en los dos soldados que se encuentran más cerca el uno del otro. Estos no tienen más opción que vigilarse mutuamente. Luego vamos a emparejar a los dos soldados que les siguen en cercanía, y así sucesivamente. Como el número de soldados es impar, inevitablemente quedará un soldado sin ser vigilado.

Pero, ¡un momento!, ¿podría haber una falacia en este argumento? ¿Qué pasa si un soldado está más cerca de otro que ya ha sido emparejado? Digamos que hay n soldados sin emparejar la primera vez que esto ocurre. Entonces, uno de estos soldados no estará vigilando a ninguno de los n soldados porque está vigilando a uno de los soldados que ya ha sido emparejado. Por consiguiente, hay como máximo $n-1$ soldados vigilando a n soldados. En otras palabras, al menos un soldado no estará siendo vigilado.

Acertijo

¿Sería capaz de dibujar las formas geométricas que se muestran en la Fig. 14 sin levantar el bolígrafo ni volver hacia atrás sobre ningún segmento?

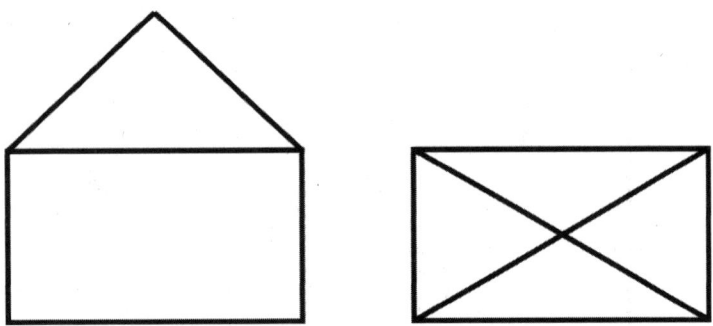

Figura 14. Dibujar estas formas geométricas sin levantar el bolígrafo ni volver hacia atrás sobre ningún segmento.

Solución

Podemos hacerlo para la primera figura, pero no para la segunda. Para dibujar un gráfico sin levantar el lápiz, cada vértice de éste debe contener un número par de líneas (excepto, quizá, el primer vértice y el último, si son distintos). Esto se debe a que en cada vértice intermedio hay que entrar y salir el mismo número de veces. Un número impar de veces indicaría que el vértice es el punto inicial o final, y no un punto de paso intermedio. Una manera equivalente, aunque más abstracta, de expresar esto es decir que el número de aristas en todos los vértices intermedios debe ser 0 módulo 2. Además, solo puede haber dos vértices que contengan un número impar de aristas, y estos solo pueden ser los vértices inicial y final. Queda claro, pues, qué vértices podemos elegir para comenzar el primer gráfico. El segundo tiene cuatro vértices con tres aristas cada uno, por lo que, según lo que acabamos de decir, no es posible trazar esa figura sin levantar el bolígrafo.

Adivinanza

Disponemos de un tablero rectangular en el que se pueden colocar fichas (véase la Fig. 15), pero ha de hacerse conforme a las siguientes reglas:

(1) El centro de cada ficha debe estar contenido dentro de los límites del tablero, y (2) Las fichas no pueden superponerse.

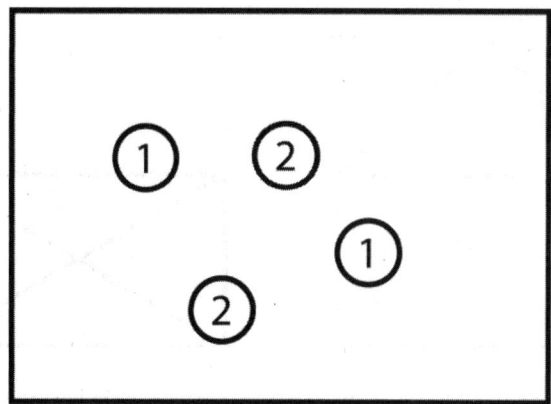

Figura 15. Juego en el que dos participantes se turnan para colocar fichas sobre el tablero de manera que no se superpongan.

Dos jugadores se turnan para poner las fichas y disponen de una cantidad ilimitada de ellas. El juego lo gana el último que es capaz de colocar una ficha conforme a las reglas. Si usted juega el primero, ¿cuál es la manera de asegurarse la victoria?

Solución

La jugada ganadora consiste en poner la primera ficha en el centro del tablero, como se muestra en la Fig. 16. Nótese que el tablero tiene una simetría de orden dos, lo que significa que para cualquier punto de su superficie, la imagen reflejada de ese punto con respecto al centro es también un punto del tablero. En consecuencia, independientemente de dónde coloque su ficha el adversario, usted siempre podrá colocar otra en el lugar del tablero simétricamente opuesto. Debido a la simetría del tablero, si la jugada de la otra persona es lícita la suya también lo será.

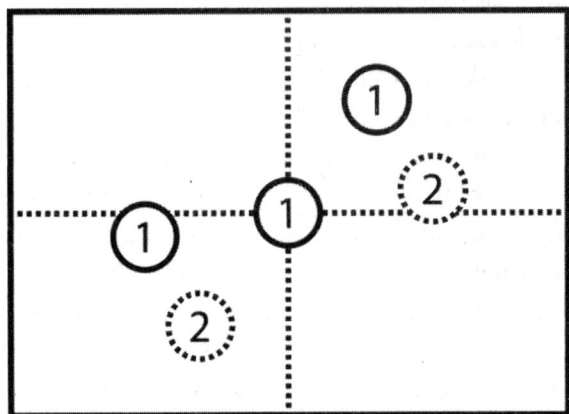

Figura 16. La estrategia ganadora: poner la
primera ficha en el centro del tablero.

Adivinanza

Ahora usted va a jugar simultáneamente con dos grandes maestros del ajedrez. El problema es que no sabe jugar muy bien, pero desea ganar al menos una partida o empatar en las dos. En el primer tablero el gran maestro juega con las blancas, y en el segundo usted juega con las blancas ¿Cuál debería ser su estrategia?

Solución

La estrategia que usted debería seguir consiste en copiar las jugadas del otro tablero. Los movimientos que haga el gran maestro con las piezas blancas en el primer tablero, usted los repite en el segundo tablero; y los movimientos con los que responda el segundo gran maestro con las piezas negras, usted también los repite con las piezas negras en el primer tablero. De esta manera, por simetría, las dos partidas son idénticas y, por tanto, sus resultados son idénticos. Pero usted está en bandos opuestos en las dos partidas. Así que, si pierde en un lado, gana en el otro, y, además, si empata en una de las partidas, empata en las dos.

SUPERSIMETRÍA

En la física existen simetrías más abstractas que las que hemos visto, y un ejemplo de las más destacadas es la llamada supersimetría. Una consecuencia de esta simetría, suponiendo que su existencia se confirme en la naturaleza, es que cada partícula elemental ha de tener una cuasi-gemela «oculta» conocida como «pareja supersimétrica». Esta tendría propiedades idénticas a las de la partícula original, excepto que sus espines serían diferentes. El s-electrón, por ejemplo, es la supuesta superpareja del electrón, con la misma masa y carga que este, pero sin espín; o lo que es lo mismo, con espín cero.

En términos más técnicos, podemos ampliar la dimensión del espacio en las teorías con supersimetría añadiendo coordenadas adicionales. El espacio resultante se denomina superespacio. Por ejemplo, podemos tener el superespacio (x,y,z,t,θ). Las coordenadas adicionales, sin embargo, son bastante diferentes de las otras más familiares. θ es un ejemplo de lo que se denomina coordenada de Grassmann (o fermiónica). A diferencia de las coordenadas habituales, para las que se tiene $xy=yx$, las coordenadas de Grassmann anticonmutan; es decir, satisfacen $\theta\alpha=-\alpha\theta$. Si tomamos $\alpha=\theta$, vemos que $\theta^2=0$. Las coordenadas de Grassmann corresponden a direcciones extra análogas a las del espacio, y la supersimetría está relacionada con la invariancia bajo traslaciones a lo largo de esas direcciones. Estas coordenadas anticonmutantes cumplen las siguientes reglas:

$$\theta \cdot \theta = 0$$

$$\frac{\partial^2}{\partial\theta^2} = 0$$

$$\theta \frac{\partial}{\partial\theta} = -\frac{\partial}{\partial\theta}\theta \ .$$

La supersimetría conduce a otro tipo de simetrías, que podemos describir como la raíz cuadrada de las traslaciones en ese espacio. Por ejemplo, sea $f(x)$ una función. Si variamos x en una pequeña cantidad ϵ, entonces el valor de la función se incrementa de forma proporcional a su derivada: $f(x+\epsilon) \approx f(x) + \epsilon f'(x)$. El operador $\frac{\partial}{\partial x}$ es el generador de esta simetría de traslación, en un sentido que no vamos a precisar aquí. La raíz cuadrada de este generador sería por tanto un operador D_θ tal que $D_\theta^2 = \frac{\partial}{\partial x}$. Esto es difícil de imaginar, pero la supersimetría permite hacer precisamente eso, como vamos a probar escribiendo el operador D_θ de la siguiente forma:

$$D_\theta = \frac{\partial}{\partial \theta} + \theta \frac{\partial}{\partial x} \ .$$

Entonces

$$D_\theta^2 = \frac{\partial^2}{\partial \theta^2} + \theta^2 \frac{\partial^2}{\partial x^2} + \frac{\partial}{\partial x} + \frac{\partial}{\partial x}\left(\theta \frac{\partial}{\partial \theta} + \frac{\partial}{\partial \theta}\theta \right).$$

Si aplicamos ahora las reglas para las variables anticonmutantes, casi todos los términos desaparecen, y D_θ^2 se simplifica y nos queda $\frac{\partial}{\partial x}$, como queríamos probar. Obsérvese también que una función en este espacio tiene una serie de potencias de la forma

$$f(x, \theta) = f(x) + \theta g(x) \ .$$

No hay términos de orden superior en θ porque ¡$\theta^2 = 0$! Así que una función en este superespacio puede verse como un par de funciones f y g. Esto es el análogo de la duplicidad que asigna a cada partícula una pareja supersimétrica.

La noción de supersimetría puede parecer extraña a primera vista, pero es un ingrediente esencial de la teoría de cuerdas, así como de ciertas teorías cuánticas de campos. Además, la supersimetría hace que la mecánica cuántica parezca más clásica ya que atenúa las fluctuaciones cuánticas. Sin embargo, actualmente no hay ninguna evidencia experimental sobre la existencia de los s-electrones (las parejas supersimétricas de los electrones) ni de la existencia de la supersimetría en general, aunque muchos investigadores esperan que los experimentos con los colisionadores de partículas aporten pronto alguna prueba.

CUASI-CRISTALES Y SIMETRÍAS

Presentamos ahora un tipo de simetría poco habitual, la de un *cuasi-cristal*.

Vamos a iniciar esta exposición haciendo notar que, probablemente, los lectores ya hayan visto una variedad de mosaicos, o teselaciones[9] planas, con simetrías de rotación de los grupos discretos: $\mathbb{Z}/2$, $\mathbb{Z}/3$, $\mathbb{Z}/4$ o $\mathbb{Z}/6$ ($\mathbb{Z}/n$ se refiere a las rotaciones de $2\pi/n$. El grupo $\mathbb{Z}/2$, por tanto, corresponde a las rotaciones de π radianes o 180 grados; el grupo $\mathbb{Z}/3$ corresponde a las rotaciones de 120 grados; el grupo $\mathbb{Z}/4$ a las de 90 grados, y así sucesivamente).[10] Véase la Fig. 17.

También existen cristales que poseen cuasi-simetrías. Son los llamados cuasi-cristales, y muchos de ellos pueden generarse a partir de las célebres teselaciones de Penrose. En este caso, las teselas están formadas por elementos de cinco caras que poseen simetría $\mathbb{Z}/5$ a nivel individual, pero el cristal en su conjunto no tiene simetría rotacional; y tampoco tiene simetrías bajo traslaciones porque no es estrictamente periódico, aunque casi lo sea (véase la Fig. 18). Así que los cuasi-cristales son objetos parecidos a los cristales que prácticamente presentan simetrías, pero no del todo. Cada compo-

---

9   Las teselaciones en el plano son patrones de figuras llamadas teselas (baldosas, azulejos...) que recubren completamente una superficie plana sin dejar huecos y sin que las teselas se superpongan.

10   Existe un razonamiento matemático bastante sencillo que demuestra que solo estas rotaciones aparecen como simetrías rotacionales de las teselaciones en un plano: las matrices asociadas a las rotaciones de orden 2, 3, 4 y 6 son las que tienen traza igual a un número entero. Y ¿por qué tendría que ser así? La razón estriba en que, cualquier rotación de un retículo $\simeq \mathbb{Z}^2$ que lo deje invariante, se puede describir por una matriz con entradas enteras porque la rotación actúa sobre los vectores que generan el retículo y, por tanto, debe asignar combinaciones lineales con coeficientes enteros a los vectores de cualquier base del mismo. En consecuencia, la traza de las matrices de las rotaciones de orden 2, 3, 4 y 6 ha de ser un número entero. Por otra parte, una rotación de tipo $\mathbb{Z}/5$ tiene por traza $2cos(2\pi/5)$, que no es un número entero, a diferencia de $2cos(2\pi/n)$ para $n = 2$, 3, 4 y 6, que sí es entero.

nente local parece simétrica, pero no hay simetrías globales, aunque estas estructuras sean casi periódicas.

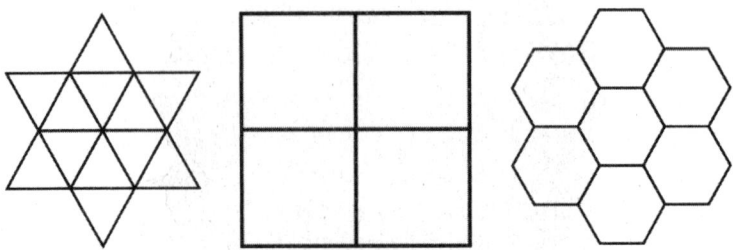

Figura 17. Podemos formar patrones periódicos y simétricos asociados a las simetrías de rotación $\mathbb{Z}/3$ (izquierda), $\mathbb{Z}/4$ (centro) y $\mathbb{Z}/6$ (derecha).

Un hecho muy interesante es que un investigador de la Universidad de Harvard, Peter Lu, y un físico de la Universidad de Princeton, Paul Steinhardt, constataron que muchas mezquitas construidas hace siglos están decoradas con patrones cuasi-cristalinos, lo cual puso de manifiesto que la idea general de las teselaciones de Penrose ha existido aproximadamente desde el año 1200, mucho antes de que Roger Penrose, que les da su nombre, empezase a estudiarlas en la década de 1970. Vemos pues que las civilizaciones antiguas también apreciaban la belleza de las estructuras casi simétricas de los cuasi-cristales. Pero aquellos arquitectos tenían una motivación diferente a la nuestra. Ellos no estaban intentando elaborar modelos físicos ni hacer experimentos con principios de simetría; ellos solo intentaban crear efectos estéticos sutiles pero atractivos para la vista.

Muchos sólidos en la naturaleza presentan estructuras reticulares con simetrías cristalinas, como ya hemos comentado. Pero, curiosamente, también hay ciertos compuestos en la naturaleza que son cuasi-cristales y gozan de sus sutiles patrones de simetría. Dan Shechtman recibió el Premio Nobel de Química en 2011 por el descubrimiento de cuasi-cristales en el mundo natural.[11]

---

11   Véase la página web www.nobelprize.org/prizes/chemistry/2011/summary.

Figura 18. Cristal con simetrías cuasi-cristalinas. Se trata de una teselación de Penrose que usa solo dos tipos de teselas. Crédito: Inductiveload en Wikimedia.

EL TEOREMA DE PITÁGORAS

Acertijo
¿Cuál es la longitud del segmento *EF* de la siguiente figura? (*E* está en el centro del cuadrado).

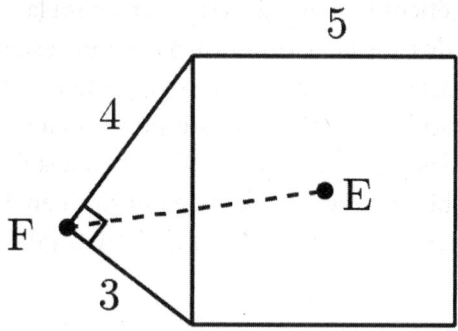

Solución

La clave radica en extender la figura hasta hacerla simétrica:

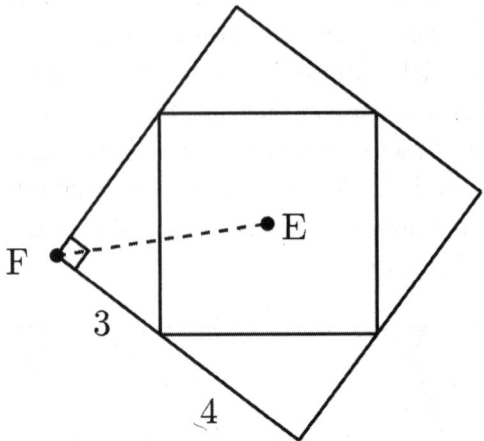

Ahora vemos que la longitud *EF* es la mitad de la diagonal de un cuadrado de lado 7. Por tanto, $EF = 7/\sqrt{2}$, como se deduce aplicando el teorema de Pitágoras. Pero también podemos proceder en el otro sentido, ya que la simetrización anterior constituye asimismo una de las maneras más sencillas de demostrar este teorema. En efecto, como las longitudes de los lados de estos triángulos rectángulos son a y b (y la hipotenusa c), el área total del cuadrado mayor es $(a+b)^2$, pero este está formado por cuatro triángulos, cada uno de área $(ab/2)$, y un cuadrado de área c^2. Esto conduce al teorema de Pitágoras: $(a+b)^2-4(ab/2) = a^2+b^2 = c^2$; el más famoso y, posiblemente, el más importante teorema de la historia de la geometría.

CONSERVACIÓN DE LA CARGA EN LA TEORÍA DE CUERDAS

La carga eléctrica de un electrón es −1 en unidades de la carga elemental, y la de un protón es +1 en las mismas unidades. La carga eléctrica posee dos propiedades básicas: todas las cargas vienen en múltiplos enteros de la carga elemental, y el total de la carga eléctrica se conserva. ¿Cuál podría ser la explicación, tanto de la discretización de la carga eléctrica que se observa en la naturaleza, como de la ley de conservación de la misma?

En la teoría de cuerdas, donde las partículas se sustituyen por objetos unidimensionales extensos, llamados cuerdas, a menudo se contemplan escenarios geométricos como el siguiente: se tiene un bucle (una *cuerda*) en un cilindro infinito (véase la Fig. 19), en el que la circunferencia del cilindro se considera una dimensión extra (la teoría de cuerdas cuenta con más de tres dimensiones espaciales, y se piensa que las dimensiones extra serían diminutas, como veremos cuando hablemos de las dualidades). Un bucle de este tipo tiene un *número de vueltas* característico que describe cuantas veces se enrolla alrededor del cilindro.

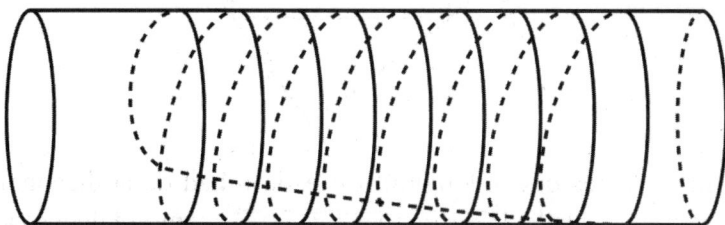

(A) Adición de múltiples cuerdas: 1+1+1+1+1+1+1+1+1=9

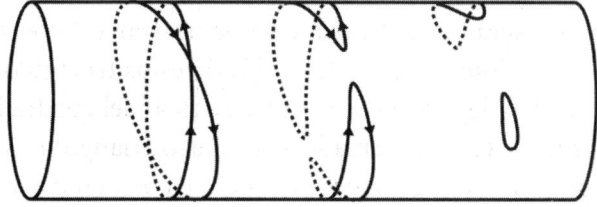

(B) Aniquilación de dos cuerdas: 1+(−1)=0

Figura 19. Partículas cargadas vistas como cuerdas enrolladas en una dimensión extra del espacio.

Esto ofrece una posible explicación de la discretización de la carga eléctrica. Si la carga se interpreta como el número de vueltas que dan las cuerdas alrededor de un círculo o un cilindro, entonces debe venir en múltiplos discretos de una unidad fundamental. ¿Y qué hay de la conservación de la carga? Pues ocurre que la manera en que las cuerdas interactúan es por concatenación, lo que significa que, al tocarse, dos cuerdas separadas se conectarán. Ahora bien, la adición de la carga, representada por la concatenación de cuerdas enrolladas, puede llegar a ser más sutil en algunas situaciones, como muestra el siguiente rompecabezas.

Rompecabezas

Imagínese que tiene un cuadro colgado por una cuerda y en la pared hay dos clavos (véase la Fig. 20). ¿Cómo puede enrollarse la cuerda alrededor de los dos clavos de manera que el cuadro no se caiga, pero en cuanto se quite uno de ellos el cuadro se caiga? (¿y cómo habría que enrollar la cuerda en el caso de que hubiera $N = 100$ clavos para que el cuadro volviera a caerse en cuanto se quitase *uno* de los clavos?).

Figura 20. Cómo colgar un marco usando una cuerda en una pared que tiene dos clavos, de manera que el cuadro se caiga en cuanto se quite uno de los clavos.

Solución

En nuestro ejemplo anterior, en el que una cuerda se enrollaba alrededor de un cilindro, teníamos una ley de conservación que incluía una operación aditiva. Esta operación, como la misma adición, es conmutativa y forma lo que se denomina un «grupo abeliano». Sin embargo, para las cuerdas que se enrollan alrededor de dos clavos o puntos diferentes, el orden en que lo hacen es importante. En otras palabras, el enrollar cuerdas alrededor de puntos diferentes da lugar a un «grupo no abeliano» (es decir, no conmutativo, en el que $gh \neq hg$), con lo que la noción de ley de conservación sigue existiendo, pero es más sutil que la simple suma de los números de vueltas individuales. Para resolver este rompecabezas, sacaremos partido de esta faceta no abeliana.

La idea básica es la siguiente: Si tenemos un clavo y enrollamos una cuerda a su alrededor en el sentido de las agujas del reloj, a esta operación la llamaremos α; y si enrollamos la cuerda en el sentido contrario a las agujas del reloj, la llamaremos α^{-1}. El producto de α por α^{-1} es igual a 1, lo que significa que no hay nada enrollado alrededor del clavo (cero enrollamiento neto) si enrollamos una cuerda a su alrededor en el sentido de las agujas del reloj y a continuación en el sentido contrario, pues de este modo la cuerda se desenrolla. Ahora hacemos lo mismo para el segundo clavo, llamando β a la operación de enrollar una cuerda a su alrededor en el sentido de las agujas del reloj, y β^{-1} a enrollarla en el sentido contrario. La no conmutatividad entraría en juego si, por ejemplo, fuéramos a enrollar una cuerda alrededor del primer clavo y luego alrededor del segundo clavo y a continuación desenrolláramos la cuerda alrededor del primer clavo y después lo hiciéramos alrededor del segundo (véase la Fig. 21). A diferencia del caso anterior, ahora el cuadro no se caería porque el orden de las operaciones también cuenta.

Podemos expresar algunas de estas ideas matemáticamente. En efecto, las operaciones que acabamos de describir pueden representarse de la siguiente manera:

$$[\alpha, \beta] = \alpha\beta\alpha^{-1}\beta^{-1}$$

Este producto de operaciones es no trivial porque el grupo es no abeliano. La no trivialidad significa que si enrollamos la cuerda según esta prescripción, el cuadro no se caerá. Además, eliminar cualquiera de los clavos equivale a hacer α o β igual a 1, en cuyo caso el producto se hace trivial (es la identidad) y el cuadro se caería.[12]

---

12   Este problema puede generalizarse a N clavos (incluido el caso $N=100$) cuando la configuración de la cuerda enrollada adopta la forma $\left[\alpha_N\left[\alpha_{N-1}\left[\cdots[\alpha_3[\alpha_2,\alpha_1]]\right]\right]\right]$.

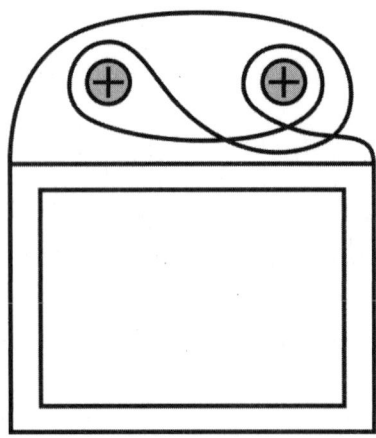

Figura 21. Hay que colgar el marco de esta manera para que el cuadro se caiga en cuanto se quite uno de los clavos.

ROTURA ESPONTÁNEA DE LA SIMETRÍA

Hasta ahora hemos hablado de las simetrías y de sus importantes aplicaciones. El tema que abordaremos a continuación es la rotura espontánea de la simetría. En este contexto, las simetrías pueden conducir a resultados totalmente inesperados. Vamos a comenzar explicando lo que *no* es la rotura espontánea de la simetría. Se podría suponer, por ejemplo, que hay una rotura de la simetría entre arriba y abajo a nuestro alrededor, ya que, debido a la presencia del campo gravitatorio de la Tierra, todas las direcciones no son iguales e indistinguibles desde el punto de vista de la física, como lo serían en una situación totalmente simétrica. Pero este no es un ejemplo de rotura espontánea de la simetría porque es una consecuencia del campo gravitatorio terrestre, una condición ambiental permanente, podríamos decir, y no un fenómeno súbito natural que altera todo lo que se encuentra a su alcance.

La rotura espontánea de la simetría, de la que nos ocuparemos en el próximo capítulo, se trata de algo bastante diferente. Además, resulta ser un fenómeno crucial en física. De hecho, explica por qué existe la masa, lo cual contribuye a esclarecer nuestra propia existencia, pues ¡sin masa, iríamos moviéndonos a la velocidad de la luz!

3. Rotura de la Simetría

En el capítulo anterior, ilustramos con algunos ejemplos el poder de las simetrías en la resolución de juegos matemáticos, así como en el estudio de la física, y también en el mundo y el universo que nos rodean. Hicimos notar que las simetrías son equivalentes a las leyes de conservación, y que estas leyes pueden ser muy útiles, como ya se habrá percatado el lector. Una aplicación muy básica, como vimos en la adivinanza de las cartas, es que si una suma no cuadra sabemos que falta algo, y podemos obtener información sobre lo que falta contando lo que hay y lo que no hay. En este capítulo trataremos el concepto opuesto: situaciones en las que se rompen las simetrías. Y quizás les sorprenda descubrir que, en algunos casos, las simetrías rotas pueden ser más interesantes y tener más consecuencias en la naturaleza que las simetrías exactas (no rotas).

Un ejemplo nos lo da la asimetría entre materia y antimateria. En principio, el Big Bang debería haber creado cantidades iguales de materia y de antimateria. Si esta situación hubiera persistido, las partículas de materia y de antimateria habrían acabado por entrar en contacto todas ellas y se habrían aniquilado mutuamente en ráfagas de energía pura. Pero, de alguna manera, la simetría entre la materia y la antimateria se rompió por muy poco, produciendo un exceso de partículas de materia sobre las de antimateria de una parte en mil millones, exceso que dejó una preponderancia de materia tras la «gran aniquilación» materia-antimateria, ¡a la que debemos nuestra existencia!

Otro ejemplo, menos vital para nuestra presencia en el cosmos, lo ofrece un lápiz perfectamente equilibrado sobre su punta. Se trata de una configuración inestable porque el lápiz acabará por caerse.

Pero mientras está en posición vertical, se encuentra en una configuración simétrica porque se podría caer en cualquier dirección al no haber ninguna dirección preferida o predeterminada. Cuando el lápiz finalmente se cae, esa simetría, tan perfecta durante el tiempo que duró, se rompe entonces de manera espontánea: mientras que un instante antes el lápiz podría haber caído en cualquier dirección, entre 0 y 360 grados, ahora ha escogido sólo una.

He aquí un ejemplo más matemático: Supongamos que tenemos una función real «suave» de una variable, $f(x)$, lo que significa que se puede derivar todas las veces que se requiera, y supongamos además que es una función par; en otras palabras, f goza de una simetría de reflexión: $f(x)=f(-x)$. Nuestra primera tarea consiste en encontrar los puntos críticos de f; es decir, los puntos donde $df/dx = 0$. Pues bien, aplicando la simetría podemos encontrar de inmediato una de las soluciones:

$$\frac{df}{dx}\bigg|_x = \frac{df(-x)}{dx}\bigg|_{-x} = -\frac{df}{dx}\bigg|_{-x}$$

Por tanto, en $x=0$ tenemos $\dfrac{df}{dx}\bigg|_0 = -\dfrac{df}{dx}\bigg|_0$, y la única manera de que esto se cumpla es si $\dfrac{df}{dx}\bigg|_0 = 0$.

Supongamos que ahora se nos pide encontrar un *mínimo* local de $f(x)$ (si es que existe). Por razones de simetría, uno podría imaginar de inmediato que el mínimo se encuentra en $x=0$. Sin embargo, esto no es necesariamente así. En la Fig. 22 se muestra que se pueden dar dos situaciones diferentes y, dependiendo de cuál se trate, el mínimo local puede, o no, estar en $x=0$.

Ahora bien, si $f(x)$ representa la energía potencial de un sistema físico y su mínimo no está en $x=0$, decimos que la simetría de reflexión se ha *roto espontáneamente*. En este caso, además, debe haber por lo menos dos mínimos, como puede apreciarse en la Fig. 22. Vemos pues que la simetría puede inducirnos a error en cuanto a dónde debería estar el mínimo real del sistema físico.

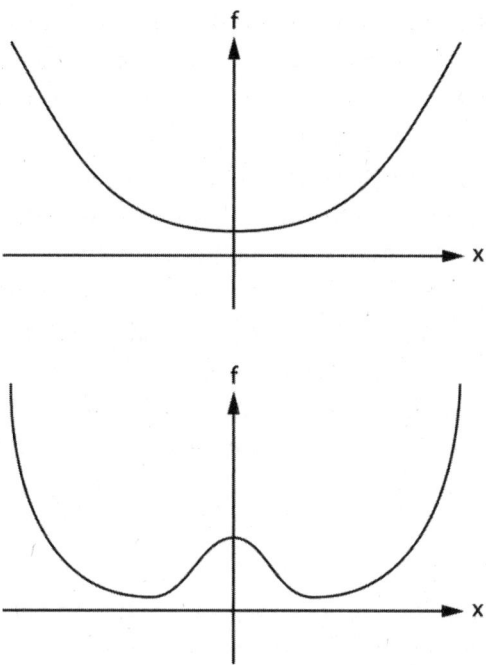

Figura 22. El mínimo de una función par, que representa la energía potencial de un sistema físico, puede preservar la simetría de reflexión (como en la imagen superior) o romperla (como en la inferior).

EL MOVIMIENTO DE LA TIERRA Y LA ROTURA DE LA SIMETRÍA

Las aplicaciones de la simetría para explicar los fenómenos físicos se remontan a los antiguos filósofos griegos, o incluso antes. Como vimos en el capítulo 1, los griegos ya habían descubierto que la Tierra es una esfera. Más aún, sabían que rota alrededor de su eje, porque por la noche todas las estrellas parecían girar alrededor de la estrella Polar, la estrella que se encuentra más al norte, y eso les parecía bastante improbable, así que postularon que, por el contrario, es la Tierra quien está girando y las estrellas están fijas. También pensaban (erróneamente) que el centro de la Tierra no se mueve, porque si se moviera las posiciones de las estrellas cam-

69

biarían, a diferencia de lo que se observaba noche tras noche. Este hecho, el que el centro de la Tierra pareciera inmóvil, les inquietaba y buscaron una explicación. Ellos conocían la simetría rotacional de las esferas y, basándose en este concepto, su visión de los cielos situaba a la Tierra en el centro del universo. Entonces argumentaron que, puesto que la Tierra está en el centro del universo, no existe ninguna dirección preferida hacia donde deba desplazarse. Dicho de otro modo, ellos razonaron que si la Tierra se moviera se rompería la simetría rotacional, por lo que concluyeron que para preservar esta simetría era preferible que no se moviera. Esta línea de razonamiento llevó a la idea de que el centro de la Tierra está fijo en el centro del universo.

Aristóteles cuestionó este argumento. En su opinión, si una persona (o incluso un asno) se sitúa en el centro de un círculo con comida distribuida de manera uniforme por todo su perímetro (véase la Fig. 23) acabará eligiendo una dirección para caminar y llegar al borde, ¡o se morirá de hambre![13] Este desplazamiento y, en particular, la elección de la dirección a seguir, romperán necesariamente la simetría circular que imperaba antes. En efecto, en la vida real y en el mundo físico hay que tomar decisiones en situaciones simétricas que pueden conducir a resultados asimétricos. Vemos pues que la simetría es algo realmente asombroso, fuente de gran belleza, y mágica en muchos sentidos. Pero, ¿es un principio que deba anteponerse por encima de todo lo demás?, ¿un principio por el que merezca la pena morir de hambre? Aristóteles argumentó brillantemente que las simetrías no se preservan a toda costa. Las elecciones óptimas no siempre son simétricas pero, por fortuna, ¡las simetrías pueden romperse espontáneamente!

---

13   Véase el libro *Sobre el Cielo* de Aristóteles.

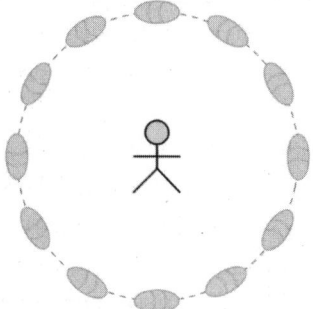
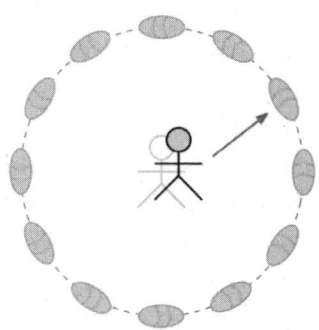

Punta de partida simétrico   Elección asimétrica

Figura 23. Aristóteles puso el primer ejemplo de rotura espontánea de la simetría: una persona en el centro de un círculo, con barras de pan distribuidas por igual a lo largo de su perímetro, tendrá que caminar en alguna dirección para poder tomar una de ellas, rompiendo así la simetría.

ROTURA ESPONTÁNEA DE LA SIMETRÍA

Ahora vamos a profundizar en la noción de *rotura espontánea de la simetría*. La razón por la que se llama «espontánea» es porque el punto de partida es una situación simétrica que desemboca inexorablemente en un resultado asimétrico. Volvamos al ejemplo anterior, que nos sitúa en el centro de un círculo, con comida (digamos barras de pan) distribuida uniformemente a lo largo del perímetro. Claro está que podríamos haber roto la simetría a mano, por ejemplo, poniendo más comida en un lado del círculo que en el otro. En ese caso, estaría claro cuál sería la dirección preferida hacia la que nos moveríamos: natural-mente, hacia el lugar en el círculo con más comida acumulada. Pero este no sería un ejemplo de rotura espontánea de la simetría, porque el punto de partida ya era asimétrico de entrada.

Hay muchos otros ejemplos de rotura de simetría en la natura-leza. La evolución nos ha moldeado, al igual que nuestro entorno ha moldeado la evolución. Vivimos en un planeta en el que arriba y abajo son diferentes debido a la gravedad, que apunta en una dirección determinada; esto es, hacia abajo. No existe una simetría que intercambie arriba y abajo; es decir, aquí en la Tierra las cosas caen hacia abajo; ¡no caen hacia arriba! Y, dado que no existe ninguna simetría entre arriba y abajo, tiene sentido, pues, que nuestros pies no se parezcan en nada a nuestra cabeza.

Por otra parte, si estamos de pie sobre un terreno llano, vemos que todo el plano tiene simetría rotacional, pero la evolución ha roto esa simetría en lo que se refiere a la anatomía humana: nuestro cuerpo no goza de simetría circular horizontal. Nuestros ojos, por ejemplo, no miran en todas direcciones sino solo en direcciones concretas. De algún modo, la naturaleza ha descubierto que es más eficaz, y supone un menor gasto de energía y otros recursos, tener los ojos en un único lado del cuerpo mirando «hacia adelante», como se suele decir.

En el contexto del ejemplo de Aristóteles, nuestros ojos están situados en la parte frontal, con lo cual ¡podemos ir hacia la comida! Aunque nuestros ojos son simétricos con respecto a la izquierda y la derecha, no ocurre lo mismo con todo nuestro cuerpo. Por ejemplo, por alguna razón, el corazón del ser humano está situado hacia el lado izquierdo de la cavidad torácica. El estómago también está más a la izquierda, mientras que el hígado se encuentra en su mayor parte a la derecha.

Como vemos, incluso en la naturaleza la simetría no es siempre la mejor solución. Más aún, en la física moderna estamos encontrando ejemplos de rotura espontánea de simetría en muchos contextos diferentes, y seguiremos aprendiendo más sobre el importante papel que desempeña en este capítulo.

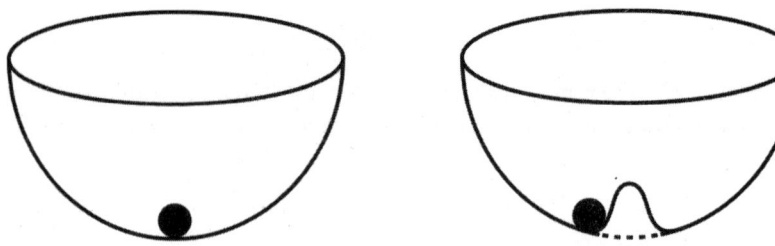

Figura 24. En un cuenco simétrico con la parte más profunda del fondo situada en el centro, una bola se posaría en este. Pero esto no ocurriría si la parte más profunda del fondo no estuviese en el centro.

Supongamos que hay una bola en un cuenco simétrico, que tiene forma de media esfera, como en la Fig. 24. ¿Dónde se posará la bola? Se puede ver que tiene que posarse en el fondo, en el centro del cuenco. Podríamos decir que es así por razones de simetría. Supongamos, en cambio, que el cuenco tiene una pequeña protuberancia en el fondo, pero que esta está centrada de manera que el cuenco sigue siendo simétrico. Entonces habría toda una familia de puntos posibles en los que la bola podría detenerse de manera natural, pero *ninguno* de ellos estaría en el centro. De hecho, la simetría exige que tengamos todo un círculo de soluciones posibles. Esto ilustra el hecho de que la rotura de las simetrías, en general, da lugar a muchas soluciones cuando antes solo había una. Obsérvese que un pequeño cambio en las condiciones, como inclinar ligeramente el cuenco (véase la Fig. 25), destruiría la simetría y haría que las soluciones cambiasen de lugar de manera considerable. Obsérvese también que las soluciones asimétricas no están congeladas, en el sentido de que un pequeño «zarandeo» las desplazaría de su posición. Dicho de otro modo, si rompiéramos la simetría inclinando ligeramente el cuenco, la bola podría cambiar drásticamente de posición. Por lo tanto, esta es una situación inestable, como suele suceder cuando se rompen las simetrías.

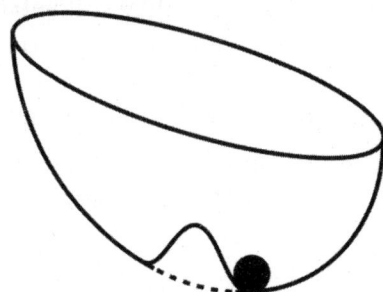

Figura 25. Si se rompe la simetría a mano, inclinando ligeramente el cuenco, surgirá un sitio preferente en el fondo donde la bola se posará.

Ahora bien, el darse cuenta de que existe una simetría también puede depender de la perspectiva. Por ejemplo, un asno situado cerca del borde del círculo donde está la comida, puede no percatarse de la forma simétrica de este, a diferencia de otro asno que se encontrase en el centro del círculo. Lo mismo sucede desde el punto de vista de una bola en el fondo de un cuenco que tenga una protuberancia simétrica en la parte inferior, como se muestra en la Fig. 26. Así que es posible que una persona piense erróneamente que no hay simetría en un lugar si él o ella se encuentra en un punto asimétrico.

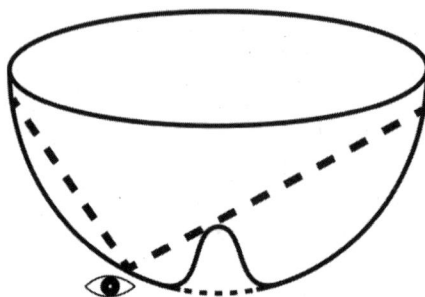

Figura 26. Desde la perspectiva de un punto cualquiera, situado en el fondo de un cuenco que tiene una protuberancia en el centro, es difícil apreciar la simetría rotacional del mismo porque los puntos del fondo ocupan posiciones asimétricas.

Lo contrario también puede ser cierto: a veces podemos romper una simetría a mano, pero esta puede ser aún lo suficientemente potente como para seguir guiándonos hacia las soluciones que buscamos, como vamos a ver.

Supongamos ahora que queremos encontrar el centro de masas de un rectángulo. Podemos hacer cálculos para encontrarlo, pero es fácil razonar, recurriendo a la simetría, que el centro de masas se encuentra, como era de esperar, en el centro. Una vez que hemos deducido este resultado, podemos retomar los cálculos y demostrarlo rigurosamente. En los problemas de física suele ser útil pasar a las coordenadas del centro de masas porque tienen una simetría especial incorporada. Pero ¿qué ocurre si la figura no es simétrica? ¿Se puede seguir usando la simetría, de alguna manera, para encontrar la solución del problema en cuestión?

Acertijo

¿Cuál es el centro de masas de la Fig. 27? (Se supone que el objeto en forma de L no tiene simetrías)

Figura 27. ¿Sabría encontrar el centro de masas de
este objeto asimétrico en forma de L?

Solución

El centro de masas de una figura compuesta por dos trozos está en la línea que une sus centros de masas respectivos. En consecuencia, el centro de masas de este objeto asimétrico se encuentra en las dos líneas de puntos que conectan los centros de los rectángulos en los que dividimos la superficie de dos maneras diferentes (véase la Fig. 28 A), por lo cual tiene que estar en la intersección de estas dos líneas. Una lección que podemos extraer de este ejemplo es que el principio de simetría puede seguir siendo muy potente incluso en casos que no parecen simétricos en absoluto.

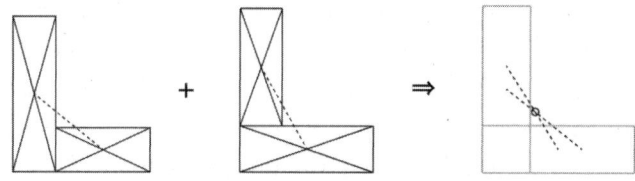

Figura 28 A. Se puede encontrar el centro de masas del objeto en forma de L dividiéndolo en dos pares de rectángulos diferentes.

Mediante este método se puede encontrar el centro de masas de cualquier figura cuasi-rectangular sin tener que calcular longitudes, incluso en el caso de una figura muy enrevesada, como la de la Fig. 28 B.

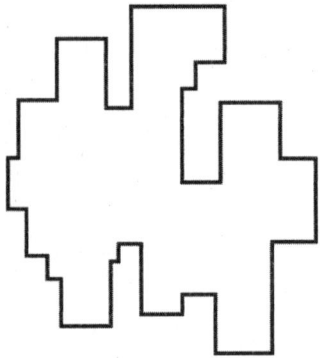

Figura 28 B. Usando el método anterior, se puede encontrar el centro de masas de cualquier figura cuasi-rectangular, incluso en el caso de una figura tan enrevesada como esta.

ROTURA ESPONTÁNEA DE LA SIMETRÍA EN LOS IMANES

Supongamos que tenemos un sistema de partículas que poseen un grado de libertad llamado «espín», que tiene dos estados posibles: hacia arriba o hacia abajo. Si usted está familiarizado con la física o la química, puede imaginarse que se trata del espín del electrón. Recuerde también nuestros comentarios en el capítulo 1 sobre el espín del electrón y la teoría de Dirac, que da una explicación del mismo. Supongamos, además, que cuando se ponen en contacto dos de estas partículas, a ellas les «gusta» tener el mismo espín (ambos arriba o ambos abajo), en el sentido de que estos estados tienen menor energía total. Así que las configuraciones con el mismo espín tendrían una energía menor que las configuraciones con espines opuestos: $E(11) < E(1L)$. A este respecto, cabe señalar que los materiales ferromagnéticos, por ejemplo, actúan como imanes cuando los espines de los electrones están alineados en la misma dirección. Pero estos materiales pierden sus propiedades magnéticas si los espines de los electrones están alineados al azar, en cuyo caso los efectos magnéticos se cancelan.

Imaginemos ahora un retículo lleno de este tipo de partículas situadas en un plano, como en la Fig. 29. Este es el modelo que vamos a considerar a continuación, que se denomina modelo de Ising.

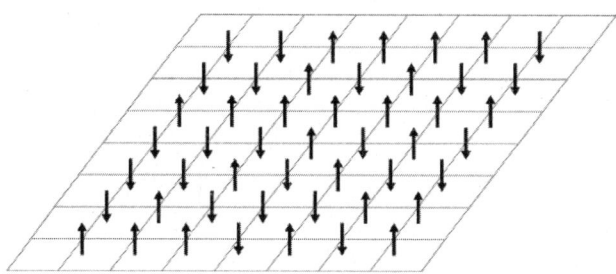

Figura 29. El modelo de Ising consta de partículas con espines hacia arriba y partículas con espines hacia abajo, donde los espines más cercanos prefieren alinearse para disminuir la energía total del sistema.

Cada par de espines vecinos contribuye con una cierta energía a la energía total del sistema. Así pues, está claro que existe una configuración con energía total mínima en la que todos los espines apuntan en la misma dirección. Si se le deja aislado, sin influencias externas, el retículo encontrará el estado de energía mínima, como ocurre en el ejemplo de la canica en el cuenco. Es decir, todos los espines apuntarán hacia arriba o todos apuntarán hacia abajo.

Sin embargo, si el retículo se encuentra en un baño térmico que mantiene las partículas a una temperatura determinada, es posible tener configuraciones de espines cuyas energías no son mínimas. Para ser precisos, vamos a suponer que la probabilidad de que el sistema tenga una energía total E es $p(E)$, y esta está relacionada con la temperatura de acuerdo con la «regla de Boltzmann», es decir $p(E) \propto e^{-E/kT}$ (donde k es la «constante de Boltzmann»). Como consecuencia, la configuración de menor energía tiene la probabilidad más alta, pero para cualquier temperatura por encima del cero absoluto, cualquier estado es posible con cierta probabilidad.

Contemos los espines como +1 o −1, según apunten hacia arriba o hacia abajo. Si denotamos por $\langle S \rangle$ el espín promedio; es decir, la suma de todos los espines del sistema, ponderados por el factor de Boltzman $e^{-E(S)/kT}$, dividida por el número total de partículas, ¿cuánto vale $\langle S \rangle$? ¡Tiene que ser cero! La razón es que para cualquier configuración de espines que se tenga, la configuración opuesta (obtenida invirtiendo los signos de todos los espines) tiene la *misma* energía y, por tanto, la misma probabilidad de ocurrir. Pero que una configuración y su opuesta tengan la misma energía, significa que $\langle S \rangle$ es igual a $\langle -S \rangle$, lo cual es otra forma de decir que $\langle S \rangle$ es igual a cero.

Vemos pues que la simetría $\mathbb{Z}/2$ del sistema de espines se transmite a $\langle S \rangle$, haciendo que su valor sea cero. ¿Es esto coherente con nuestro modelo de los imanes? La magnetización resulta, como dijimos antes, de una alineación de espines y su intensidad es proporcional a $\langle S \rangle$. Pero acabamos de argumentar que el espín promedio debe de ser cero. Entonces, ¿por qué existen los imanes? Ahora explicaremos cómo ocurre esto.

A una temperatura extremadamente baja, $T \to 0$, el sistema de espines se asienta en su estado de más baja energía, en el mínimo absoluto. Esto ocurre cuando todos los espines apuntan hacia arriba o todos apuntan hacia abajo. Así que existen dos configuraciones con la mínima energía; es decir, dos estados fundamentales. ¿En cuál de ellos se asentará el sistema? Esto dependerá de las condiciones iniciales. Por ejemplo, si se aplica un pequeño campo magnético que obliga a los espines a alinearse en una dirección dada, se puede elegir una de estas dos configuraciones de mínima energía. Más aún, incluso después de quitar el campo magnético el sistema se mantendrá en el mismo estado. Esto sucede porque, para pasar de un estado fundamental al otro, hay que dar la vuelta a *todos* los espines, y aunque el estado final tendría la misma energía, para conseguirlo habría que superar una barrera energética bastante grande. De esta manera, a una temperatura lo suficientemente pequeña se puede llegar a una fase en la que el sistema elige una dirección del espín. Por lo tanto, la simetría $\langle S \rangle \to \langle -S \rangle$ del problema se ha roto espontáneamente. La rotura de esta simetría, y el hecho de que los espines apunten en una dirección determinada, es lo que conduce al ferromagnetismo. Dicho de otro modo, ¡el funcionamiento de un imán se basa en la rotura espontánea de una simetría!

Lo que se observa en la práctica es que hay magnetización espontánea a bajas temperaturas y no hay magnetización a altas temperaturas. Y existe un punto *crítico*, en algún lugar entre los dos extremos de altas y bajas temperaturas, en el que el imán experimentará una transición de fase entre estos dos estados (véase la Fig. 30).

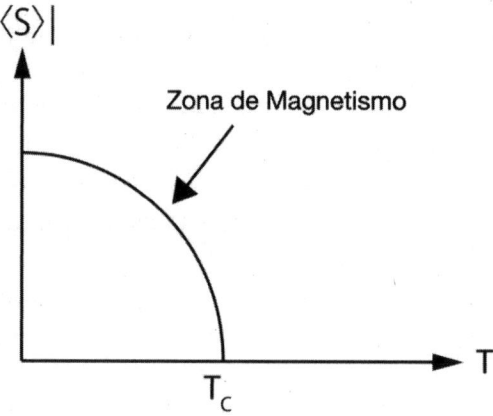

Figura 30. La magnitud del espín promedio $|\langle S \rangle|$ es distinta de cero por debajo de una temperatura crítica T_c.

Esto nos recuerda el ejemplo anterior de la canica en un cuenco con un montículo redondo situado en el fondo, en el centro. La configuración simétrica, con la canica en lo alto del montículo, tiene una energía mayor que la configuración en la que la canica está en el fondo del cuenco, donde la simetría está rota. Del mismo modo, el ferromagnetismo se produce en materiales a temperaturas más bajas que la crítica después de haberse roto la simetría. Así pues, ¡debemos la magia de los imanes a la rotura espontánea de una simetría!

EL ROMPECABEZAS DEL CUADRADO

Rompecabezas
Cuatro ciudades están situadas en las cuatro esquinas de un cuadrado. La distancia entre ciudades adyacentes es de 160 km. El reto consiste en encontrar el trazado de las carreteras que conecte las cuatro ciudades entre sí con un coste mínimo. El coste de construcción de una carretera es de 63.000 dólares por km, por lo que es

importante calcular la longitud total mínima posible. Hay que tener en cuenta que no se requiere que la ruta entre dos ciudades concretas sea la más corta, y además se puede elegir el orden en que se conecten las ciudades entre sí, siempre que se consiga un coste total mínimo. Únicamente hay que asegurarse de que se puede ir de una ciudad a otra a través de estas carreteras. ¿Hay algo de particular en la solución que se encuentra?[14]

Solución

En primer lugar, se puede demostrar sin demasiada dificultad que el trazado de las carreteras con longitud mínima debe ser un grafo consistente en líneas rectas y ciudades en algunos de sus vértices. En efecto, dado que las líneas rectas son los caminos más cortos entre dos puntos, no hay ninguna razón para que las carreteras no sean rectas.

Dicho esto, a continuación vamos a demostrar que, si algún vértice del grafo tiene tres aristas, entonces los ángulos entre estas tres aristas deben valer 120 grados. Para ello, dibujemos un triángulo alrededor de uno de estos vértices, de manera que los tres vértices de este triángulo estén en las tres aristas y a una distancia de una unidad de longitud del vértice central. En este caso, podemos minimizar la longitud total de la carretera encontrando el trazado de longitud mínima entre los vértices de este *triángulo*, y otros similares, y luego sustituyendo las partes del grafo inicial por estas líneas de longitud mínima. Ahora supongamos que, de hecho, el grafo inicial ya es el de longitud mínima en cuanto a las sumas de las distancias a los vértices de los triángulos que hemos dibujado. Pero, ¿qué significa que estos vértices minimizan la suma de las distancias? Pues significa que, si se desplaza uno de estos vértices una pequeña cantidad, la longitud total no varía. Sean $\vec{e_i}$ tres vectores unitarios que conectan el vértice central con los vértices del triángulo (véase la Fig. 31). Si desplazamos el vértice una pequeña distancia $\vec{\delta}$ en cualquier dirección, no es difícil ver que el cambio total en longitud viene dado por el producto escalar $(\vec{e_1} + \vec{e_2} + \vec{e_3}) \cdot \vec{\delta}$ cuando $\vec{\delta} \to 0$ (ejercicio que se deja al lector). Este cambio en longitud debería ser cero para una elección óptima de las carreteras, por lo cual la suma de los vectores

---

14   Como veremos más adelante, este problema está relacionado con el punto de Fermat-Torricelli de un triángulo.

unitarios tiene que ser cero, es decir, $\vec{e}_1 + \vec{e}_2 + \vec{e}_3 = 0$, ya que esto debería ser cierto para cualquier elección de $\vec{\delta}$. Este resultado a su vez implica que los ángulos entre los vectores unitarios deben ser de 120 grados (lo que puede verse elevando al cuadrado la relación $\vec{e}_1 + \vec{e}_2 = -\vec{e}_3$, que conduce a $\vec{e}_1 \cdot \vec{e}_2 = -1/2$).

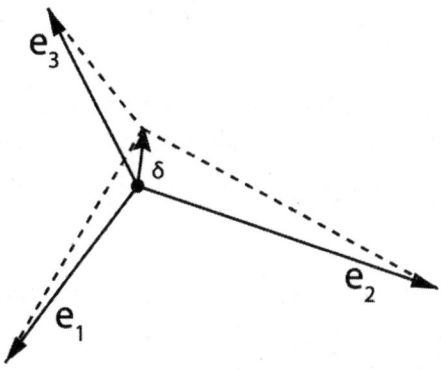

Figura 31. En el caso de una carretera con longitud óptima, si desplazamos cualquier intersección un pequeño vector $\vec{\delta}$ no debería producirse ningún cambio en la longitud total.

¿Y qué ocurre si un vértice tiene grado 4?, lo que significa que cuatro aristas convergen en un único punto. En este caso hay que elegir dos aristas adyacentes y el vértice central y dibujar de nuevo un triángulo, como hicimos antes. Esto se puede considerar como un *caso especial* de la situación anterior, en el que se desplaza el vértice central para hacerlo coincidir con un vértice del triángulo. Pero, como vimos, el grafo siempre puede mejorarse si el ángulo no es de 120 grados, pero no es posible tener cuatro ángulos de 120 grados que confluyan en un vértice. Y lo mismo sucederá para un número de aristas mayor que cuatro.

Usando este tipo de razonamientos, no es difícil deducir que las únicas soluciones posibles son las que se describen en la Fig. 32 A.

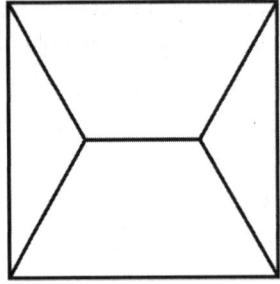 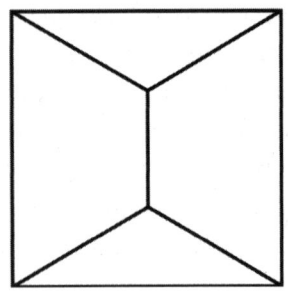

Figura 32 A. Cuando las ciudades están situadas en las cuatro esquinas de un cuadrado hay dos trazados de carreteras óptimos, ninguno de los cuales presenta todas las simetrías del cuadrado. Las líneas horizontales y verticales que delimitan los cuadrados no forman parte de las carreteras.

Obsérvese que hay una rotura espontánea de simetría porque las soluciones que hemos encontrado no presentan la simetría de rotación de 90 grados del cuadrado (aunque sí presentan algunas de sus simetrías de reflexión y también rotaciones de 180 grados). Como las simetrías del cuadrado están parcialmente rotas en las soluciones, hay más de una solución posible. De hecho, podemos elegir una solución cualquiera y hacer una transformación de ésta aplicando la simetría que está rota, y obtener así una nueva solución.

Un análogo físico de este rompecabezas es que, cuando se forman pompas de jabón, estas minimizan su superficie. Debido a esto, un bastidor de alambre sumergido en agua jabonosa dará lugar a pompas de jabón con caras que forman ángulos de 120 grados.

Rompecabezas alternativo
Se puede repetir el mismo planteamiento que en el rompecabezas anterior, salvo que las cuatro ciudades se encuentran ahora en los vértices de un rectángulo, en el que, claro está, la anchura no es exactamente igual a su altura. ¿Cuál sería nuestra solución? ¿En qué se diferencia este rompecabezas del anterior?

Solución
Imaginemos que la anchura del rectángulo es mucho mayor que su altura. La solución tiene ahora un aspecto diferente: una línea recta de izquierda a derecha donde en cada extremo se divide para conectar

con las dos ciudades que le corresponden. Si variamos la anchura hasta hacerla casi igual a la altura, seguiremos teniendo una única solución. Pero cuando las dimensiones sean exactamente iguales, se tendrá un cuadrado entre las cuatro ciudades y se romperá la simetría, como en el problema anterior. Y si continuamos variando la anchura hasta hacerla menor que la altura, volveremos a tener una solución única, pero con una orientación opuesta, como puede verse en la Fig. 32 B.

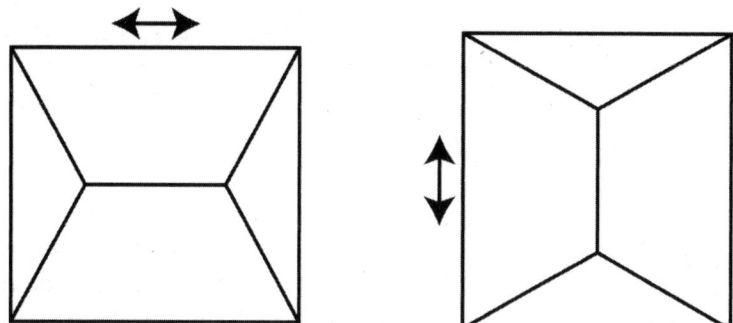

Figura 32 B. Cuando las ciudades están situadas en las cuatro esquinas de un rectángulo hay un único trazado de carreteras óptimo.

Ahora puede verse claramente de dónde proceden las dos soluciones del rompecabezas anterior. Esto pone de manifiesto que ese rompecabezas es en cierto modo «inestable», con dos soluciones que se intercambian a medida que se pasa de un cuadrado a un rectángulo aumentando la altura o la anchura.

LA ROTURA DE LA SIMETRÍA Y EL BOSÓN DE HIGGS

¿Qué es la partícula de Higgs y qué tiene que ver con la rotura espontánea de la simetría?

Empezaremos nuestra exposición con algunas ecuaciones bastante técnicas, dirigidas a los lectores con conocimientos matemáticos, así que otros lectores quizás prefieran saltarse esta exposición. Quienes estén familiarizados con el laplaciano tridimensional, sabrán que también existe un operador Laplaciano cuatridimensional (en el espacio de Minkowski), también conocido como d'Alembertiano:

$$\Box := \frac{1}{c^2}\frac{\partial^2}{\partial t^2} - \sum_{i=1}^{3}\frac{\partial^2}{\partial x_i^2},$$

donde c es la velocidad de la luz. Las soluciones de la ecuación $\Box\phi = 0$ son ondas. En efecto, pensemos en el caso de una sola coordenada espacial:

$$\left(\frac{1}{c^2}\frac{\partial^2}{\partial t^2} - \frac{\partial^2}{\partial x^2}\right)\phi = 0.$$

Podemos escribir esta ecuación de la forma:

$$\left(\frac{1}{c}\frac{\partial}{\partial t} + \frac{\partial}{\partial x}\right)\left(\frac{1}{c}\frac{\partial}{\partial t} - \frac{\partial}{\partial x}\right)\phi = 0,$$

con lo cual es fácil comprobar que las soluciones tienen la forma $\phi(x,t) = f(x+ct)+g(x-ct)$, por lo que $\phi(x,t)$ es la suma de una onda que se mueve hacia la izquierda y otra que se mueve hacia la derecha, ambas a la velocidad de la luz c.

¿Y qué tiene que ver esto con la partícula de Higgs? Pues vamos a explicarlo. Al comienzo del universo, en los primeros instantes después del Big Bang, todas las partículas carecían de masa y se movían a la velocidad de la luz. Pero también se las puede considerar como ondas ψ que se movían a la velocidad de la luz y satisfacían la ecuación $\Box\psi = 0$, como hemos visto. Ahora bien, la teoría nos enseña que, al enfriarse el universo durante la primera fracción de segundo, se produjo un cambio de fase, no muy distinto de la condensación de vapor en agua líquida, y el llamado «campo de Higgs» llenó todo el espacio como si fuera un océano invisible. Entonces, las partículas elementales se dotaron de masa debido a sus interacciones con este nuevo campo, mediante un término adicional que adquirieron sus ecuaciones de onda: $\alpha_i\phi(x,y,z,t)$, donde ϕ es el campo de Higgs. Las funciones de onda de estas partículas, ahora masivas, tenían que satisfacer la ecuación:

$$(\Box + (\alpha_i\phi)^2)\,\psi = 0,$$

donde α_i depende de la partícula de que se trate, y $m_i = \alpha_i\phi$ es la masa de esa partícula.

Se puede pensar en el campo ϕ como el análogo del espín promedio $\langle S \rangle$, o de la posición de la bola en el cuenco semiesférico. En ese caso, el punto más simétrico y, de hecho, el único punto que no cambiaría con la rotación del cuenco, se encuentra en $\phi=0$. Así que esta simetría sólo se mantiene intacta si el mínimo de la energía potencial se encuentra en $\phi=0$. Por su parte, en el caso del campo de Higgs la situación análoga solo se produce cuando la temperatura es muy alta, en cuyo caso el valor del campo de Higgs se hace cero y las partículas carecen de masa. En otras palabras, a altas temperaturas la energía potencial para el campo de Higgs es como una semiesfera sin ninguna protuberancia en la parte inferior. Sin embargo, al enfriarse el universo tras el Big Bang, este experimentó una transición de fase: la energía del campo ϕ encontró un mínimo distinto de $\phi=0$, por lo que el valor esperado de este campo, $\langle\phi\rangle$, también se volvió no nulo, generando así la masa de las partículas (véase la Fig. 33). ¿Cuánta masa adquieren las partículas? Pues esto depende de las intensidades de sus interacciones respectivas con el campo de Higgs (determinadas por el valor de α_i) así como del valor de este; es decir, de lo lejos que se encuentre $\langle\phi\rangle$ del centro del potencial, correspondiente a $\phi=0$.

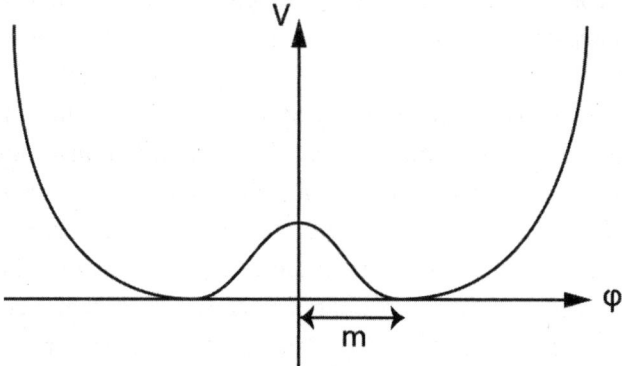

Figura 33. El campo de Higgs tiene un potencial V que se parece exactamente al fondo de un cuenco con una hendidura producida por un montículo en el centro. La rotura de la simetría hace que el mínimo del potencial se desplace del valor $\phi=0$, lo que da lugar a la masa de las partículas.

Así pues, el universo tal como lo conocemos, es decir, con todas las partículas con masa que contiene, surgió de la rotura espontánea de una simetría. Pero, ¿cómo puede demostrarse experimentalmente que este es, en efecto, el mecanismo a través del cual las partículas elementales adquirieron masa?

Volvamos a la bola en el cuenco. Si la empujamos ligeramente hacia arriba, alejándola del fondo, volverá a rodar hacia abajo y oscilará. De manera análoga, podemos intentar perturbar ligeramente el campo de Higgs ϕ y observar la onda resultante. Ahora bien, la mecánica cuántica nos enseña que las partículas son lo mismo que ondas. Por lo tanto, si logramos crear una onda asociada al campo de Higgs, también se crearía una partícula que podríamos llegar a ver (y, de hecho, hemos visto). Se trata del bosón de Higgs, que algunos periodistas denominan «la partícula de Dios»[15].

¿Cómo debemos entender esto? El campo de Higgs, como hemos dicho, es similar a un océano invisible que llena el espacio con un valor de ϕ diferente de cero debido a que el universo se enfrió tras el Big Bang. La interacción de las partículas elementales con este océano es lo que les da masa y las ralentiza. Pero ¿cómo se podría demostrar que ese océano existe realmente si no se puede ver? Bueno, se podría intentar «pellizcar» el océano para hacer que el campo de Higgs se moviese oscilando hacia arriba y hacia abajo por el montículo. Una manera de conseguirlo sería hacer chocar dos partículas a gran velocidad, lo que llevaría a comprimir una porción diminuta de ese océano invisible en el punto en el que colisionan. Esto, a su vez, crearía ondas del campo de Higgs que se interpretarían como partículas que pueden detectarse, lo cual demostraría su existencia.

Pues resulta que en el Gran Colisionador de Hadrones en el laboratorio de física de partículas del CERN, las colisiones a altas energías son capaces de llevar a cabo precisamente lo que acabamos de decir. En efecto, se hacen chocar protones entre sí con energía suficiente para que puedan crearse partículas de Higgs y demostrar así la existencia de ese océano invisible que da masa a las partículas elementales. Y esto es exactamente lo que observaron los físicos experimentales del CERN cuando descubrieron la partícula de Higgs. Ese

---

15   El nombre proviene del título del libro «The God Particle» del físico Leon Lederman (con Dick Teresi).

descubrimiento trascendental, anunciado al mundo entero el 4 de julio de 2012, cumplió una predicción hecha casi 50 años antes. Por fin se confirmaban las ideas de los físicos teóricos sobre cómo las partículas adquieren masa, y por fin se encontraba la última pieza del Modelo Estándar de la física: la última partícula aún no observada, pero cuya existencia se predecía en ese marco teórico.

Hay que señalar que el descubrimiento de la partícula de Higgs se inscribe en un largo proceso de aprendizaje en el que los físicos han llegado a reconocer el poder de la rotura espontánea de la simetría. La Tierra se mueve, a pesar de los argumentos esgrimidos hace dos mil años por los antiguos pensadores griegos, que llegaron a la conclusión, basándose en las simetrías, de que la Tierra debía permanecer inmóvil. Ahora hemos aprendido cuán importante es la *rotura espontánea* de las simetrías. Porque, gracias a ella, el universo no está poblado por partículas sin masa circulando por todos lados a la velocidad de la luz, partículas que nunca podrían ralentizarse lo suficiente para formar estrellas, planetas, galaxias, agujeros negros, o cualquiera de los maravillosos objetos que vemos en el universo, incluidos nosotros mismos.

LA GRAN UNIFICACIÓN DE LAS FUERZAS

Si nos encontrásemos en una situación en la que una simetría estuviese rota, es posible que ni siquiera fuésemos capaces de reconocer una simetría escondida en algún lugar del entorno. Por ejemplo, si viviéramos en lo más profundo de un valle con simetría circular, como la del potencial para el campo de Higgs, semejante al cuenco con la hendidura de la Fig. 26, es posible que no nos percatásemos de la existencia de esta simetría circular. Lo mismo sucede con nuestra percepción de las fuerzas que nos rodean. Junto con la gravedad, existen otros tres tipos de fuerzas conocidas: las fuerzas electromagnéticas, las fuertes y las débiles. Las fuerzas electromagnéticas nos resultan familiares. Las fuerzas fuertes, que unen los quarks para formar protones y neutrones, no se perciben con la misma facilidad. Y las fuerzas débiles, responsables de la radiactividad observada, por ejemplo, en las desintegraciones β, también permanecen prácticamente ocultas en la vida cotidiana. Los quarks, no obstante, experimentan todas las fuerzas conocidas. Estas fuerzas tienen diferentes intensidades, que pueden estimarse de la siguiente manera: Se fija una distancia pequeña, digamos 10^{-16} cm, que es equivalente a una energía de 100 GeV para un fotón de esa longitud de onda, y luego calculamos la relación entre las distintas fuerzas que un quark ejerce sobre otro quark situado a 10^{-16} cm de distancia. La relación entre las intensidades de estas fuerzas viene dada por la relación entre los cuadrados de las cargas correspondientes, g_i^2. Pues bien, resulta que a tal escala de distancias se tiene:

$$g_{fuerte}^2 > g_{d\acute{e}bil}^2 > g_{electromagn\acute{e}tica}^2$$

La carga $g_{electromagn\acute{e}tica}$ es igual a e, la carga eléctrica que conocemos. Vemos pues que estas fuerzas aparentan ser muy diferentes, al menos en lo que se refiere a sus intensidades relativas. Sin embargo, si seguimos indagando en esta cuestión a distancias cada vez más cortas, las cargas correspondientes a los tres tipos de fuerzas cambian. Más aún, las cargas parecen hacerse iguales a una escala de distancias de unos 10^{-30} cm, correspondiente a una escala de energías de 10^{16} $GeV=M_{GUT}$ como puede verse en la Fig. 34. Esto se conoce como la «gran unificación» de las fuerzas. En otras palabras, a energías más altas se restablece la simetría entre las fuerzas, mientras que a energías más bajas parece romperse. Así que, a altas energías ¡las fuerzas parecen unificarse en una sola![16]

---

16   Cada una de estas tres diferentes fuerzas se asocia con un grupo. Las fuerzas fuertes se asocian con las matrices 3×3 conocidas como el grupo $SU(3)$ (de rotaciones en 3 dimensiones complejas), las fuerzas débiles se asocian con las matrices 2×2 del grupo $SU(2)$ (de rotaciones en 2 dimensiones complejas) y las fuerzas electromagnéticas se asocian con las matrices 1×1 del grupo $U(1)$ (de multiplicación de fases). Sin embargo, cuando reducimos la distancia lo suficiente, las tres diferentes fuerzas se unifican, y sus respectivos grupos también se unifican en un solo grupo. Un modelo muy popular, el modelo de Georgi-Glashow, propone que se unifican en el grupo $SU(5)$ de matrices 5×5 (el grupo de rotaciones en 5 dimensiones complejas), donde los grupos $SU(3)$ y $SU(2)$ proceden de los bloques diagonales 3×3 y 2×2 respectivamente, y el grupo $U(1)$ procede de una diagonal global que es ortogonal a los otros dos bloques. Así que se tiene la inclusión:
$$SU(5) \supset SU(3) \times SU(2) \times U(1).$$

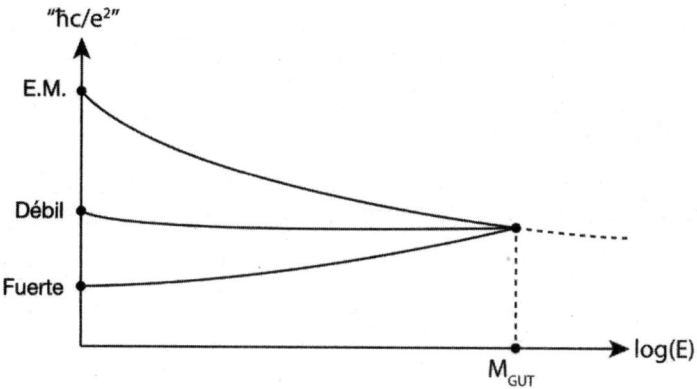

Figura 34. La gran unificación de las fuerzas: a escalas de distancias más cortas, que corresponden a energías más altas, las cargas de los tres diferentes tipos de fuerzas se hacen iguales, lo que apunta a la unificación de estas.

SUPERCONDUCTIVIDAD

La superconductividad también constituye un ejemplo de rotura de simetría. Es una propiedad de ciertos materiales, que dejan de tener resistencia eléctrica a una temperatura suficientemente baja, lo que significa que, una vez conectada, la corriente eléctrica no deja de circular nunca. Resulta que la explicación a este fenómeno se basa en un potencial similar al del campo de Higgs, o al cuenco con una hendidura.

El análogo del campo de Higgs en este caso es un campo ρ, que toma valores complejos, $\rho = A \exp(i\phi)$, con un potencial tal que $|\rho|=A$ en el mínimo. La corriente eléctrica en un superconductor circular viene en unidades discretas, o cuantos, que pueden ser vistos como las vueltas dadas por la fase ϕ del campo ρ en el fondo del potencial circular (véase la Fig. 35). La fase ϕ da la vuelta al potencial, conocido como «sombrero mejicano» n veces a medida que el campo ρ recorre el circuito circular parametrizado por el ángulo θ; es decir, $\phi=n\,\theta$.

Además, resulta que la intensidad de la corriente eléctrica I es directamente proporcional al número de vueltas que da la fase del campo ρ, por tanto, $I \propto n$.

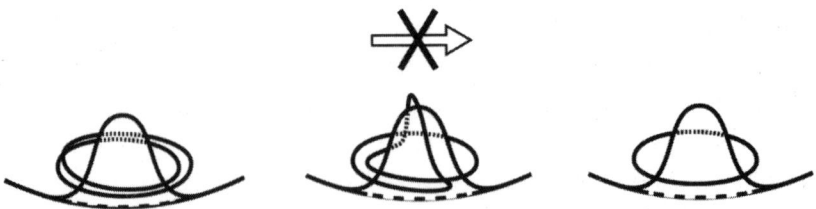

Figura 35. Puede interpretarse que la superconductividad se origina en las vueltas que da la fase de un campo a medida que este recorre el circuito circular por la parte inferior de su potencial. La intensidad de la corriente es proporcional al número de vueltas dadas por la fase, y es difícil que se anule este número debido a la barrera de potencial. Este fenómeno crea las corrientes eléctricas persistentes de los superconductores.

La intensidad de la corriente, I, es por tanto estable por la sencilla razón de que se presenta con valores cuantizados. Dado que el campo ρ rodea la base de un montículo en el potencial, como puede verse en la Fig. 35, habría que elevarlo para que dejase de dar vueltas, y esto supone un gasto de energía. En otras palabras, se necesita energía para deshacer las vueltas dadas por la fase y cambiar así la intensidad de la corriente, razón por la cual, una vez creada, la corriente en un superconductor tiende a quedarse tal como está.

RIGIDEZ

¿Qué tal si ponemos otro ejemplo de rotura de una simetría? Veamos, si empujamos un objeto rígido, por un lado, entonces el otro lado se moverá también. Probablemente no le sorprenda esta observación, que puede parecer bastante obvia, pero que en realidad es muy asombrosa. La cuestión es que, de algún modo, hemos conseguido *transportar* de manera casi mágica una fuerza de un punto a otro. ¿Qué está pasando físicamente cuando hacemos esto?

Ocurre que los sólidos están formados por moléculas que ocupan posiciones fijas (los cristales son el ejemplo más claro de este fenómeno). Pues bien, resulta que la propiedad de la rigidez, presente en los sólidos, es consecuencia de que estos rompen la simetría traslacional continua en el espacio debido a las posiciones fijas de sus moléculas. Este fenómeno, en absoluto trivial, lo descubrió Phil Anderson, de la Universidad de Princeton, a finales de la década de 1970, usando métodos y herramientas matemáticas de la física de la materia condensada. La cuestión más relevante aquí, podríamos decir, es que muchos fenómenos físicos, desde los más esotéricos hasta los que observamos a diario, son consecuencia directa de la rotura de simetrías.

LATERALIDAD O HELICIDAD

Una de las cosas que no comprendemos desde la perspectiva de la rotura espontánea de las simetrías es la lateralidad o helicidad en el universo. Algunas partículas tienen un sentido de giro, asociado a la orientación de su espín en relación con la dirección de su movimiento, que se denomina helicidad. Esto rompe la simetría de paridad (asociada a la reflexión en un espejo). No obstante, este fenómeno se asemeja a la rotura de una simetría «a mano», lo que significa que esas partículas nunca tuvieron dicha simetría, para empezar. Una solución más elegante sería que la simetría hubiera existido originalmente y después se hubiera roto a través de un proceso natural. Así que esperamos que, en una teoría más completa, como la teoría de cuerdas, la helicidad provenga de la rotura espontánea de una simetría, a diferencia de la situación menos natural en la que esa supuesta simetría nunca existió, por lo que se dice que se rompió «artificialmente a mano».

Esta situación recuerda en cierto modo a los rompecabezas de las cuatro ciudades situadas en las esquinas de un cuadrado o un rectángulo. En esos problemas, la asimetría en el trazado de las carreteras se debía a las limitaciones de presupuesto, que en el universo físico se corresponde con el requisito de que la energía sea mínima.

Adivinanza[17]

Se tienen tres cuchillos de longitud L y tres copas equidistantes entre sí a una distancia ligeramente mayor que L (véase la Fig. 36). ¿Cómo hay que colocar los cuchillos sobre las copas de manera que les sea posible sostener una botella pesada?

Figura 36. En esta ilustración sobre la geometría de los cuchillos y las copas, ¿de qué manera habrá que colocar los cuchillos sobre las copas para poder sostener una botella pesada?

Solución

Hay que romper la simetría entre las copas para resolver este problema. En efecto, podemos apoyar la botella sobre el triángulo formado por los tres cuchillos, como se ve en la Fig. 37. Esta disposición geométrica de los cuchillos confiere cierta lateralidad o helicidad que rompe la simetría «circular» inicial que existía entre las tres copas.

---

17   Esta adivinanza me la sugirió Brian Greene.

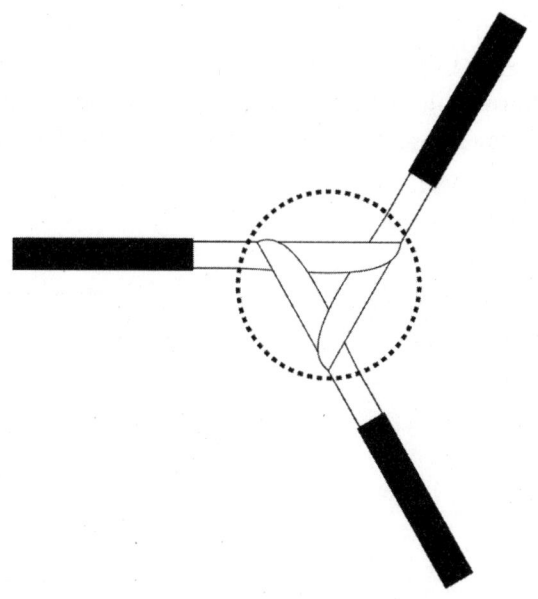

Figura 37. La disposición geométrica de los cuchillos que
sostienen una botella rompe la simetría entre las copas
(no dibujadas) e introduce cierta helicidad.

Rompecabezas

Imaginemos que tenemos un estanque circular de radio R, en cuyo
centro se encuentra un pato. Un zorro, que no sabe nadar, se sienta
en el borde del estanque y, como es natural, quiere comerse al pato.
Este, por tanto, necesita idear una estrategia para llegar a la orilla y
salir volando, evitando así ser devorado por el zorro. Sabiendo que
el zorro se mueve x veces más rápido que el pato, siendo $x > 1$, ¿podrá
escapar el pato? En caso afirmativo, ¿qué estrategia debe adoptar?

Solución

Sea r_1 el radio máximo en el que el pato puede mantener una velocidad angular mayor que la del zorro. Por tanto $r_1 < R/x$. Esto significa que, cuando el pato se encuentre dentro del círculo de radio r_1,
puede desplazarse y llegar a la zona (una línea radial) respecto de la
cual el zorro queda en la orilla opuesta del estanque. Sea r_2 el radio
mínimo en el que el pato puede correr en línea recta hasta la orilla
y escapar, suponiendo que el zorro se encuentre en la orilla opuesta.

El pato tiene que recorrer una distancia $R-r_2$, mientras que el zorro tiene que recorrer una distancia πR. Así pues, para que el pato pueda escapar del estanque, es necesario que $R-r_2 < \pi R/x \Rightarrow r_2 > R-\pi R/x$. Ahora bien, si las zonas delimitadas por los valores de r_1 y r_2 es decir, $r < r_1$ y $r > r_2$ tienen una parte común, entonces el pato podrá realmente escapar; pero si no la tienen, el pato no podrá escapar, por lo que el zorro podrá comérselo. La línea divisoria entre estas dos situaciones viene dada por la condición $R/x = R-\pi R/x$, que nos da $x = \pi+1$. Así que el pato podrá escapar del zorro si $x < \pi+1$.

Este es un problema interesante porque se parte de una situación con simetría circular, pero el pato se ve obligado a romper esta simetría eligiendo un sentido (horario o antihorario) para recorrer el círculo y llegar a la orilla opuesta del estanque. En el caso en que $x > \pi+1$, no importa qué «helicidad» elija el pato para romper la simetría circular, pues el zorro se lo comerá igualmente. Así que sólo existe un estrecho margen de valores de x, en particular $1<x<\pi+1$, en el que la simetría circular se rompería de manera tal que ¡permitiría la supervivencia del pato!

4. El Poder de las Matemáticas Simples y Abstractas

LEYES VERSUS RESTRICCIONES

Cuando se trata de resolver problemas de física, se suele recurrir a dos tipos de datos. En primer lugar, están las restricciones impuestas al problema, que a menudo se denominan condiciones de contorno. Esto incluye factores impuestos por el entorno, que pueden no parecer muy profundos a primera vista. Pensemos, por ejemplo, en una pelota que desciende de forma acelerada por un plano inclinado. Sin saber nada de física, podemos decir que la pelota va a estar en algún sitio sobre el plano inclinado. Estos factores son aspectos de los fenómenos físicos que pueden considerarse restricciones. En la mecánica clásica, las restricciones cobran una gran importancia cuando se quiere describir el movimiento, lo que se conoce también como «cinemática». En segundo lugar, hay leyes de la física, como las formuladas por Newton o Einstein, que parecen ser mucho más fundamentales. La «dinámica» se ocupa de las fuerzas que influyen en los movimientos de los objetos y de los sistemas como un todo, donde las leyes físicas desempeñan un papel más importante.

Parte de la exposición en esta sección se centrará en lo que podría parecer el lado más aburrido de la física, las restricciones, pero como esperemos que quede claro en el transcurso de este capítulo, no es necesariamente así. Algunas de las ideas que vamos a abordar aquí pueden manifestarse de maneras muy profundas. Y podríamos descubrir, a un nivel muy básico, que la distinción entre leyes y restricciones desaparece y que muchas de las cosas que atribuíamos a principios físicos podrían surgir en realidad de restricciones.

Desde el punto de vista matemático, veremos la topología como un análogo de dichas restricciones físicas generales. La topología describe los aspectos globales y cualitativos de lo que constituye un espacio, sus características generales, a diferencia de la geometría, que profundiza en los detalles de tal espacio, como las distancias, las formas geométricas precisas, etcétera. La continuidad, que es una noción básica en el contexto de la topología, guarda un vínculo natural con el hecho de que las leyes de la física son continuas: Si se modifican un poco las condiciones, el resultado no cambiará drásticamente.[18]

Adivinanza

En un torneo de eliminación simple hay 117 jugadores. ¿Cómo habría que organizar el torneo para que se llegue al vencedor con un número mínimo de partidas totales? ¿Y cómo habría que hacerlo para que, por el contrario, el número de partidas fuese el máximo?

Solución

Podríamos caer en la trampa de intentar detallar los pormenores del torneo, lo cual sería una tarea complicada y totalmente innecesaria. La respuesta es bastante sencilla; *siempre* hay 116 partidas. La razón de que esto sea así es muy simple: cada partida elimina a un jugador, y se tienen que eliminar a 116 jugadores. En otras palabras, hay que jugar 116 partidas, y este es tanto el número mínimo como el número máximo de partidas. Así que cualquier cuestión sobre cómo organizar el torneo es intrascendente. Por tanto, no hay que dejarse engañar; las restricciones son las que definen este problema. No es necesario tratar de averiguar la forma óptima de emparejar a los jugadores en el torneo, porque la respuesta se puede encontrar, de manera más sencilla, en el planteamiento del mismo.

Adivinanza

En un torneo de doble eliminación (es decir, en el que para que un equipo quede eliminado tiene que perder dos veces) participan 64 equipos. ¿De cuantas partidas constará el torneo?

---

18   Aunque existen casos excepcionales, como los sistemas físicos caóticos, en los que esto no es estrictamente cierto.

Solución

En cada partida hay exactamente un perdedor y cada equipo necesita perder dos veces para ser eliminado. Por lo tanto, hay 63 equipos que perderán dos veces, y el equipo campeón puede perder una vez o ninguna. Se tiene, pues, que el torneo constará de 2x63=126 o 2x63+1=127 partidas. El planteamiento de este problema impone, de nuevo, suficientes restricciones como para que haya un número muy limitado de respuestas posibles.

Acertijo

Una tableta de chocolate forma una cuadrícula de 5×20 (véase la Fig. 38). Dos jugadores se turnan para cortar la tableta a lo largo de una línea, ya sea horizontal o vertical, y no están permitidos los cortes múltiples, realizados cortando con el cuchillo a través de más de un trozo. La persona que haga el último corte se lleva todo el chocolate. ¿Cuál es la estrategia ganadora?

Solución

Siempre gana el primer jugador. Al comienzo solo hay un trozo (la tableta entera) y al final hay 100. Cada corte aumenta el número de trozos en una unidad, y este número va creciendo de 1 a 100, por lo que habrá 99 cortes en total. Como se trata de un número impar, al primer jugador le tocará hacer el corte número 99 al final. De nuevo, sería difícil e innecesario intentar describir todo el desarrollo del juego. Las condiciones iniciales (o restricciones), junto con un poco de lógica, pueden guiarnos hacia la solución.

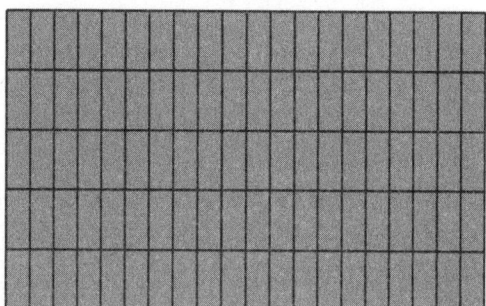

Figura 38. ¿Qué estrategia lleva a ganar la tableta de chocolate? El juego consiste en dos jugadores que se turnan para cortar la tableta siguiendo las líneas verticales y horizontales, haciendo un corte cada vez. El jugador que haga el último corte posible ¡se queda con todo el chocolate!

NOCIONES BÁSICAS SOBRE LOS
NÚMEROS COMPLEJOS

Antes de pasar a la siguiente ronda de rompecabezas, acertijos y adivinanzas necesitaremos ciertos conocimientos matemáticos que intentaremos adquirir ahora.

Los números complejos, cuyo conjunto se denomina $\mathbb{C}$ pueden representarse como puntos en el plano. En coordenadas polares, podemos escribir cualquier número complejo $z \in \mathbb{C}$ como $z = re^{i\theta} = r(cos(\theta)+i\,sen(\theta))$, donde r es la distancia al origen de coordenadas, que se denomina módulo, y el ángulo θ se denomina argumento. El complejo conjugado de z se define como $z^*=re^{-i\theta}$. Dados dos números complejos $z_1=r_1e^{i\theta_1}$ y $z_2=r_2e^{i\theta_2}$, su producto es

$$z_1z_2 = r_1r_2e^{i(\theta_1+\theta_2)}.$$

Nótese que $zz^*=r^2$. A menudo, el módulo de z se denota como $|z|=r$.

Ahora vamos a demostrar un teorema muy importante sobre los números complejos usando argumentos topológicos. La razón de que presentemos este teorema aquí no es solo porque ilustra lo poderosos que son los razonamientos topológicos en matemáticas sino también porque este ejemplo es un reflejo de algunos ejemplos físicos que veremos después en este capítulo.

El Teorema Fundamental del Algebra

Sea $f(z)$ una función polinómica de grado n: $f(z) = z^n+a_{n-1}z^{n-1}+\cdots+a_0$, con coeficientes a_i complejos. Si $n \geq 1$, entonces $f(z)=0$ tiene, exactamente, n soluciones en $\mathbb{C}$, contadas con su multiplicidad. Esto incluye los polinomios con coeficientes reales, ya que todo número real es también un número complejo. Este teorema explica la ubicuidad de los números complejos y hay, de hecho, muchas maneras de probarlo[19]. En nuestro caso, ¿cómo vamos a demostrar el teorema? Pues vamos a suponer que $f(z)=0$ no tiene soluciones y a continua-

---

19   Véase https://en.wikipedia.org/wiki/Fundamental_theorem_of_algebra#

ción mostraremos que esta afirmación conduce a una contradicción. Si $f(z)$ no tuviera ceros, existiría la función

$$g(z) = \frac{f(z)}{|f(z)|} \, ,$$

donde $|f(z)| = \sqrt{f(z)f(z)^*}$ y $f(z)^*$ es el complejo conjugado de $f(z)$. Obsérvese que este cociente está siempre bien definido precisamente porque hemos supuesto que $f(z)$ nunca vale 0.

La función $g(z)$ se ha construido de forma que su módulo valga $|g(z)|=1$ para todos los números complejos $z \in \mathbb{C}$. En otras palabras, $g(z)$ se encuentra en el círculo unidad. Por tanto, a medida que variamos el valor de $z \in \mathbb{C}$, $g(z)$ proyecta todo el plano complejo sobre el círculo unidad.

Consideremos la imagen bajo g de un círculo extremadamente grande, cuyo radio es mucho, mucho mayor que todos los coeficientes del polinomio. Entonces, en una muy buena aproximación, $f(z) \approx z^n$ para $|z| \gg 0$ porque las otras potencias son mucho más pequeñas en comparación. Similarmente, $g(z) \simeq \frac{z^n}{|z|^n} = e^{in\theta}$ para $|z| \gg 0$. La conclusión es que para círculos realmente grandes, g enrolla el círculo alrededor del círculo unitario en el plano complejo n veces (véase la Fig. 39), porque a medida que θ varía desde 0 hasta 2π, g varía desde 1 hasta $\exp(2\pi i\, n)$.

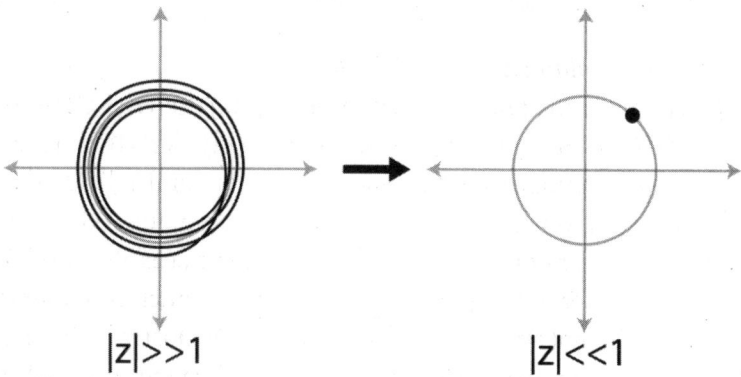

$|z| \gg 1$ $|z| \ll 1$

Figura 39. El teorema fundamental del álgebra puede demostrarse mediante un sencillo argumento topológico basado en la conservación del número de vueltas.

Nótese, sin embargo, que g es continua. Como da n vueltas para los círculos grandes, y varía de forma continua en el plano complejo, este número no puede dar saltos. Por lo tanto, g debe dar n vueltas, aunque vayamos contrayendo el círculo gradualmente, e incluso también hasta llegar a círculos muy pequeños. Pero a medida que contraemos el círculo, z se va acercando mucho a 0. Así que tenemos $f(z) \approx a_0 = g(0)$. Al final, o en otras palabras, para $|z| \ll 1$, $g(z)$ no da ninguna vuelta sino que corresponde a un único punto $g(0)$ en el círculo, lo que entra en contradicción con que el número de vueltas sea distinto de cero. Por lo tanto, la suposición de que $f(z)$ no tiene ningún cero, que llevó a la construcción de la función «continua» $g(z)$, no puede ser cierta.

En realidad, sabemos que f tiene n soluciones, que representan discontinuidades de g. El número de vueltas salta una unidad en cada uno de esos puntos discontinuos (donde el denominador de g es 0), lo que proporciona otra explicación de por qué hay n soluciones. Otra manera de ver esto es que, si a es un cero de f, podemos dividir f por (z-a) obteniendo un polinomio de un grado inferior, y entonces podemos repetir el argumento anterior. Esto lleva inductivamente a la conclusión de que f tiene n ceros (contando los ceros con su multiplicidad).

Acertijo

Supongamos que la temperatura T a lo largo del ecuador de la Tierra es una función continua de la posición. Se pide demostrar que en cualquier momento dado hay al menos dos puntos diametralmente opuestos en el ecuador que tienen exactamente la misma temperatura. (No es necesario saber nada sobre termodinámica, ni tampoco sobre meteorología o geografía).

Solución

Definamos la función $\tilde{T}(\theta) = T(\theta) - T(\theta + \pi)$, como la diferencia entre la temperatura en un punto y la temperatura en el punto diametralmente opuesto. Si $\tilde{T}(\theta) = 0$, para cualquier valor de θ, ya hemos encontrado los puntos que buscamos. En caso contrario, obsérvese que $\tilde{T}(\theta + \pi) = -\tilde{T}(\theta)$, así que si $\tilde{T}(\theta_0) \neq 0$ para algún θ_0 (pongamos que sea positivo), entonces $\tilde{T}$ tendrá el signo contrario para $\theta_0 + \pi$ (será negativo). En consecuencia, $\tilde{T}(\theta)$ tiene que anularse en algún punto entre θ_0 y $\theta_0 + \pi$ debido a razones de continuidad (esto también se conoce como «teorema del valor intermedio»), ya que $\tilde{T}(\theta_0)$ y $\tilde{T}(\theta_0 + \pi)$ tienen signos opuestos (véase la Fig. 40).

Esta afirmación parece realmente sorprendente. Pero, como hemos visto, se deduce de manera bastante trivial a partir de la continuidad de una función.

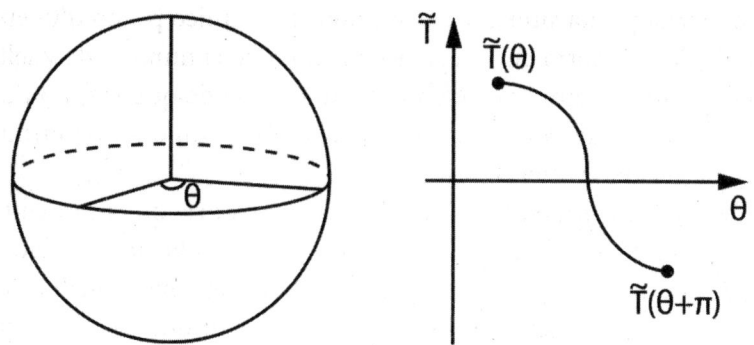

Figura 40. La diferencia de temperatura en un punto y en el punto diametralmente opuesto, que denotamos por la función $\tilde{T}$, cambiará de signo a medida que nos acerquemos al punto diametralmente opuesto. La temperatura de los dos puntos opuestos es la misma donde esta función se anula: $\tilde{T}(\theta) = 0$.

Adivinanza

Un monje sube una montaña, de la base a la cima, desde las 8 de la mañana hasta las 8 de la tarde. Al día siguiente, baja la montaña desde las 9 de la mañana hasta las 7 de la tarde. Demostrar que, en algún momento, el monje se hallaba exactamente a la misma altitud y a la misma hora que el día anterior.

Solución

Si trazamos los gráficos de la altitud en función del tiempo correspondientes al viaje de subida y al viaje de bajada del monje, como se muestra en la Fig. 41, veremos que deben cruzarse en algún punto. (Si los gráficos no se cruzan en ninguna parte, el monje aún no ha bajado de la montaña, ¡en cuyo caso deberíamos enviar inmediatamente a los equipos de rescate!). Una manera más física de ver esto es imaginar que otro monje recorre exactamente el mismo camino que el primer monje siguió el día anterior, por lo que se hace evidente que los dos monjes se cruzarán al encontrarse, uno ascendiendo y el otro descendiendo.

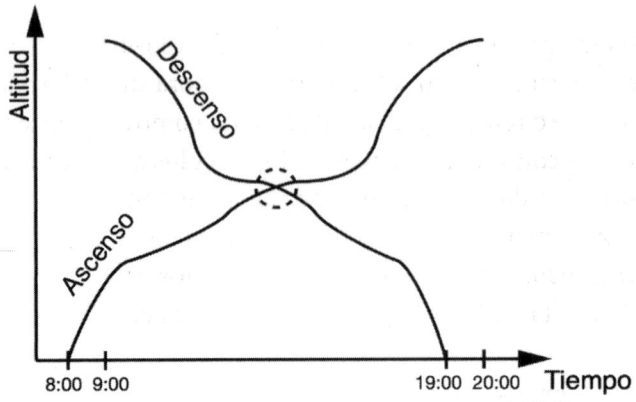

Figura 41. El monje estará, en algún momento, a la misma altitud y a la misma hora que el día anterior, como puede verse por la continuidad de la altitud en función de la hora del día.

Rompecabezas
Partiendo del acertijo anterior sobre la temperatura: ¿Existe algún punto en la Tierra que tenga la misma temperatura y la misma presión atmosférica, en este instante, que un punto situado en sus antípodas?

Solución
La respuesta, de nuevo, es que sí. El argumento es un poca más técnico que antes, pero se basa otra vez en el principio de continuidad y en que el número de vueltas no varía. Consideremos la función vectorial $\vec{f}(x) = \big(P(x), T(x)\big)$, donde P es la presión, T es la temperatura y x denota un punto sobre la superficie de la Tierra. A continuación, consideremos la función $\vec{g}(x) = \vec{f}(x) - \vec{f}(-x)$. Un cero de esta función corresponde exactamente al punto en el que la presión y la temperatura son idénticas a las de su punto antípoda. Supongamos que esto nunca se cumple e intentemos llegar a una contradicción. Si

$\vec{g}(x)$ nunca se anula, entonces podemos dividir por su norma (la longitud del vector) y considerar, en su lugar, el vector normalizado

$$\vec{g}(x) = \frac{\vec{f}(x) - \vec{f}(-x)}{|\vec{f}(x) - \vec{f}(-x)|}.$$

Este vector proyecta la esfera sobre el círculo unidad porque el vector tiene norma unidad. Consideremos ahora una foliación de la esfera mediante círculos paralelos al ecuador, como se ve en la Fig. 42. Dado que $\vec{g}$ es continua, la imagen de los círculos que decrecen hacia el polo norte se reduce a un punto, por lo que el número de vueltas es cero. En consecuencia, los números de vueltas son todos cero por el mismo argumento de continuidad que vimos antes, incluido el número de vueltas del círculo correspondiente al ecuador.

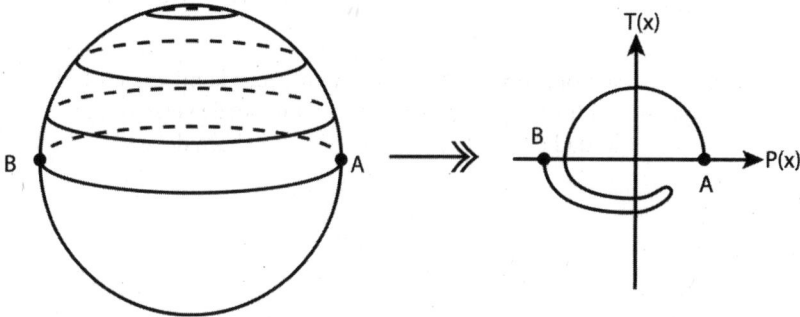

Figura 42. Al ir del punto A al punto B en el ecuador, $\vec{g}(x)$ se mueve desde un lado del círculo unidad hasta el otro. El número de vueltas que da $\vec{g}(x)$ a medida que se desplaza de A a B es $n + 1/2$.

Pero veamos dónde proyecta $\vec{g}$ al ecuador. La imagen del semicírculo entre los puntos antipodales A y B es un arco con número de vueltas de la forma $n+1/2$. El 1/2 viene del hecho de que $\vec{g}(x) = -\vec{g}(-x)$, por lo que los puntos A y B deben situarse en lados diferentes del círculo unidad, y al seguir rodeando el ecuador hasta volver a A, se obtiene exactamente el valor opuesto al obtenido en la primera mitad. Así pues, a la imagen de todo el ecuador le corresponde un número de vueltas $2(n+1/2)=2n+1$, y como es un número impar no puede valer cero. De este modo llegamos a una contradicción pues esperábamos que fuese cero basándonos en argumentos de continuidad. Este es exactamente el mismo razonamiento que empleamos en nuestra demostración del teorema fundamental del álgebra: la división por $|g|$ no era lícita, porque g debe tener un cero; y esto es precisamente lo que queríamos demostrar. Las restricciones en este caso, resultantes de la geometría de la esfera y de la continuidad, son suficientes para llevarnos a la solución del problema.

Adivinanza

Dada una curva cerrada y un punto cualquiera de la curva, ¿es posible trazar una línea recta a través de ese punto que divida el área encerrada por la mitad? (véase la Fig. 43).

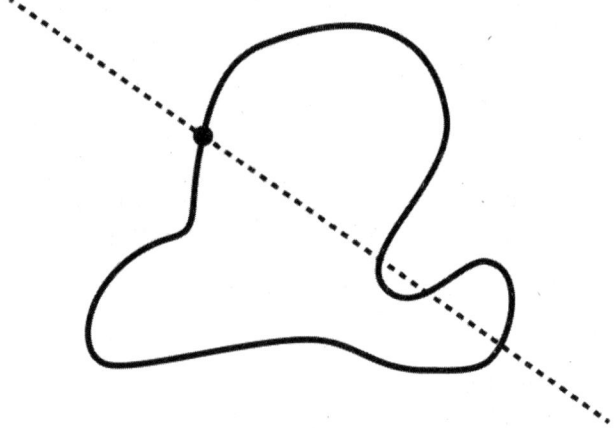

Figura 43. ¿Se puede dividir siempre el área encerrada por una curva por la mitad trazando una línea recta sobre la curva, que pase por un punto dado de esta?

Solución

Sí, dado un punto cualquiera de la curva, hay que tomar la diferencia entre el área del lado izquierdo de la recta y el área del lado derecho, en función del ángulo que forma la recta con la curva. Variando este ángulo, a partir de 180 grados la función cambia de signo porque la izquierda se convierte en derecha y la derecha en izquierda. Así que, por continuidad, debe haber algún ángulo intermedio en el que la función se anule. Y ese es exactamente el ángulo en el que la recta divide el área por la mitad.

Acertijo

Dadas dos curvas cerradas, ¿es posible trazar una línea recta que divida simultáneamente las áreas encerradas por ambas curvas en mitades iguales? (véase la Fig. 44).

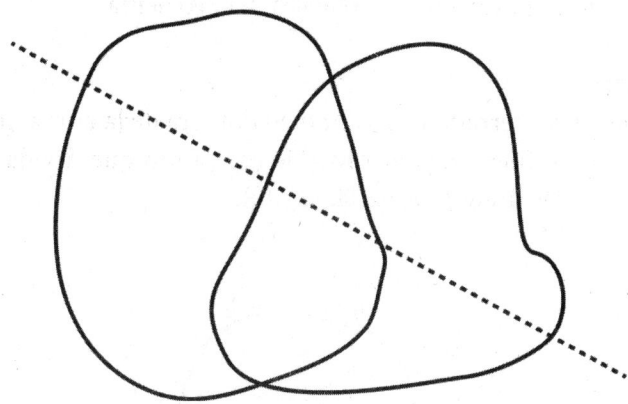

Figura 44. ¿Se puede dividir siempre por la mitad el área encerrada por cada una de las dos curvas trazando una única línea recta que las atraviese?

Solución

¡Sí! Hay que elegir un punto en una de las curvas y hacer que la línea divida por igual el área encerrada de esta primera curva (sabemos que esto es siempre posible por el acertijo anterior). Luego hay que ir moviendo el punto de la primera curva a la vez que ajustando la línea que divide su área en partes iguales. Ahora vamos a considerar una función que calcula la diferencia entre las áreas, del lado derecho y del lado izquierdo, que crea dicha línea en la segunda curva a medida que se mueve a lo largo de la primera curva. Cuando se llega al punto antípoda en la primera curva, que es el punto exactamente opuesto (y a 180 grados) del que comenzamos, la función volverá a cambiar de signo, pasando de positiva a negativa, o de negativa a positiva. De nuevo, debido a la continuidad, tiene que haber un punto intermedio en el que la función se anule, un punto en el que las áreas comprendidas dentro de ambas curvas se dividan simultáneamente por la mitad.

Rompecabezas

Este rompecabezas se basa en el hecho de que existen intervalos arbitrariamente grandes de números enteros en los que no hay ningún número primo. Recordemos que un número primo es aquel que, al dividirlo por cualquier número entero (excepto la unidad), el resto es diferente de cero. Para convencerse de este hecho, nótese que $k!+2$, $k!+3$, ..., $k!+k$ son $k-1$ enteros consecutivos que no son primos ($k!+n$ es divisible por n cuando $n \leq k$ porque entonces tanto $k!$ como n son divisibles por n).

Pues bien, demuéstrese que se puede encontrar un número entero, N, tal que entre N y $N + 1000$ hay exactamente 13 números primos.

Solución

Nuestro razonamiento se basa en la simple noción de continuidad discreta, que explicaremos ahora. Sea $p(N)$ la cantidad de números primos entre N y $N + 1000$. Nótese que entre 1 y 1001 hay más de 13 números primos, por lo cual $p(1) > 13$. Obsérvese también que para cualquier N, $p(N+1)$ difiere de $p(N)$ como máximo en una unidad. Esto es lo que significa que $p(N)$ posee una continuidad discreta. Ahora bien, como sabemos que existe un número M lo suficientemente grande tal que $p(M)=0$ (por el hecho de que se pueden tener intervalos arbitrariamente grandes de números enteros sin números primos), se deduce que $p(N)$ va desde un número mayor que 13 hasta 0 a medida que se llega a M. De la continuidad discreta se desprende, por tanto, que $p(N)=13$ para algún $1<N<M$, como queríamos demostrar.

LENTES GRAVITATORIAS

Einstein propuso una explicación *geométrica* de la gravedad. En lugar de entender la gravedad como una fuerza de atracción entre objetos con masa, que es como la describió Newton, la teoría de Einstein se basa en la noción de curvatura. Nos enseña que la presencia de masa causa, literalmente, que el tejido del espacio y del tiempo se curve o deforme. La deformación del espacio y del tiempo afecta al movimiento de los objetos cercanos, y eso es, en esencia, el fenómeno que llamamos gravedad.

Para profundizar en esta idea, tomemos dos puntos cualesquiera de la esfera. El camino *más corto* entre estos dos puntos (llamado *geodésico*) es único (véase la Fig. 45), y aunque este camino no es «recto» en el sentido convencional, sigue siendo el camino más corto sobre la esfera. En realidad, hay excepciones ya que existen infinitos caminos con la longitud más corta entre todos los infinitos pares de puntos antipodales. También podemos partir de un punto dado de la esfera e ir en una dirección determinada de la forma más recta posible. Esto es lo que se denomina una geodésica, y el camino así obtenido será un círculo máximo sobre la esfera.

Pero también pueden darse otros tipos de situaciones. Por ejemplo, en el toro, un objeto bidimensional con forma de rosquilla, como el de la Fig. 46, existen geodésicas topológicamente inequivalentes entre los puntos situados en los lados opuestos de una sección transversal circular.

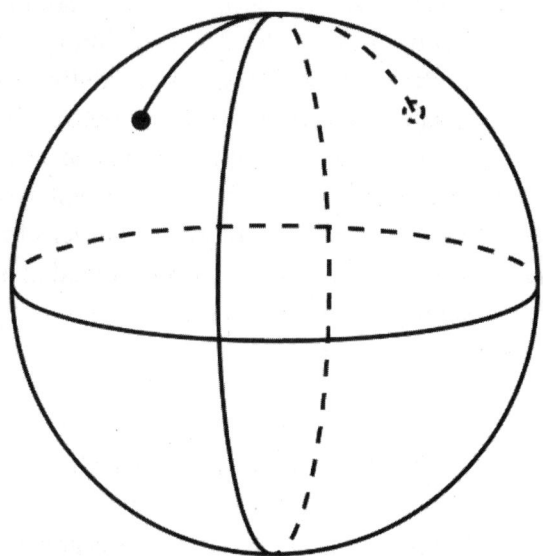

Figura 45. Por lo general, solo hay un camino con la longitud más corta entre dos puntos cualesquiera de la esfera.

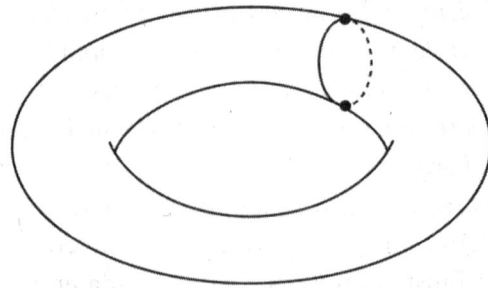

Figura 46. En un toro, hay dos caminos con la longitud más corta entre los puntos situados en los lados opuestos de una sección transversal circular.

Los rayos de luz siempre siguen trayectorias geodésicas en el espacio-tiempo. Sin embargo, la curvatura de este hace que esos caminos no parezcan rectos en el espacio euclídeo tridimensional. La teoría nos dice, por ejemplo, que el Sol, al ser un cuerpo con una gran masa, debería curvar la luz que pasa por su vecindad lo suficiente como para poderlo detectar. Esta predicción constituyó el objetivo del primer experimento realizado para confirmar las predicciones de la teoría general de la relatividad de Einstein, y en el que se observó, en efecto, la desviación de la luz que pasa cerca del Sol durante un eclipse.

Se plantea ahora una cuestión interesante: ¿puede darse la situación física en la que existan múltiples geodésicas que den lugar a imágenes múltiples de un mismo objeto?

Aunque Einstein sabía que la producción de imágenes múltiples era teóricamente posible, no creía que fuese probable observarla. No obstante, el primer ejemplo de lente gravitatoria se observó en 1979, cuando dos imágenes del mismo cuásar (conocido como el Cuásar Gemelo o el Doble Cuásar), producidas por el campo gravitatorio de una galaxia situada entre el cuásar y la Tierra, fueron detectadas por astrónomos con un telescopio situado en Arizona. Y desde entonces se han detectado innumerables ejemplos.

A continuación, veremos que las lentes gravitatorias deberían, en principio, producir un número impar de imágenes. Sin embargo, en los casos en los que algunos rayos de luz estén bloqueados, los astrónomos de la Tierra puede que vean un número par de imágenes, como ocurrió con las observaciones del Cuásar Gemelo antes mencionado.

En general, siempre que no haya rayos de luz bloqueados, se verá un número impar de imágenes producidas por una lente gravitatoria. Si escribimos este número como 2n+1, entonces n de estas imágenes están invertidas (lo que significa que su orientación aparece en sentido contrario al original).

Para demostrar este enunciado, podría parecer que hace falta comprender algunos aspectos profundos de la teoría de la relatividad general de Einstein, una teoría construida en torno a un conjunto de ecuaciones diferenciales en derivadas parciales no lineales bastantes imponentes. Pero, como veremos, lo único importante que necesitamos saber es que la teoría de Einstein respeta la continuidad. Antes de probar esto, primero debemos proporcionar algunos conocimientos matemáticos, para aquellos que estén dispuestos a trabajar con ahínco en esta materia.

Sea $f:X \to Y$ una aplicación entre dos espacios. (Nos limitaremos aquí a aplicaciones suaves entre variedades diferenciales de la misma dimensión). Esto nos lleva a la noción de *grado*, que desempeña un papel central en el argumento sobre el número de imágenes producidas por las lentes gravitatorias.

La definición aproximada de grado de una aplicación de X a Y es el número de puntos, o pre-imágenes, de X que se corresponden con cada punto (o imagen) de Y. Si lo expresamos en términos matemáticos, podríamos definir el grado de la siguiente manera: para un punto $y \in Y$, el grado de la aplicación f es el número de puntos de $\{f^{-1}(y)\}$.

Ejemplo: La aplicación[20] $f:S^1 \to S^1$ dada por $\theta \mapsto n\theta$ tiene grado n.

Pero pueden surgir complicaciones, como en el siguiente ejemplo. Consideremos una aplicación entre dos circunferencias concéntricas, $S^1 \to S^1$, que hace corresponder el círculo exterior con el interior, con la salvedad de que la curva exterior (cerrada) no es exactamente una circunferencia ya que presenta un pequeño pliegue, como se muestra en la Fig. 47. Las líneas radiales definen la aplicación del círculo exterior al interior. En los puntos en los que las líneas radiales se

---

20   Una esfera de n dimensiones se denota S^n, por lo que S^1 se refiere a una esfera de una dimensión, es decir, una circunferencia.

cruzan con los pliegues, la aplicación parece ser de 3 a 1 en lugar de 1 a 1. Pero la aplicación puede decirse que todavía es de grado 1, en términos generales, si se tiene en cuenta que las pre-imágenes tienen diferentes «orientaciones», con diferentes signos (+ o −) asociados a ellas, como puede verse también en la Fig. 47 (el punto intermedio con la orientación hacia abajo tendrá asociado un signo menos). Así que dos pre-imágenes de signo opuesto se cancelan mutuamente, lo que nos deja una aplicación de grado 1.

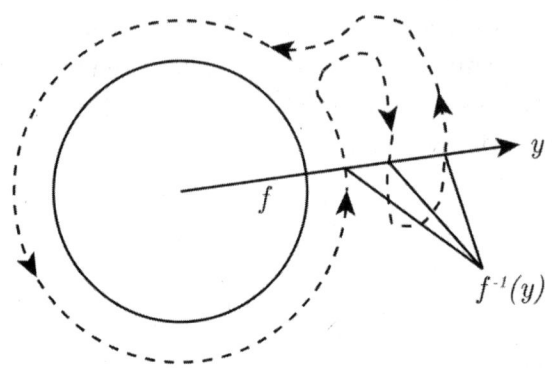

Figura 47. La aplicación se define desde la circunferencia de líneas discontinuas hasta la circunferencia de la línea continua siguiendo líneas radiales. Una aplicación de grado 1 puede tener una forma no estándar que «se dobla» un poco sobre sí misma, lo que hace que tenga muchas pre-imágenes. En este caso, hay que tener también en cuenta la orientación de estas.

Pero queda un problema adicional, y es que existen algunos puntos en los que el número de pre-imágenes es par cuando dos de ellas de signo opuesto confluyen y están próximas a cancelarse entre sí. Esto ocurre para un conjunto discreto de pre-imágenes, por lo que podemos evitarlas mediante una pequeña perturbación en el punto que consideremos[21].

---

21 La definición general de grado es esta: Si $f:X{\to}Y$ es una aplicación entre variedades suaves, entonces debemos asignar un signo ±1 a las multiplicidades. Localmente, alrededor de los puntos, los diferentes espacios parecen el espacio euclídeo, por lo que f induce una aplicación de $\mathbb{R}^n{\to}\mathbb{R}^n$. El signo que asignamos

Volvamos ahora al problema de los rayos de luz y vamos a suponer que no hay nada que se interponga y les impida llegar hasta nosotros. Reformularemos el problema para que se vuelva sólo una cuestión de calcular el grado de una aplicación, lo cual es más sencillo.

Tomemos una estrella cuya imagen estamos observando. Entonces imaginemos una gran esfera centrada en la estrella, que nos atraviesa, y también una esfera mucho más pequeña, centrada asimismo en la estrella, pero lo suficientemente grande para incluirla, como su propia superficie (véase la Fig. 48). Consideremos ahora la aplicación desde la esfera pequeña a la grande, que se obtiene trazando las trayectorias de los rayos de luz. Esta aplicación existe porque estamos suponiendo que ningún rayo queda bloqueado en su camino hacia la esfera grande, y es continua porque las leyes de la física involucrada; es decir, de la relatividad general, son continuas.

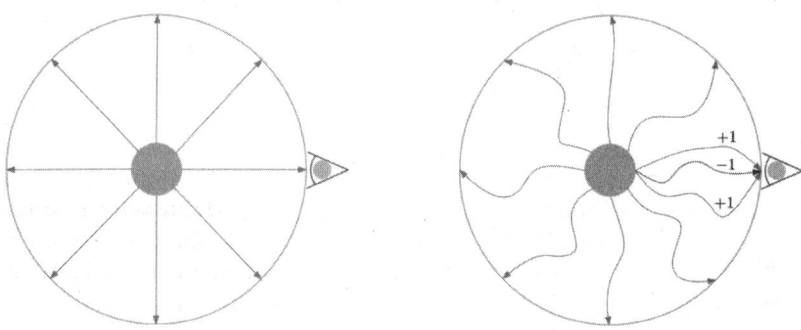

Figura 48. El grado de la aplicación que rige la trayectoria de la luz desde la estrella hasta un observador externo es siempre uno. A la izquierda, sin ninguna otra materia de por medio, el grado es claramente uno. A la derecha, al haber materia entre la estrella y el observador la aplicación cambia, pero debido a la continuidad de las leyes de la física involucrada, el grado no puede saltar a otro valor. Por tanto, el número neto de imágenes (teniendo en cuenta la orientación) sigue siendo uno.

---

a cada uno de tales puntos es el signo del determinante de la matriz jacobiana (matriz cuyos elementos son las derivadas parciales de primer orden de la aplicación).

Supongamos que estamos especialmente interesados en averiguar el grado de esta aplicación. Para ello, imaginemos que «desconectamos» lentamente todas las masas en el universo entre la estrella y nosotros. Entonces todos los rayos de luz se vuelven líneas rectas, y la aplicación se convierte en la identidad $S^2 \to S^2$, por lo que tiene grado 1 (como en la imagen izquierda de la Fig. 48). Ahora imaginemos que vamos incrementando las masas de manera continua entre la estrella y nosotros. El grado siempre será 1 porque la asignación del grado a la aplicación es continua, un número entero que no puede dar saltos, debido a que las leyes de la física son continuas a medida que variamos los parámetros. Como el grado final es 1, significa que debe haber un número impar de pre-imágenes. Es decir, se observarán un número impar de imágenes de la estrella, de manera que al contarlas con signos (+ o −), teniendo en cuenta su orientación, deberíamos obtener 1. Esto significa que el número de puntos es $2n+1$, con n puntos con orientación negativa (imágenes invertidas). Obsérvese que para llegar a este resultado ¡no hemos utilizado nada más que la continuidad de las fórmulas y ecuaciones de la teoría de la relatividad general de Einstein!

De este ejercicio se desprende que muchos problemas de física aparentemente difíciles pueden resolverse sin recurrir (mucho o nada) a la física. Hay que ser cautos y averiguar si los enunciados y afirmaciones que se hacen en física son consecuencia de propiedades topológicas, que aquí vemos como restricciones, o si, por el contrario, se basan en detalles de las leyes de la física.

5. Matemáticas Contraintuitivas

PRELIMINARES

Para bien o para mal, somos criaturas de costumbres. Las experiencias que hemos vivido dejan una huella en nosotros, influyendo en nuestras percepciones. A veces, de esas experiencias surge la sabiduría, pero también podemos adquirir algunas ideas falsas a lo largo del camino. En lo referente a las matemáticas, podemos abordar un problema con ideas preconcebidas sobre cuál debe ser su solución. Aunque en ocasiones la intuición puede ser valiosa, también puede conducirnos a engaño. En cambio, un razonamiento matemático sencillo a menudo puede servir para aclarar la cuestión. La siguiente anécdota muestra lo que puede ocurrir cuando nuestra intuición nos lleva por un camino erróneo.

Un chiste
Un matemático, un físico y un ingeniero están intentando probar que todos los números impares son primos.

El matemático dice: «3 es impar, 3 es primo; 5 es impar, 5 es primo; 7 es impar, 7 es primo. Por inducción, todos los números impares son primos».

El físico dice: «3 es impar, 3 es primo; 5 es impar, 5 es primo; 7 es impar, 7 es primo; 9 es impar, 9 no es primo. Se trata de un error experimental. 11 es impar, 11 es primo; 13 es impar, 13 es primo, etc.».

El ingeniero dice: «3 es impar, 3 es primo; 5 es impar, 5 es primo; 7 es impar, 7 es primo; 9 es impar, el cual, diez más arriba o más abajo, también es primo, etc.».

Adivinanza

Supongamos que tiene que tomar cada día dos tipos diferentes de pastillas (A y B), una de cada. Las pastillas son indistinguibles a simple vista, y un día mezcla sin querer dos pastillas de B con una de A. ¿Qué se puede hacer para poder tomar la medicina sin tener que desechar esas tres pastillas?

Solución

Hay que poner una pastilla de tipo A junto con las tres pastillas en cuestión y luego partir cada pastilla por la mitad, separando cuidadosamente las dos mitades poniéndolas en dos montones distintos. Entonces los dos montones tendrán, cada uno, la dosis diaria correcta.

Acertijo

Imagine que usted se encuentra con su pareja en una fiesta a la que han acudido cinco parejas y nadie más. Al comienzo, todos los asistentes dan la mano solo a las personas que no conocen. Luego usted les pregunta a todos cuántas manos han estrechado y, curiosamente, cada cual le responde con un número diferente. Así que, ¿cuántas manos estrechó su pareja?

Solución

Todo el mundo puede estrechar la mano de hasta 8 personas, por lo que en total hay 9 posibilidades para el número de apretones de manos (de 0 a 8). Pero hay 10 asistentes a la fiesta, por lo que usted debe haber estrechado el mismo número de manos que otra persona.

Además, una persona debe haber estrechado 8 manos, es decir, las manos de todos menos la de su propia pareja, por lo que esta ha tenido que estrechar 0 manos (cualquier otro número llevaría a una contradicción lógica, como es fácil comprobar). Del mismo modo, se pueden emparejar (7, 1), (6, 2) y (5, 3). Esto nos deja con una única posibilidad: usted y su pareja tienen que haber estrechado 4 manos cada uno.

Rompecabezas

Imaginemos que hay una cinta gigantesca fuertemente atada que da la vuelta alrededor de la Tierra justo sobre el ecuador. Entonces abrimos la cinta y le añadimos un metro de longitud. ¿A qué distancia de la superficie terrestre se elevará? ¿Se podría pasar por debajo una hoja de papel? ¿Y un ratón? ¿Y un rascacielos?

Solución

Sin recurrir a las matemáticas, lo más ingenuo y probable que pensaríamos es que la cinta se elevará muy poco, de modo que ni siquiera podríamos pasar un pedazo de papel por debajo. Pues bien, esta suposición a la que nos llevaría nuestra intuición resulta ser falsa. Si imaginamos que elevamos la cinta uniformemente por encima de la superficie de la Tierra para que vuelva a formar un círculo, la nueva circunferencia medirá $2\pi R+1$, donde R es el radio de la Tierra. Y el radio del nuevo círculo que forma la cinta será $(2\pi R+1)/2\pi = R+1/2\pi$, que resulta ser unos 16 cm mayor que R. Aunque 16 cm no es una longitud enorme, parece sorprendentemente grande para este problema, teniendo en cuenta las expectativas que probablemente tendrían la mayoría de los lectores. Así que, en efecto, podríamos pasar un ratón por debajo de la cinta, así como algunos roedores más grandes ¡e incluso un gato!

Una sorpresa aún mayor nos la depara la situación en la que la cinta no tiene que elevarse por igual en todas las direcciones. ¿Hasta qué altura podría llegar? Probablemente, la expectativa más ingenua es que se podría tirar de la cinta hacia arriba, en cualquier punto, hasta donde llegase, y que esto resultaría en una altura de aproximadamente medio metro, pues, doblándola por la mitad, la longitud extra de la cinta proporcionaría medio metro más de altura. Sin embargo, resulta que, tirando de la cinta hacia arriba en cualquier punto, se consigue una altura mucho mayor por encima del ecuador. Para obtener la altura real hace falta un poco de cálculo, que veremos a continuación (el lector que no esté familiarizado con el cálculo puede saltarse esta parte).

Para empezar, observemos que la cinta no es tangente a la superficie de la Tierra únicamente sobre una extensión que corresponde a un ángulo de 2θ, como se muestra en la Fig. 49 A. En esta figura, podemos apreciar también que la longitud de más de la cinta, ϵ, puede expresarse como $\epsilon = 2R\tan\theta - 2R\theta$, y su altura sobre el ecuador viene dada por $h = R\sec\theta - R$. Como θ es muy pequeño, expandiendo estas expresiones en series de potencias se puede eliminar θ, con lo cual se encuentra una relación entre h y ϵ:

$$h = \frac{1}{2}R^{1/3}\left(\frac{3\epsilon}{2}\right)^{2/3}.$$

Nótese que $dh/d\epsilon \propto \epsilon^{-1/3} \to \infty$ cuando $\epsilon \to 0$. En otras palabras, la relación entre la altura h que ganamos y la longitud ϵ que añadimos se dispara a medida que ϵ tiende a cero. Para el caso que estamos considerando, en el que R es el radio de la Tierra y $\epsilon = 1$m, se obtiene $h = 121$m, lo cual es realmente contraintuitivo. Por tanto, ¡podríamos en efecto pasar un rascacielos por debajo de la cinta! La torre del «Big Ben», en Londres, también cabría fácilmente, al igual que la Estatua de la Libertad, en Nueva York, incluyendo la base y la punta de la antorcha.

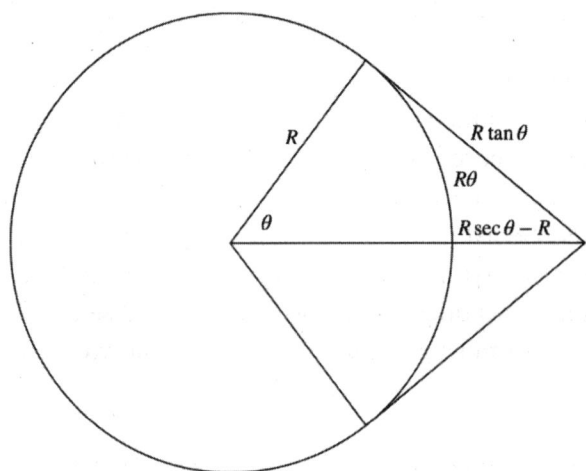

Figura 49 A. La cinta estirada hacia arriba, desde un punto del ecuador, llega a una altura de 121 metros, aunque la longitud añadida a la cinta era de solo 1 metro.

Podemos hacer este resultado más intuitivo con el siguiente razonamiento. Lo primero, hay que señalar que el círculo tiene el área máxima entre las diferentes formas geométricas con un perímetro dado. Por lo tanto, si deformamos ligeramente un círculo para darle otra forma, su área no debería cambiar de manera significativa (porque tiene el área máxima). Lo que hemos hecho, en esta segunda parte del problema, es tomar toda la superficie situada entre la cinta y la Tierra, que obtuvimos en la primera parte, y colocarla en una zona estrecha bajo la cinta, como puede verse en la Fig. 49 B. Por eso se logra alcanzar tanta altura.

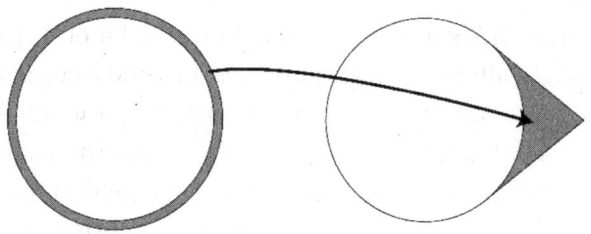

Figura 49 B. Toda la superficie situada entre la cinta y la Tierra se coloca en una zona estrecha bajo la cinta.

Rompecabezas
Se escogen *n* puntos genéricos de una circunferencia y se conectan todos los pares de puntos posibles mediante líneas rectas. De esta forma, el interior del círculo queda dividido en varias zonas. La cuestión es averiguar en cuántas zonas se divide dicha área para un número determinado de puntos de la circunferencia. Para *n* = 2, por ejemplo, se obtienen 2 zonas, y para *n* = 3 se obtienen 4 zonas. ¿Existe una fórmula general?, y en caso afirmativo, ¿cuál es?

Solución
Para valores pequeños de *n*, éstos son los resultados:

n	Zonas
2	2
3	4
4	8
5	16

Estos valores sugieren que la respuesta correcta es 2^{n-1}. Incluso se podría ofrecer una breve explicación de por qué podría ser cierta: cada punto que se añade crea líneas adicionales que cortan cada zona en dos partes, por lo que el número de zonas se duplicaría de manera natural cada vez que se añade un punto, como parece indicar la figura.

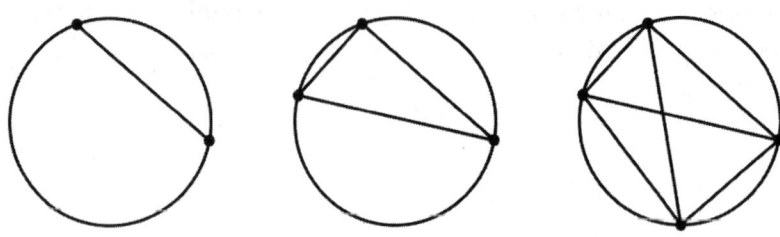

Pero hay un problema con este razonamiento: la respuesta que da es errónea. Para $n = 6$, hay 31 zonas, no 32; y lo mismo ocurre para $n = 7$, que da lugar a 57 zonas en vez de 64. La fórmula general, expresada en términos de coeficientes binomiales, resulta ser[22]:

$$1 + \binom{n}{2} + \binom{n}{4}$$

Vamos a analizar estos tres términos. Para empezar, si no hay ninguna línea se tiene solo una zona, lo cual explica el primer término. Por cada línea adicional, se obtiene una nueva zona, lo que explica el término $\binom{n}{2}$, ya que ese es el número de líneas que se generan cuando se tienen que elegir todos los pares de puntos posibles entre n puntos. Sin embargo, por cada grupo de cuatro puntos hay un punto de intersección extra que añade una zona adicional. Esto explica el término $\binom{n}{4}$. Dejamos al lector que compruebe que no existen otras fuentes de patologías.

Al principio estábamos confundidos y creíamos que la respuesta correcta era 2^{n-1}, porque es muy sencilla y funciona hasta $n = 5$. En efecto, solo con ver esa pauta nos sentimos tentados a pensar que

22 $\binom{n}{k} = \frac{n!}{k!\,(n-k)!}$

se extendía indefinidanente (sobre todo porque comprobarlo para valores más altos de n resulta cada vez más difícil), lo cual es incorrecto. Así pues, aunque probar las fórmulas es importante, tener solo una pequeña cantidad de datos puede inducirnos a error. La lección que hay que extraer de esto, en especial para los físicos, es que hay que evitar sacar conclusiones precipitadas y seguir haciendo comprobaciones.

No obstante, cabe preguntarse si existe otra explicación de por qué este problema nos ha inducido a error. Consideremos la identidad

$$1 + \binom{n}{2} + \binom{n}{4} + \binom{n}{6} - \cdots \binom{n}{n} = 2^{n-1}$$

(para n impar el último término es $\binom{n}{n-1}$). Esta identidad se puede demostrar usando el desarrollo, en términos de coeficientes binomiales, de $(1+1)^n = 2^n$ y de $(1-1)^n = 0$. Hasta $n = 5$, esta expresión coincide con la fórmula general que vimos antes, y eso explica por qué obtenemos 2^{n-1} para $n < 6$. Pero a partir de $n = 6$, como faltan los binomios superiores, las cantidades que se obtienen para el número de zonas empiezan a desviarse de las esperadas. En resumen, no sólo hemos conseguido dar con la respuesta correcta al problema que nos ocupa, sino que también hemos sido capaces de explicar cómo, por qué, y dónde nos hemos equivocado.

Rompecabezas

¿Cuántas regiones se obtienen en el plano si se trazan $n \leq 3$ líneas genéricas? Y de manera similar, en tres dimensiones: ¿Cuántas regiones se obtienen si se consideran $n \leq 4$ planos genéricos? En términos más generales, vamos a considerar $n \leq d+1$ hiperplanos genéricos en d dimensiones, donde los hiperplanos tienen $d-1$ dimensiones; es decir, una dimensión menos que el espacio en el que residen. ¿En cuántas regiones dividirán este espacio?

Solución

Vamos a intentar hacernos con una cierta intuición sobre cuál debería ser la respuesta correcta probando con valores pequeños de d. Si $d = 2$, un hiperplano no es más que una línea unidimensional. Una línea divide el plano en 2 regiones; 2 líneas lo dividen en 4; 3 líneas, sin embargo, solo lo dividen en 7 regiones, no en 8. Si $d = 3$, un hiperplano es un plano ordinario (bidimensional). Un plano divide el espacio tridimensional en 2 regiones; 2 planos lo dividen en 4; 3 planos lo dividen en 8, pero 4 planos lo dividen en 15 regiones, no en 16. En el límite $d \to \infty$ el número de regiones es simplemente 2^n para todo n, pero para d finito será 2^n solo para $n \leq d$. La respuesta correcta es, de hecho

$$\sum_{i=0}^{\min(d,n)} \binom{n}{i}.$$

Esto ilustra un fenómeno que ocurre muy a menudo en la física. Y es que existen muchas expresiones que se simplifican en varios límites. En este caso, se produce la simplificación en el límite $d \to \infty$.

LAS PARADOJAS DEL INFINITO

El infinito es un concepto que ha intrigado tanto como confundido a la humanidad a lo largo de los milenios. El antiguo filósofo griego Zenón de Elea ideó una serie de paradojas sobre el infinito, de las que hoy se conocen al menos nueve, que conducen a resultados aparentemente absurdos. Más de 2400 años después, la noción de infinito aún sigue encerrando muchos misterios para nosotros.

El conjunto de los números enteros positivos, o números naturales $\mathbb{N}$, es infinito, como es bien sabido. Ahora bien, entre dos números naturales cualesquiera de la recta real, hay infinitos números racionales (que se expresan como el cociente de dos números enteros, p/q). Por lo tanto, nuestra intuición podría sugerirnos que uno de estos conjuntos es más infinito que el otro; en particular, que el conjunto de los números racionales es mayor que el conjunto de los números naturales, lo cual resultaría de lo más razonable. Pues bien, en este caso nuestra intuición sería errónea porque existe una correspondencia uno a uno, o «biyección», entre los números enteros y los números racionales. En otras palabras, el número total o «cardinalidad»[23] de los números racionales $\mathbb{Q}$ es el mismo que el de los números naturales $\mathbb{N}$.

Una forma de visualizar esto consiste en representar los números racionales p/q en un retículo y «enrollar» los números enteros positivos a su alrededor formando una espiral (véase la Fig. 50). Como es fácil comprobar, si empezamos a contar los puntos en el retículo a medida que avanzamos en espiral, saltándonos los puntos correspondientes a fracciones que no están definidas (cuando $q = 0$) o que se pueden simplificar (cuando p y q son múltiplos de un mismo entero), obtenemos una biyección entre $\mathbb{Q}$ y $\mathbb{N}$.

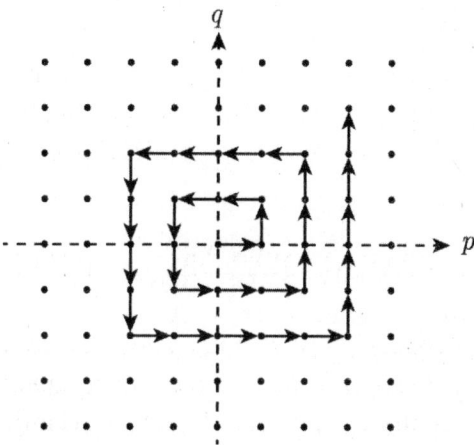

Figura 50. Hay tantos números enteros positivos como racionales. Podemos ver esto distribuyendo los enteros positivos a lo largo de una espiral sobre el plano, de manera que recubran cada par de enteros.

Consideremos ahora los conjuntos $\mathbb{R}$ y $\mathbb{R}^2$, de los números reales y los puntos del plano, respectivamente. Ambos son infinitos, obviamente, pero el segundo parece ser mucho mayor que el primero. Sin embargo, ambos conjuntos tienen la misma cardinalidad.

23　El concepto de cardinalidad, para conjuntos infinitos, es una extensión del concepto de cantidad de elementos para conjuntos finitos. Dos conjuntos infinitos tienen la misma cardinalidad si entre ellos puede establecerse una aplicación biyectiva o biyección.

Una manera de establecer una biyección entre ellos sería tomar los números reales expresados en la base decimal ordinaria; es decir, $x = ...m_3 m_2 m_1, n_1 n_2 n_3 n_4...$, donde la coma separa la parte entera de la parte decimal, y a partir de estos escribir un par de números reales de la forma: $x_1 = ...m_3 m_1, n_1 n_3,...$ y $x_2 = ...m_4 m_2, n_2 n_4...$. Este argumento no nos proporciona una demostración completa, pero sirve para hacerse una idea.

Existen más números reales que enteros, pero ¿existen conjuntos que tengan una cardinalidad intermedia? Esta cuestión está relacionada con la hipótesis del continuo, que afirma que no existen tales conjuntos. Sin embargo, esta hipótesis no puede demostrarse ni refutarse. Esto significa que podemos añadir esta hipótesis, o su negación, como axioma al resto de los que definen la teoría de conjuntos ordinaria y obtener, en ambos casos, sistemas matemáticos consistentes.

Existe un teorema muy relevante en lógica, conocido como el teorema de incompletitud de Gödel, que dice que en *cualquier* sistema lógico hay cuestiones que no pueden demostrarse como verdaderas o falsas dentro del mismo marco lógico. En consecuencia, a un físico podría preocuparle que las leyes del universo que se van descubriendo no pudieran completarse nunca. De hecho, según el teorema de incompletitud de Gödel, es posible que ni la realidad física, ni la validez de ciertos fenómenos físicos, puedan establecerse a partir de un conjunto finito de leyes o axiomas. Esta cuestión no es urgente en la física contemporánea, pero puede volverse urgente en el futuro, a medida que nuestras teorías vayan madurando y ¡nos acerquen a las fronteras de la Verdad!

El problema del Hotel de Hilbert

Otro ejemplo célebre relacionado con el infinito es el problema imaginario que plantea el Hotel de Hilbert. Un hotel tiene infinitas habitaciones numeradas con los números naturales 1, 2, 3, ... Llega un viajero y pide una habitación, pero le dicen que todas las habitaciones están ocupadas. ¿Puede el viajero sugerir una solución? ¿Y qué pasa si se presenta un número infinito (numerable) de viajeros a la vez? ¿Existe alguna solución para acomodarlos a todos?

Solución

Sí. Si se presenta un viajero y sugiere que cada persona se cambie a la habitación que tiene a su derecha, $n \rightarrow n+1$, entonces quedará una habitación libre; en concreto, la habitación número 1. Y si un número infinito de personas se presenta en el hotel, se les puede decir a los huéspedes que se pasen a la habitación cuyo número sea el doble del actual, ¡dejando así un número infinito de habitaciones libres! (las correspondientes a los números impares).

Sorprendentemente, este tipo de paradojas tiene aplicaciones en física. Recordemos el modelo de Dirac, que tiene un número infinito de electrones que llenan los infinitos estados de energía negativa del llamado «mar de Dirac». Pues bien, resulta concebible que cada electrón en una «columna» suba al nivel de energía inmediatamente superior tras aumentar su energía (véase la Fig. 51). De hecho, en mecánica cuántica se pueden *crear* electrones elevando los niveles de energía e induciendo este comportamiento. De forma similar, si todos los electrones de una columna bajan al nivel inmediatamente inferior, lo que queda es un agujero con «carga positiva», un positrón. De este hecho se desprende que deberíamos considerar seriamente las patologías matemáticas, o paradojas relativas al infinito, pues pueden no ser infundadas en lo esencial, y a veces ¡son incluso capaces de modelar la realidad!

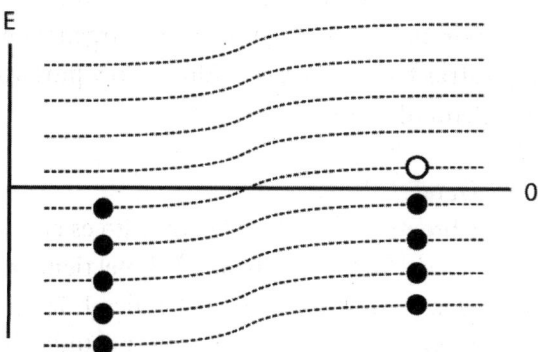

Figura 51. Tras aumentar su energía, los estados del mar de Dirac se mueven un escalón hacia arriba, y en el proceso ¡se crea un electrón!

SERIES ANALÍTICAS

Los matemáticos están interesados en darle sentido al tipo de rompecabezas que vamos a ver a continuación, y que a menudo también se presentan en física. Para comenzar, demostremos que

$$1+2+2^2+2^3+2^4+\cdots = -1.$$

Sea $x = 1+2+2^2+2^3+2^4+\cdots$. Entonces es fácil ver que si multiplicamos x por 2 y le sumamos 1 volvemos a obtener la misma serie. En otras palabras, podemos escribir sin más

$$2x+1 = x,$$

lo cual implica que $x = -1$. Este es un resultado contraintuitivo al que, no obstante, se le puede dar cierto sentido matemático. Aunque esta simple deducción carece de rigor, podemos darle sentido de forma más precisa usando lo que se conoce como «continuación analítica». Recordemos que el desarrollo en serie de potencias de $(1-x)^{-1}$ está relacionado con la serie geométrica

$$\frac{1}{1-x} = \sum_{n=0}^{\infty} x^n.$$

La igualdad solo es cierta si $|x| < 1$ porque la serie sólo tiene sentido (solo converge) para $|x| < 1$, pero la parte izquierda de la ecuación tiene sentido incluso si $|x| > 1$. Así que podemos recurrir a la expresión de la izquierda para dar sentido a la expresión de la derecha también en el caso $|x| > 1$. Esto se denomina continuación analítica de la serie para $|x| > 1$. Y para el caso $x = 2$ vemos que la continuación analítica de la serie arroja el valor -1 ¡como queríamos demostrar!

Por poner otro ejemplo, vamos a fijarnos en la suma de todos los números naturales

$$1 + 2 + 3 + 4 + \cdots = -\frac{1}{12}.$$

El hecho de que esta suma arroje un valor finito y negativo es, de nuevo, muy contraintuitivo. Se obtiene a partir de una función analítica que se llama «la función zeta de Riemann» y se escribe de esta manera

$$\zeta(s) = \sum_{n=1}^{\infty} n^{-s}.$$

Esta serie está definida en el plano complejo cuando la parte real de s es mayor que 1, pero puede continuarse analíticamente en el plano complejo a través de una única función, de manera similar a lo que hicimos con la serie geométrica anterior. Una vez hecho esto, se encuentra que $\zeta(-1) = -1/12$. Por lo tanto, si ahora ponemos $s = -1$ en la expresión anterior que define la función zeta, entonces nos veremos obligados a concluir que

$$\sum_{n=1}^{\infty} n = -\frac{1}{12}$$

De nuevo, este tipo de cálculos aparecen en física (concretamente, para hallar el número de dimensiones en las que se encuentran las cuerdas bosónicas), y provienen de la ecuación

$$(d-2)\left(\frac{1}{2}\sum_{n=1}^{\infty} n\right) = -1 \quad \Rightarrow d = 26,$$

donde d es el número de dimensiones. De aquí proceden las 26 dimensiones de las primeras versiones de la teoría de cuerdas[24].

---

24 Inciso técnico sobre supercuerdas y grupos: Las cuerdas fermiónicas o supercuerdas requieren un espacio-tiempo de dimensión $d = 10$. Esto resulta ser especial porque $d - 2 = 8$, y los espacios de ocho dimensiones son muy peculiares, como veremos más adelante. Una noción matemática que ha resultado ser crucial en física es la de *grupo*. Los grupos normalmente están asociados a simetrías. En primer lugar, hablemos de los grupos discretos, que pueden entenderse como simetrías formadas por reflexiones y rotaciones discretas. Por ejemplo, las simetrías de un cuadrado forman un grupo discreto. Del mismo modo, las simetrías de cualquier polígono regular forman también un grupo discreto. Y también existen simetrías discretas

En física aparecen singularidades aquí y allá para las que no estamos bien equipados. Pero podemos ir más allá de las singularidades y descubrir que sigue habiendo puntos bien definidos al otro lado. Por esta razón, los conceptos del análisis complejo son muy útiles para la física teórica. Cuando nos topamos con este tipo de series infinitas, tratamos de prolongar analíticamente, lo que significa que intentamos encontrar funciones, como la función zeta, que tengan sentido incluso en zonas en las que no cabría esperar que lo tuvieran. A veces, la prolongación analítica puede no ser única. Pero si varios métodos nos proporcionan la misma solución, entonces podremos sentirnos más confiados de que esta solución se podrá utilizar en algunas teorías de la física.

Adivinanza
Ahora vamos a considerar algo muy familiar: una hoja de papel corriente de tamaño carta. Usted tiene unas tijeras y quiere cortar el papel de manera que se mantenga unido en una sola pieza, pero de tal forma que todo su cuerpo pueda pasar a través de él. ¿Es esto posible?

Solución
Se podría pensar que esto no es posible, obviamente, ya que la hoja de papel tiene un tamaño determinado y no hay forma de hacerlo mucho más grande. Sin embargo, la tarea asignada es en efecto fac-

---

análogas de objetos tridimensionales. Por otro lado, están las simetrías continuas. El grupo SO(3) está formado por matrices M de 3×3 que satisfacen $M^tM = I$, donde I es la identidad. Estas matrices tienen la propiedad de preservar las *longitudes*. Más concretamente, el producto escalar en $\mathbb{R}^3$ viene dado por $\langle w,v \rangle = w^t v$. Si $M \in SO(3)$, entonces $\langle Mw, Mv \rangle = w^t M^t M v = w^t v$. De manera similar, se puede hablar de «rotaciones» en 8 dimensiones y definir el grupo SO(8) como las matrices M de 8×8 que satisfacen $M^t M = I$. El caso de 8 dimensiones es muy especial porque ocurre un fenómeno que no se da en ninguna otra dimensión. En d dimensiones existen «espinores» cuya dimensión es $2^{d/2-1}$ para el caso de dimensiones pares. Ahora bien, SO(d) actúa sobre vectores d-dimensionales. Normalmente, $2^{d/2-1} \neq d$, pero cuando $d=8$ resulta que ¡coinciden! Esta coincidencia resulta estar directamente relacionada con la razón por la que los teóricos de las supercuerdas piensan que el universo tiene una dimensión d que satisface $d-2=8$, de donde se deduce que $d=10$. Este resultado, la posibilidad de que el universo tenga 10 dimensiones espaciotemporales, está estrechamente relacionado con la existencia de la supersimetría en la teoría de supercuerdas.

tible, como puede verse cortando la hoja a lo largo de las líneas indicadas en la figura.

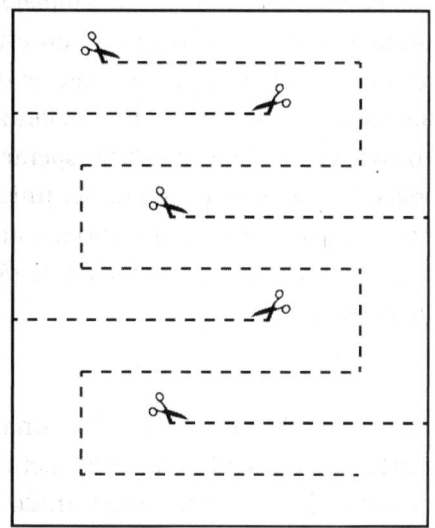

A quienes les haya parecido sorprendente este resultado, y contrario a su intuición, puede haberles confundido el hecho de que las áreas y los perímetros son cosas distintas cuyas escalas no tienen por qué estar estrechamente relacionadas. Esto es similar a la forma en que algunos de nosotros podríamos habernos dejado engañar con el problema de la cinta enrollada alrededor del ecuador.

Adivinanza

En una habitación a oscuras hay esparcidas 100 monedas. 90 de ellas tienen la cara hacia arriba y 10 tienen la cruz hacia arriba, pero no se puede distinguir (por el tacto, etc.) cuáles son de cada. ¿Cómo se podrían repartir las monedas en dos montones que contengan el mismo número de cruces hacia arriba?

Solución

Para empezar, nótese que los montones no tienen por qué ser del mismo tamaño. Elija 10 monedas cualesquiera para formar un montón y, a continuación, dele la vuelta a esas 10 monedas. El número de cruces de este montón será ahora ¡igual al número de cruces del otro montón con 90 monedas!

Quizás les sorprenda que este problema, que podría parecer difícil, tenga una solución tan sencilla. Para ver que esto es cierto, supongamos que había x cruces en el montón de las 10 monedas. Como inicialmente había un total de 10 cruces, deben quedar $10-x$ cruces en el montón de las 90 monedas restantes. Al dar la vuelta a las 10 monedas del montón pequeño, las x cruces de ese montón se convierten en caras, y las monedas restantes, que debían ser $10-x$ caras, se convierten en cruces. Este número coincide con el número de cruces del montón más grande. Así que la solución es, de hecho, correcta, y ¡no requiere más que algunos cálculos elementales!

Rompecabezas
Consideremos la curva $y=1/x$ desde $x=1$ hasta $x=\infty$. Si giramos esta curva alrededor del eje x, obtenemos una superficie de revolución en forma de embudo conocida como «la trompeta de Gabriel» (véase la Fig. 52). ¿Cuánta agua cabe dentro de esta superficie? Y ¿podrías «pintar» esta superficie?

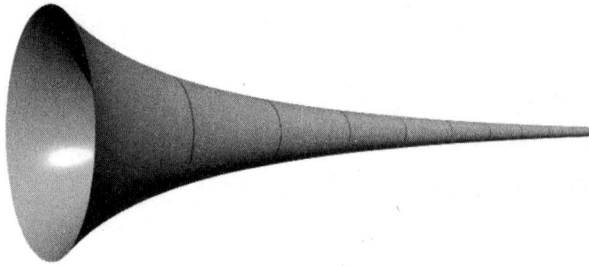

Figura 52. La trompeta de Gabriel, con volumen finito pero área infinita.

Solución
Es imposible pintar toda la superficie porque tiene un área *infinita*, a pesar de que tiene un volumen *finito* por lo que solo puede contener una cantidad finita de agua. Se puede calcular el área como sigue:

$$A = \int_1^\infty \frac{2\pi\sqrt{1 + (y')^2}}{x} \, dx = \infty.$$

Sin embargo, el volumen es finito:

$$V = \int_1^\infty \frac{\pi}{x^2} \, dx = \pi.$$

Este rompecabezas contraintuitivo desafía nuestras nociones de lo que se entiende por «pintar» algo. Físicamente, pintar significa cubrir con un grosor positivo y uniforme de pintura, pero matemáticamente, el grosor se va reduciendo hasta llegar a cero. En consecuencia, el volumen y el área no pueden compararse realmente. Podríamos decir que son tan diferentes entre sí como las manzanas y las naranjas.

LA PARADOJA DE MONTY HALL

La paradoja de Monty Hall es un acertijo en forma de adivinanza probabilística basado en el concurso de televisión estadounidense Let's Make a Deal (Hagamos un Trato). Se llama así por el nombre de su presentador, Monty Hall.

Acertijo
Está usted participando en un juego en el que la anfitriona ha colocado un premio en una de entre tres cajas cerradas. Se le pide que elija una de las tres cajas. Después de elegirla, pero antes de abrirla, la anfitriona abre una de las otras dos cajas, que ella sabe que no contiene ningún premio. Entonces, ella le da la opción de cambiar de elección. ¿Le conviene cambiar de caja, o mejor no?

Solución
Siempre es mejor cambiar de elección, ya que la probabilidad inicial de acertar es de 1/3, por lo que la probabilidad de acertar después de cambiar de caja es de 1–1/3=2/3.

Muchas personas encuentran esto poco intuitivo, ya que parece que se debería tener una probabilidad de 1/2. En parte, esta intuición tiene su origen en la psicología: somos reacios a confiar en el organizador del juego o nos resistimos al cambio. Pero parte de esta reacción natural es simplemente errónea, y constituye un *abuso* de la teoría de la probabilidad.

Para que la situación resulte más intuitiva, imaginemos que el juego constara de 100 cajas en lugar de tres. Entonces, la anfitriona abriría las 98 cajas que sabe que están vacías una vez que usted hubiera hecho su elección. ¿Cambiaría su caja por la otra que queda? En este caso, debería ser obvio que le conviene cambiar de caja, incluso sin necesidad de hacer ningún cálculo, pues, al fin y al cabo, es muy poco probable que su elección inicial de 1/100 fuera la correcta.

Veamos ahora un ejemplo absurdo de cómo la psicología y la aplicación engañosa de la probabilidad pueden confundirnos. Mientras se construía el Gran Colisionador de Hadrones (LHC) en el Laboratorio Europeo de Física de Partículas, CERN, un tipo alegó que el CERN tenía un 50% de probabilidad de destruir la Tierra creando un agujero negro en el colisionador. Este argumento se basaba en el siguiente razonamiento ficticio: o bien el LHC destruirá la Tierra o no lo hará, lo que da una probabilidad de 50/50 en cualquier caso[25].

LA CONJETURA DE TOEPLITZ

Rompecabezas
¿Es posible trazar una curva cerrada en un plano de manera que no se pueda inscribir ningún cuadrado en su interior?

Solución
Se cree que esto es imposible (según la *conjetura de Toeplitz*), pero no se sabe. Otto Toeplitz propuso este problema en 1911 y demostró que, en el caso especial en que la curva no se corta a sí misma, siempre es posible inscribir un cuadrado en ella. Esta afirmación puede sonar muy poco intuitiva, de entrada, pero no es difícil justificar, basándonos en las opciones disponibles, que hay suficientes grados de libertad para satisfacer esta conjetura en el caso especial mencionado. Las opciones que se tienen son: seleccionar el primer punto del

---

25   Walter L. Wagner fue citado diciendo esto en el programa de televisión *The Daily Show*. Wagner presentó una demanda *Sancho v. U. S. Department of Energy, et al.* que fue desestimada (en un voto a favor de la razón). Ver http://www.nytimes.com/2008/03/29/science/29collider.html

cuadrado, luego decidir la longitud de los lados y finalmente la orientación; es decir, el ángulo necesario para encajar los otros tres vértices, tal como se muestra en la Fig. 53.

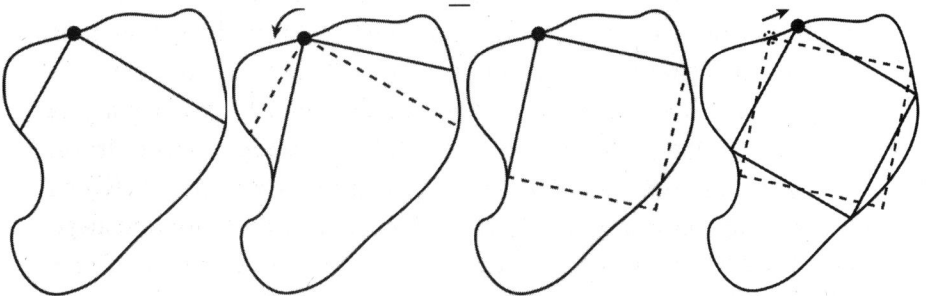

Figura 53. El caso especial de la conjetura de Toeplitz: toda curva plana continua y cerrada, contiene los cuatro vertices de un cuadrado inscrito en su interior. Para probarlo se sigue la siguiente secuencia, de izquierda a derecha: Primero elegimos un punto de la curva y trazamos dos líneas rectas perpendiculares. A continuación, giramos estas líneas hasta que tengan la misma longitud. Después completamos el cuadrado definido por esas líneas. ¡Vaya!, el último punto no cae sobre la curva. Podemos repetir estos pasos para todos los puntos de la curva y acabaremos encontrando un cuadrado inscrito en ella.

JUEGOS DE LÓGICA

Los juegos de lógica suelen ser muy contraintuitivos. He aquí un ejemplo.

Rompecabezas
A un hombre condenado a muerte se le comunica que será ejecutado la semana próxima, en algún momento entre el lunes y el viernes. También se le asegura que, por ley, no podrá saber con antelación el día en que será ejecutado, pero que se le informará antes de las 10 de la mañana de ese día. Así las cosas, este hombre dedujo que no podía ser ejecutado. ¿Podría usted explicar en qué se basaba su razonamiento?

Solución

Si el preso fuera a ser ejecutado el viernes, entonces podría deducirlo el jueves, por el hecho de que el viernes sería el último día en que podría ser ejecutado. Como esto iría en contra de lo que se le prometió, él sabe que no será ejecutado el viernes. Pero entonces, usando la misma lógica inductiva, tampoco podría ser ejecutado el penúltimo día. Continuando con esta lógica, día a día, el preso deduce que no puede ser ejecutado mientras se mantenga la promesa que se le hizo.

Satisfecho con este razonamiento, el hombre confiaba en que no iba a morir. Sin embargo, fue ejecutado el martes, y él ni lo supo con antelación ni lo pudo predecir. Así pues, se cumplieron las condiciones que se le prometieron, y el hombre tuvo un final un tanto impredecible, aunque no por ello menos esperado.

Otro ejemplo relacionado con la lógica contraintuitiva nos lo proporcionan los números complejos. Resulta que, como no se puede encontrar un número real que sea solución de $x^2=-1$, simplemente se «crea» un número nuevo i tal que $i^2=-1$ ¡por definición! Los números complejos se pueden definir como pares de números reales que cumplen la siguiente regla de multiplicación:

$$(x_1,y_1)\cdot(x_2,y_2)=(x_1x_2-y_1y_2,x_1y_2+x_2y_1)$$

Si ahora resolvemos la ecuación $(x,y)\cdot(x,y)=(-1,0)$, obtenemos $x=0$ e $y=1$. Se podría objetar que este procedimiento no es más que un truco, un burdo ardid. Pero a menudo resulta que las ideas nuevas en matemáticas conllevan construir objetos y estructuras muy poco intuitivos. La invención del número 0, los números negativos, las fracciones y los números reales tienen una historia similar. Los números complejos, además, resultan ser fundamentales en la física moderna, especialmente en la mecánica cuántica[26].

Aquí tenemos otro ejemplo. Las superficies orientables se pueden dibujar en tres dimensiones y, desde el punto de vista topoló-

---

26   ¿Cómo se utilizan los números complejos en la física? ¿Qué significa tener un número complejo de manzanas, digamos? Bueno, en realidad las cantidades físicas siempre se miden usando números reales, incluso en las formulaciones de la mecánica cuántica. Pero los números complejos siguen siendo esenciales para el formalismo de esta última.

gico, siempre son equivalentes a esferas con un número g, llamado género, de orificios o asas. En una superficie orientable, la orientación de los ejes de un sistema de coordenadas (digamos los ejes x, y) no cambia si lo movemos por ella. Sin embargo, si movemos un sistema de coordenadas por una superficie no orientable, los ejes se invertirán en algún punto, o puntos. Más aún, existen algunas superficies no orientables que no pueden ubicarse en el espacio tridimensional. Una de estas superficies es la llamada «botella de Klein». Para explicar esto, vamos a construir primero un toro», enrollando una hoja de papel de manera que forme un cilindro y después uniendo los bordes de este (véase la Fig. 54). En el segundo paso, sin embargo, podríamos invertir la orientación de los bordes al pegarlos. De esta manera, se obtiene una botella de Klein en lugar de un toro.

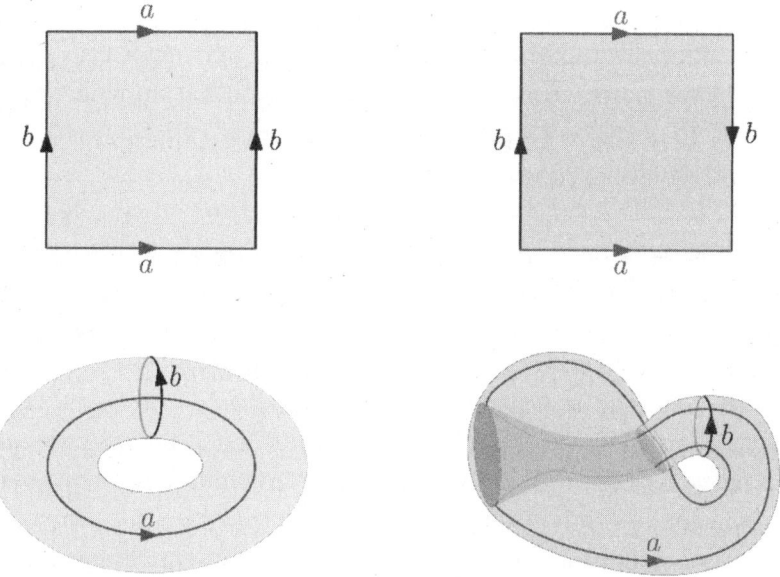

Figura 54. Dependiendo de cómo peguemos los lados opuestos de un rectángulo podemos obtener un toro (como en la figura de la izquierda) o una botella de Klein (como en la figura de la derecha).

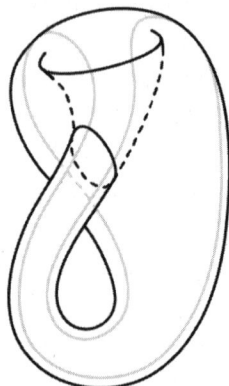

Figura 55. Una botella de Klein inmersa en un espacio tridimensional
(¡lo mejor que se puede!). Aunque esta inmersión es problemática debido
a los autocruces, la botella en sí misma es matemáticamente válida.

Una lección importante que tenemos que extraer de esto es que los objetos matemáticos no siempre admiten buenas inmersiones (en el sentido de que no se produzcan autocruces) en un espacio de baja dimensionalidad (véase la Fig. 55)[27].

Después de jugar con estos objetos durante un tiempo, uno puede familiarizarse más con el concepto de las dimensiones superiores. Por ejemplo, si tenemos un hiperplano de 7 dimensiones y otro de 8 dimensiones en un espacio de 10 dimensiones, entonces los dos hiperplanos se cortarán, genéricamente, en un espacio de 5 dimensiones. Se puede entender que esto es así analizando situaciones análogas en espacios de dimensiones inferiores. En 2 dimensiones, dos rectas genéricas unidimensionales se cortan en un punto, que tiene dimensión 0, lo cual puede verse como (1+1)–2 = 0. En 3 dimensiones, una recta unidimensional y un plano bidimensional se cortan genéricamente también en un punto, pues (1+2)–3 = 0, y de manera similar, en 3 dimensiones dos planos bidimensionales se cortan en una recta unidimensional, ya que (2+2)–3 = 1. Por analogía, se puede deducir que (7+8)–10 = 5, lo cual corresponde a la situación que se planteó al principio. La idea es que, aplicando nuestros razonamientos a objetos familiares, podemos deducir resultados sobre objetos

---

27   Figura elaborada por Vierkantswortel2 en Wikimedia Commons.

mucho más exóticos, como hiperplanos de 7 y 8 dimensiones que ni siquiera podemos imaginar. Pero, por supuesto, siempre hay que contrastar nuestra intuición con las matemáticas rigurosas.

Adivinanza

A la hora de responder a una pregunta de tipo «verdadero o falso», Jill tiene una probabilidad de 1 entre 10 de acertar, mientras que John tiene una probabilidad de 7 entre 10. ¿A quién elegiría de los dos para que le ayudara a responder una pregunta?

Solución

La mejor estrategia es escoger a Jill, pero no dando su respuesta sino diciendo lo contrario de lo que ella diga. Así tendrá una probabilidad de 9 sobre 10 de acertar la respuesta correcta.

Rompecabezas

En una isla vive un grupo de personas con colores de ojos variados. Todas ellas son excelentes expertos en lógica, y si una conclusión puede deducirse mediante razonamientos lógicos, seguro que lo harán al instante. Nadie conoce el color de sus propios ojos. Cada día, a medianoche, un ferry se detiene en la isla. Entonces, los isleños que hayan averiguado el color de sus ojos abandonan la isla, y el resto se queda. Todo el mundo puede ver a los demás en cualquier momento y todos llevan la cuenta del número de personas que ven cada día con los distintos colores de ojos, pero ellos no pueden comunicarse entre sí de ninguna otra manera. Además, en la isla todos sus habitantes conocen las reglas establecidas tal como hemos explicado en este párrafo.

En un día determinado, en la isla hay 100 personas de ojos azules, otras 100 con los ojos marrones y la Guru, que tiene los ojos verdes. Así que cualquier persona de ojos azules puede ver a 100 personas con los ojos marrones y a 99 con los ojos azules (y a una con los ojos verdes), pero eso no le dice nada sobre su propio color de ojos. Por lo que sabe, el número total podría ser 101 ojos marrones y 99 azules; o 100 ojos marrones y 100 azules; o 100 ojos marrones y 99 ojos azules, y él o ella podría tener los ojos de otro color.

En todos sus interminables años en la isla, a la Guru se le permite hablar solo una vez, y justo ese día (digamos que a las 12:00). Entonces, de pie ante los isleños, ella dice:

«Puedo ver ojos azules».

¿Quién abandona la isla y en qué noche?

Solución

La respuesta es que en el día número 100, a partir de ese día, ¡las 100 personas de ojos azules se irán todas ellas!

Para entender esto, vamos a considerar primero el caso en el que hubiera una sola persona de ojos azules en la isla. Entonces, es fácil darse cuenta de que se marcharía la primera noche, ya que sabría que era la única persona a la que se estaba refiriendo la Guru (pues mirando a su alrededor no vería a nadie más con los ojos azules).

Si hubiese dos personas con los ojos azules, cada una se fijaría en la otra y pensaría «si yo no tengo los ojos azules, entonces esa persona es la única que los tiene, por lo cual se irá esta noche». Así que las dos personas se quedarían esperando, y dado que ninguna de las dos se iría esa noche, cada una se daría cuenta de que tiene que tener los ojos azules, con lo cual las dos personas abandonarían la isla la segunda noche.

Este proceso de inducción puede continuarse hasta el día 99, en el que todos los isleños de ojos azules sabrían que tienen los ojos azules. Así que todos ellos esperarían 99 días y verían que el resto del grupo no se habría ido a ninguna parte, por lo que en la noche número 100 todos ellos se marcharían de la isla.

Acertijo

El acertijo de los cumpleaños es un clásico entre los problemas contraintuitivos. Dice así: ¿Cuál es la probabilidad de que en un grupo de n personas haya al menos dos que cumplan años el mismo día?

Solución

Cuando n es 23, la probabilidad es alrededor del 50% y cuando n es 50, la probabilidad es cercana al 97%. Esta es una probabilidad sorprendentemente alta y se explica porque la probabilidad de que no haya dos personas que cumplan años el mismo día es

$$\frac{365 * 364 * \ldots * (365 - n + 1)}{365^n},$$

por lo cual la probabilidad de que al menos dos personas tengan el mismo cumpleaños es

$$1 - \frac{365 * 364 * \ldots * (365 - n + 1)}{365^n}.$$

Muchos problemas relacionados con probabilidades pueden resultar contraintuitivos. Pero la situación no es desesperada; con el tiempo y la práctica, problemas como los que acabamos de ver pueden hacerse más familiares y, llegado el caso, más acordes con nuestra intuición. Desarrollar la intuición es clave, no solo para las matemáticas, sino también para la física. Y eso es, precisamente, de lo que trataremos en el próximo capítulo.

6. La Intuición Física

FÍSICA INTUITIVA

Tras nuestra incursión en las matemáticas contraintuitivas, regresamos a la física para estudiar el papel que la intuición desempeña en ella. Gran parte de la intuición física es innata, pero también puede cultivarse. A los físicos les encantaría llegar a desarrollar su intuición física hasta el punto de poder responder rápidamente a preguntas sobre física sin necesidad de hacer cálculos detallados, y hacer uso de los cálculos explícitos solo para cuantificar y refinar su comprensión intuitiva.

Richard Feynman era uno de esos físicos famosos por tener una intuición física extraordinaria. Pero no es simplemente que naciera con una gran intuición. Buena parte de ella le venía como resultado de los detallados cálculos matemáticos que efectuaba. De hecho, después de hacer los cálculos, a menudo reconsideraba el problema y se preguntaba si habría podido prever el resultado sin haber hecho ninguna cuenta. Y en muchos casos, encontró explicaciones intuitivas sencillas para resultados que había logrado obtener originalmente realizando operaciones matemáticas de gran envergadura. Así pues, la gran intuición de Feynman no le venía de manera gratuita. Además, la siguiente vez que se encontraba con un problema similar, no tenía que pasar por todo ese arduo trabajo, pues podía utilizar su intuición para «adivinar» la respuesta a diversas cuestiones no triviales.

Es importante tener en cuenta que la física intuitiva no es, ni mucho menos, una física trivial. Sólo se convierte en trivial si los problemas se enfocan de la manera correcta. Lo mismo ocurre con los mejores juegos de ingenio. Se puede trabajar en la resolución de un rompecabezas, o un acertijo, durante mucho tiempo, sin tener ni idea de cómo proceder. El problema puede incluso parecer imposible de resolverse hasta que una lucecita se enciende en nuestro cerebro y descubrimos, de repente, una nueva manera de abordar esa tarea que ahora nos parece mucho más manejable. La reorientación mental que se requiere para resolver un problema no suele ser fácil, aunque la solución en sí misma - una vez accionado el «interruptor» – puede ser bastante sencilla. Por este motivo, resolver rompecabezas y otros juegos de ingenio puede ser una práctica excelente para la física, y viceversa, ya que las estrategias que resultan eficaces en uno de estos ámbitos también pueden ser útiles en el otro.

GALILEO GALILEI

Cuando Galileo di Vincenzo Bonaiuti de Galilei estudiaba las leyes del movimiento, ya se había producido un debate filosófico considerable sobre ese tema. Aristóteles había propuesto la idea intuitiva de que los objetos, cuanto más pesados, más se aceleran durante su caída libre. Esta es, sin duda, una sensación que muchos de nosotros compartimos también. Galileo refutó esa propuesta realizando el famoso experimento que consistía en dejar caer objetos grandes y pequeños desde la torre de Pisa, demostrando así que tanto los objetos más ligeros como los más pesados se aceleran por igual en caída libre. Este resultado sorprendió a muchos. En aquella época, el método experimental, en general, no gozaba de gran prestigio y apenas existía. Las personas cultas se inclinaban más a aceptar los hechos a los que se llegaba mediante la «razón pura», y pensaban que no había necesidad de «ensuciarse las manos» llevando a cabo experimentos para alcanzar el conocimiento verdadero.

Posteriormente, Galileo también aportó un argumento que respaldaba el resultado de sus experimentos. Se trataba de un razonamiento puro, y la lógica que empleó fue tan elegante y sencilla que hacía que sus resultados parecieran obvios. El argumento era, a grandes rasgos, el siguiente. Supongamos que tomamos dos objetos que tienen exactamente la misma forma y la misma masa. Soltamos ambos al mismo tiempo y desde la misma altura. ¿Cuál de los dos llegará primero al suelo?

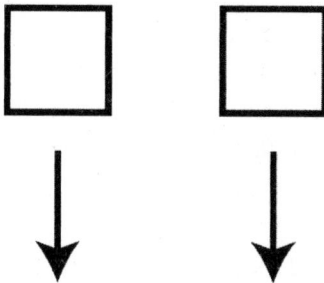

Obviamente, como los dos objetos tienen el mismo tamaño, deberían llegar al suelo al mismo tiempo. Esto es simplemente una manifestación de la simetría de traslación en la dirección horizontal. A continuación, tomamos un tercer objeto con la misma forma y masa, y lo dejamos caer junto con los dos anteriores, que se vuelven a soltar al mismo tiempo desde la misma altura.

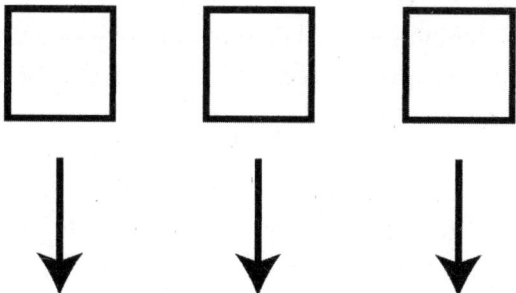

De nuevo, está claro que los tres objetos caerán al suelo al mismo tiempo. También parece evidente que desplazar los objetos horizontalmente antes de soltarlos no cambiará el hecho de que los tres seguirán cayendo al suelo a la vez. Ahora imaginemos que acercamos los dos primeros objetos hasta el punto de que parezcan un único objeto. De hecho, también podrían considerarse como un solo objeto del doble de tamaño, pero obviamente *seguirán* llegando al suelo a la vez que el otro objeto.

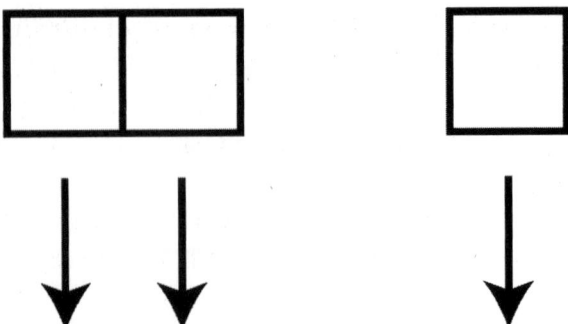

Vemos, pues, que el objeto con el doble de masa cae al suelo al mismo tiempo que el otro. Ahora ¡parece *evidente* el resultado de los experimentos de Galileo!

Este nivel de claridad no se alcanza a menudo, lo que sugiere que nuestra intuición física necesita refinarse para dar con los resultados correctos. Nuestra intuición inicial de que los objetos más pesados llegan antes al suelo puede tener su origen en un precondicionamiento psicológico: quizás prestamos más atención a los objetos de mayor peso porque pueden transmitir más energía al impactar contra el suelo que los objetos más ligeros. Y si somos propensos por naturaleza a prestar más atención a los objetos más pesados, también podríamos imaginar que estos son los primeros en «aterrizar».

ISAAC NEWTON

Según una célebre leyenda, las teorías de Isaac Newton sobre la gravedad surgieron a raíz de la caída de una manzana de un árbol en el jardín de su madre. Según algunas versiones, él observó cómo caía la manzana; y según otras, la manzana le golpeó en la cabeza. En cualquier caso, la caída de la manzana supuestamente le causó una profunda impresión. Pero, cabe preguntarse, ¿qué tiene que ver una manzana con las órbitas de los planetas regidas por la gravedad?

Así es como Newton lo describió en su libro *Philosophiae Naturalis Principia Mathematica*. Él se preguntaba por qué la Luna no se cae como una manzana. Para poder responder a esta cuestión, introdujo algunas modificaciones. Supongamos que hay una montaña de gran altura en el Polo Norte, y disparamos una bala de cañón desde la cima de la montaña, como se muestra en la Fig. 56. La bala caerá al suelo, por supuesto. Pero ahora supongamos que disparamos la bala de cañón con más fuerza. Entonces seguirá cayendo al suelo, aunque en este caso lo hará más lejos. Y si se dispara con muchísima fuerza, entonces recorrerá una distancia comparable al tamaño de la Tierra y quizás caiga sobre el ecuador. Si se dispara la bala aún más fuerte, caerá aún más lejos, tal vez en el Polo Sur. Imaginemos ahora que se dispara todavía más fuerte. En ese caso, la bala de cañón podría no caer sobre la Tierra y dar toda la vuelta completa[28]. En efecto, si se cumplen ciertas condiciones entre la velocidad de la bala y la altura que alcanza, la bala podría ponerse en órbita alrededor de la Tierra[29].

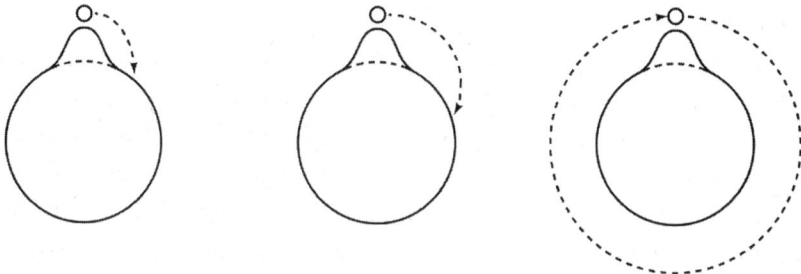

Figura 56. Una bala de cañón que cae con una velocidad inicial lo suficientemente elevada se comporta de manera muy parecida a una luna en órbita.

Ahora podemos comparar la Luna con la bala de cañón de nuestro experimento mental, y la razón por la que no se cae resulta obvia. Si no fuera por la Tierra, la Luna se habría alejado en línea recta hacia el espacio, pero debido a la atracción gravitatoria de esta, la Luna se desvía de esa trayectoria. No deja de caer hacia la Tierra, pero tampoco la alcanza porque la Tierra es redonda y la Luna está en órbita a su alrededor. Y eso es lo que tenemos al final: una bala de cañón dando vueltas en órbita alrededor de la Tierra.

---

28 Ignoramos la resistencia del aire en esta discusión.
29 Por ejemplo, para permanecer en órbita, la Estación Espacial Internacional, que se encuentra a unos 400 km de altura, gira alrededor de la Tierra a una velocidad de 27.743 km/h, completando una vuelta cada 92 minutos.

Ahora también se puede intuir el hecho de que lanzar un objeto al espacio con una velocidad crítica podría situarlo en una órbita circular. Si el objeto se mueve demasiado despacio, caerá a la superficie de la Tierra. Si se mueve demasiado rápido, se alejará directamente hacia el espacio. Pero si no va demasiado rápido, podría entrar en una órbita circular. Y para deducir si esa órbita es o no periódica, tendríamos que hacer cálculos y comprobarlo.

Al principio, la cuestión de que la Luna no se cayese, no era intuitiva. Pero después de cambiar nuestra perspectiva cobró más sentido, quizás hasta el punto de resultar evidente.

Adivinanza

Un camión que se mueve lentamente a 16 km/h choca con una mosca que vuela en dirección contraria a 32 km/h. La mosca se queda pegada contra el parabrisas del camión tras la colisión. ¿Cuál es su estimación sobre la velocidad del camión después de la colisión? (No usar ninguna ecuación).

Solución

Gracias a nuestra intuición física, sabemos que la velocidad del camión apenas variará. Ni que decir tiene que los cálculos precisos basados en las leyes de la física confirman esta intuición.

LA INTUICIÓN FÍSICA EN LAS MATEMÁTICAS

La intuición física también puede utilizarse para deducir resultados matemáticos. En esta sección trataremos algunos ejemplos de este tipo[30].

Volvamos al teorema de Fermat-Torricelli, al que se aludió brevemente (en una nota a pie de página) en el capítulo 3, en relación con la búsqueda del trazado de carreteras más corto para cuatro ciudades situadas en las esquinas de un cuadrado. Supongamos que tene-

---

30 Muchos de los ejemplos que se exponen en esta sección están tomados del precioso libro *The Mathematical Mechanic: Using Physical Reasoning to Solve Problems* de Mark Levi. Los lectores que deseen ver más ejemplos de cómo la intuición física puede influir en las matemáticas deberían consultar este libro.

mos tres puntos en una mesa y queremos conectarlos de tal manera que se minimice la suma de las distancias entre ellos. Antes argumentamos, usando razonamientos matemáticos, que la trayectoria debe formar un grafo «trivalente»; es decir, un conjunto de tres líneas que confluyen en un vértice, con tres ángulos de 120 grados. He aquí una forma de ver esto basada en la física[31].

Imaginemos que se hacen agujeros en esos tres puntos de la mesa, cuya altura es h, y luego se atan tres pesas idénticas a los extremos de tres cuerdas (de longitud fija), que se conectan por arriba en un mismo punto o vértice, como se muestra en la Fig. 57. Suponiendo que las masas son iguales a m, la energía potencial de todo el sistema será mg multiplicado por la suma de las alturas de las tres pesas sobre el suelo. Esto da ($3mgh-mg$) multiplicado por la suma de las longitudes de las porciones de las cuerdas que están colgando debajo de la mesa. Así que la energía potencial se minimiza cuando estas longitudes de las cuerdas que cuelgan alcanzan sus valores máximos. En ese momento, la longitud de las porciones de las cuerdas situadas sobre la mesa es mínima, ya que la longitud total de las cuerdas permanece fija. De la condición de equilibrio se deduce ahora que las tensiones en el vértice deben equilibrarse entre sí y, puesto que las tensiones son todas iguales (producidas por pesas iguales), los ángulos también deben ser iguales y, por tanto, tienen que ser de 120 grados. Esto demuestra que aplicar la física a lo que originalmente era un problema de matemáticas puede proporcionarnos ideas y llevarnos a soluciones sencillas que parecían difíciles en la formulación matemática original.

---

31   El teorema se aplica a triángulos con ángulos menores que 120 grados.

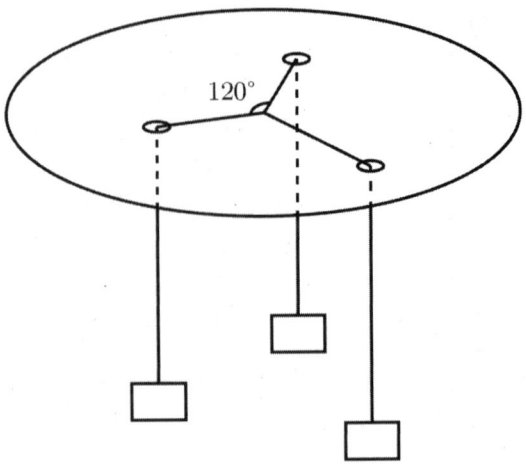

Figura 57. Las cuerdas atadas a tres pesas iguales se estabilizan en un punto que minimiza la longitud total de las porciones de las cuerdas que están sobre la mesa. Es fácil ver que los ángulos tienen que ser de 120 grados teniendo en cuenta que hay que equilibrar tres fuerzas de igual magnitud que tiran de un punto común (el vértice) en tres direcciones diferentes.

Recta de ajuste óptimo

Imaginemos un gráfico de puntos (x_i, y_i) que representan datos. Supongamos que queremos encontrar la recta que mejor se ajuste para realizar una regresión lineal, lo que significa que queremos minimizar la suma de los cuadrados de la distancia vertical entre los puntos correspondientes a los datos y la recta. Pues bien, podemos abordar este problema como si se tratara de un problema de física, imaginando que los puntos son clavos colocados sobre un tablero, en el que la dirección horizontal es el eje x y la dirección vertical es el eje y, como en la Fig. 58. A su vez, los clavos están enganchados a muelles que van unidos a unas anillas situadas en una varilla. Y los muelles están confinados en tubos verticales que solo les permiten moverse en esa dirección. Así pues, el cuadrado de la distancia entre los clavos y la varilla representa la energía potencial de los muelles, por lo que encontrar el ajuste lineal óptimo es lo mismo que encontrar la posición de la varilla que minimice la energía potencial de los muelles.

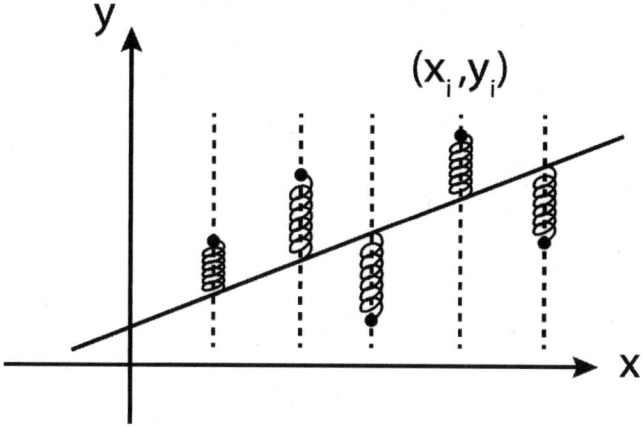

Figura 58. La línea recta de ajuste óptimo puede realizarse físicamente a partir de la posición de equilibrio de la varilla conectada a los puntos de los datos mediante muelles.

Resolvamos ahora el problema con ayuda de la física. Sabemos que, en la posición de equilibrio, las fuerzas y las torsiones[32] que actúan sobre la varilla tienen que equilibrarse. Si la posición de la varilla viene descrita por $y = mx+b$, entonces la fuerza ejercida sobre ella por el i-ésimo muelle será proporcional a $y_i-(mx_i+b)$ (por la ley de Hooke), por lo que el equilibrio de fuerzas nos dice que

$$\sum_i y_i - (mx_i + b) = 0.$$

Consideremos ahora las fuerzas de torsión sobre la varilla. Cada muelle ejerce un momento $x_i F_i$, así que la segunda condición es

$$0 = \sum_i x_i F_i \Rightarrow \sum_i x_i \left(y_i - (mx_i + b) \right) = 0.$$

---

32   Las fuerzas de torsión, también llamadas torsiones, son fuerzas que actúan sobre un objeto cuando se aplica un torque o momento de una fuerza en un punto específico, produciendo un giro o torsión en el objeto.

Como era de esperar, estas son exactamente las mismas fórmulas que usamos para determinar m y b en el caso de la regresión lineal.

Puede que el procedimiento anterior no cause gran impresión, pues todo lo que hicimos fue trasladar una cuestión matemática a la física y luego resolverla utilizando de nuevo las matemáticas. Entonces, ¿qué hemos ganado con todo este trasiego? He aquí la sorpresa: la modelización física del problema en cuestión *suscita* una nueva cuestión que, de otro modo, podría no haber sido evidente. Para un físico, limitar el movimiento de los muelles estrictamente a la dirección vertical puede parecer artificial. ¿Qué pasaría si elimináramos esta restricción y permitiéramos que los muelles se orientaran en cualquier dirección, como en la Fig. 59? Al fin y al cabo, lo natural es buscar la configuración que minimice el cuadrado de la *distancia* a la recta, en lugar de solo la distancia vertical.

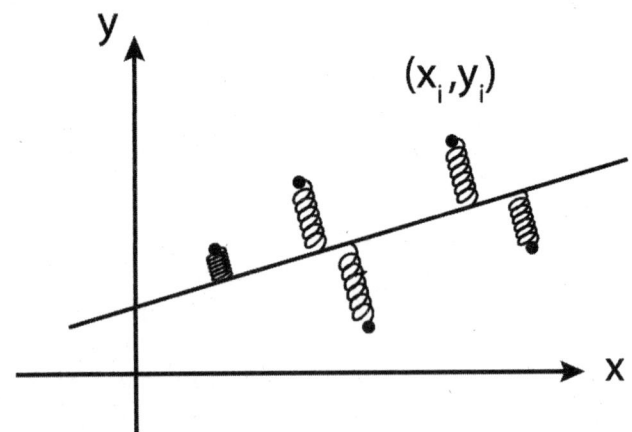

Figura 59. Cuando las incertidumbres en los valores de x y de y son igualmente importantes, para encontrar la recta de ajuste óptimo tendríamos que usar muelles no restringidos a la dirección vertical.

De hecho, esto es lo que deberíamos hacer si las incertidumbres en los valores de x y de y fueran igual de relevantes. La regresión lineal habitual presupone que la incertidumbre en y es mucho mayor que en x. Así pues, la intuición física nos permite reformular algunos problemas matemáticos de maneras que pueden resultar útiles e incluso pueden aportar nuevos planteamientos.

Acertijo

Dado un triángulo y dos de sus medianas, ¿la recta formada por el tercer vértice y la intersección de las dos medianas (Fig. 60) es también una mediana?

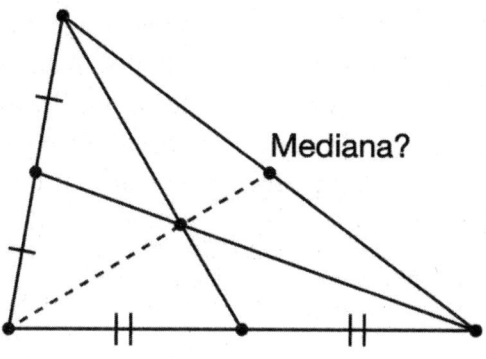

Figura 60. ¿Las tres medianas de un triángulo pasan por un mismo punto?

Solución

Supondremos, para comenzar, que el triángulo no tiene masa. Luego hacemos que la física entre en escena imaginando que se fijan masas iguales a cada vértice del triángulo, como en la Fig. 61. Si encontramos mediante tanteo el centro de masas de este sistema, entonces podremos ponerlo en equilibrio sobre un punto de apoyo situado justo debajo del centro de masas.

Consideremos ahora dos medianas cualesquiera. El centro de masas debe situarse en el punto donde se cortan porque para cada mediana las fuerzas de torsión causadas por las masas correspondientes a las otras dos pesas se equilibrarán, por lo que cada mediana debe pasar por el centro de masas. Ahora bien, como no hay más que un centro de masas, la tercera mediana debe pasar también por él. En consecuencia, las tres medianas tienen que pasar por el mismo punto.

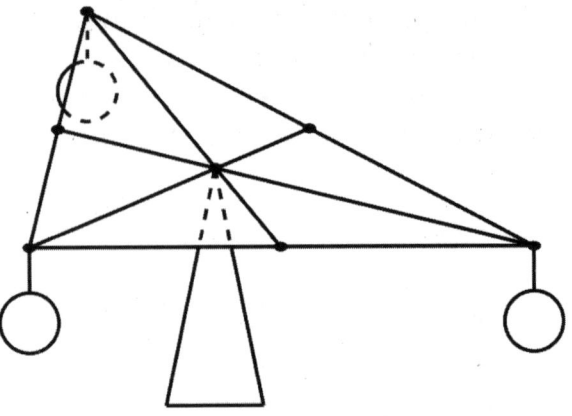

Figura 61. Las medianas del triángulo deben pasar
por el centro de masas en este modelo físico.

Acertijo
Dado un triángulo a cuyos lados asignamos las longitudes que se ven
en la figura ¿cuál es el cociente entre las longitudes de los segmentos
del lado inferior?

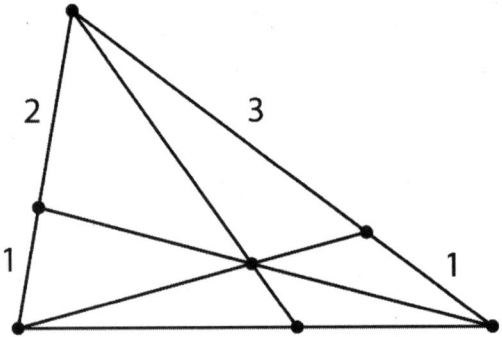

Solución
Vamos a colocar un punto de apoyo en el punto donde se cortan las
líneas que dividen los lados en las proporciones 2:1 y 3:1, así como la
línea que divide el lado inferior en una proporción aún por determinar. Observando la figura se puede apreciar que es necesario engan-
char pesas distintas, de 1, 2 y 3 kg, a los tres vértices del triángulo (1
kg en el vértice superior y 2 y 3 kg en los vértices a la izquierda y a la
derecha, respectivamente) para equilibrar las fuerzas de torsión y el
triángulo en su conjunto, convirtiendo así ese punto de intersección

en el centro de masas efectivo. A partir de ahí, es fácil ver que la proporción de los segmentos del lado inferior debe ser de 3 a 2. Este ejercicio ilustra el poder de la intuición física, ya que resolver este problema sin recurrir a la física no es tarea fácil.

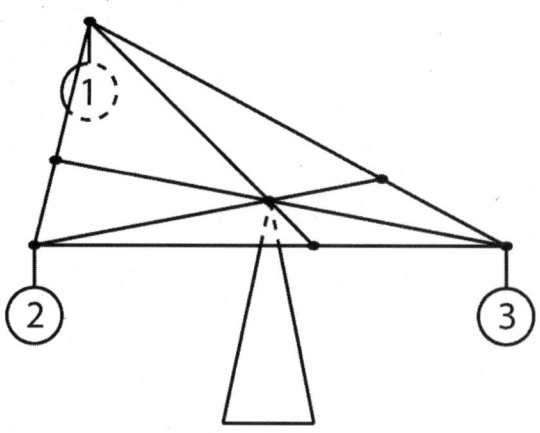

Rompecabezas

Tomemos los números reales positivos. La siguiente desigualdad nos dice que la media aritmética es mayor que la media armónica:

$$\frac{a+b}{2} \geq \frac{2}{\frac{1}{a}+\frac{1}{b}}.$$

Se pide demostrar que la expresión siguiente, para la cual la anterior desigualdad corresponde al caso $a=d$, $b=c$ es cierta:

$$\frac{1}{\frac{1}{a+b}+\frac{1}{c+d}} \geq \frac{1}{\frac{1}{a}+\frac{1}{c}} + \frac{1}{\frac{1}{b}+\frac{1}{d}}.$$

Solución

Podemos utilizar la física para demostrar que esta desigualdad es correcta sin tener que realizar cálculos matemáticos complicados. Lo que hacemos en la Fig. 62 es transformar el problema en un esquema de un circuito eléctrico en el que a, b, c y d son resistencias. El lado izquierdo de la desigualdad representa la resistencia del circuito tal como está dibujado, sin el interruptor accionado. Y el lado derecho representa la resistencia después de accionar el interruptor. La resistencia disminuye cada vez que se añade un cable suelto al circuito, razón por la cual se genera una desigualdad. Sabemos que esta afirmación es cierta, sin tener que realizar operaciones matemáticas complicadas, basándonos solo en nuestros conocimientos sobre el funcionamiento de los circuitos en paralelo. Así que la física nos proporciona una visualización que ayuda a probar esta desigualdad, lo que de otro modo sería un problema puramente algebraico.

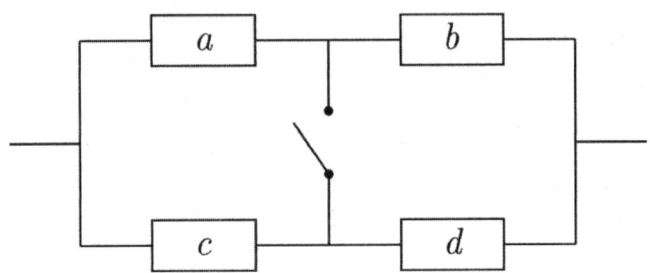

Figura 62. Un circuito eléctrico con varias resistencias diseñado para demostrar una desigualdad matemática.

EL «EUREKA» DE ARQUÍMEDES

El principio de Arquímedes sobre la flotabilidad sostiene que todo objeto sumergido total o parcialmente en un fluido es empujado hacia arriba por una fuerza igual al peso del fluido desalojado.

Esto puede sonar poco intuitivo, pero se puede explicar este principio de tal manera que parezca casi *obvio*. Supongamos que tenemos un objeto, por ejemplo una corona, en un cubo de agua. Ahora imaginemos que realizamos una especie de «cirugía» para extraer la corona y volver a poner agua en su lugar, como en la Fig. 63. El resto del agua no puede distinguir si hay agua o una corona en ese sitio, por lo que actúa de la misma manera que si fuese agua. Pero al reemplazar la corona por agua, el sistema físico se hace completamente homogéneo; y al llegar al equilibrio el agua deja de moverse. Ahora bien, el que no se mueva en absoluto implica que la fuerza neta hacia arriba del resto del agua sobre la porción de agua que reemplaza a la corona debe ser igual a su peso ¡para que pueda sostenerla y no se caiga! Cuando volvemos a colocar la corona dentro del cubo, de nuevo sucede que *el resto del agua no puede saber* lo que hay allí. En consecuencia, la corona experimenta la misma fuerza de empuje hacia arriba como si el agua estuviera en su lugar, y, por consiguiente, experimenta una disminución de su peso P que se corresponde con el peso del agua desalojada P_A. En otras palabras, el peso del objeto sumergido se hace igual a $P-P_A$.

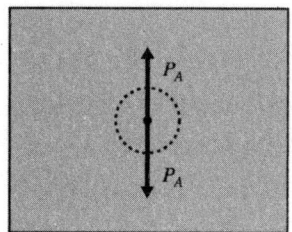 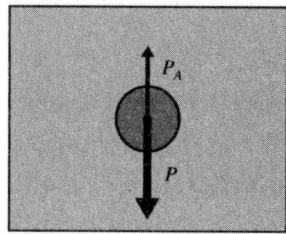

Figura 63. Izquierda: Cuando solo hay agua y está en equilibrio, cualquier porción de la misma experimenta un empuje hacia arriba idéntico a su propio peso P_A, por lo cual no se mueve. Derecha: Como el resto del agua no sabe lo que hay dentro, empuja hacia arriba cualquier objeto sumergido como si fuera agua, ejerciendo una fuerza de empuje igual al peso del agua desalojada P_A. En consecuencia, el objeto experimenta una disminución de su peso, que pasa a ser $P-P_A$.

Por cierto, el folclore que rodea a Arquímedes sugiere que se le ocurrió este principio cuando estaba pensando en cómo identificar una corona falsa, de imitación. La exactitud de esta anécdota no está nada clara, pero según la leyenda, él sólo quería averiguar la *densidad* de la corona. Como el peso es relativamente fácil de calcular, basta con medir el volumen de la corona, lo que puede hacerse sumergiéndola en agua y midiendo el volumen del agua desplazada. Es posible que la conservación del volumen no se conociese antes de Arquímedes, y este descubrimiento le proporcionó una forma de calcular el volumen, y, por tanto, la densidad de un objeto sumergiéndolo en agua. Para ello no fue necesario aplicar el principio que lleva su nombre, como vemos, aunque este pudo ocurrírsele como consecuencia de esos procedimientos.

Acertijo

Llene una caja con legumbres pequeñas de algún tipo y entierre una pelota de ping pong hasta el fondo. Agite la caja durante unos minutos y observe lo que le ha ocurrido a la pelota. ¿Tiene alguna explicación para lo que se ve?

Solución

La pelota de ping pong flota en la superficie por la misma razón por la que los objetos menos densos que el agua flotan en el agua. Este es otro ejemplo de la fuerza de empuje hacia arriba: la pelota de ping pong hace las veces de un objeto sumergido en un fluido, como en nuestro ejemplo anterior, y el «agua» en este caso está formada por pequeñas legumbres. La pelota es menos densa que estas, por lo que la fuerza neta que actúa sobre ella la empuja hacia arriba.

EL TEOREMA DE PITÁGORAS

Como demostración de cómo la física puede conducir a nuevas matemáticas, ahora vamos a demostrar el teorema de Pitágoras a partir de la física. Vamos a considerar un recipiente con forma de triángulo rectángulo lleno de agua con lados de longitud a, b, c (véase la Fig. 64). Parece claro e intuitivo que el recipiente no se va a mover por sí mismo; tiene que permanecer en equilibrio. Vamos ahora a analizar lo que significa esta condición de equilibrio desde el punto de vista matemático en términos de fuerzas y torsiones. La fuerza del agua sobre un lado concreto del recipiente es la presión multiplicada por el área de ese lado (la presión es constante si la altura del recipiente es pequeña), y por tanto es proporcional a la altura del recipiente multiplicada por la longitud del lado. Para simplificar (aunque sin pérdida de generalidad), podemos hacer la altura igual a 1.

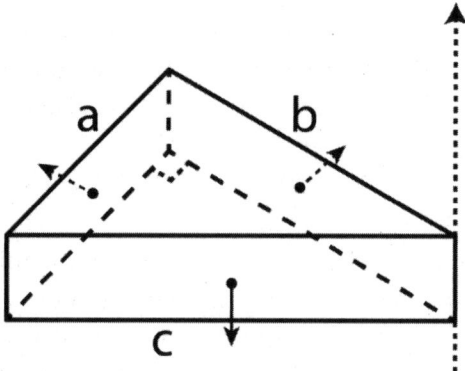

Figura 64. Un recipiente con forma de triángulo rectángulo, lleno de agua, puede utilizarse para demostrar el teorema de Pitágoras.

El hecho de que las fuerzas sumen cero es simplemente la constatación de que los tres vectores corresponden a los lados de un triángulo; esto es, el triángulo rectángulo con el que partimos. Veamos ahora los momentos de las fuerzas de torsión. Primero tenemos que elegir un eje para poder medirlos. Imaginemos que colocamos una varilla vertical en el vértice donde se juntan los lados b y c. El momento neto alrededor de este eje debe ser cero, ya que de lo contrario el triángulo empezaría a girar en un sentido u otro. Recordemos que el momento de una fuerza viene dado por el producto vectorial de la fuerza por el brazo de palanca. Por lo tanto, el momento en el lado de longitud b es $b \times b/2$; el momento en el lado con longitud a es $a \times a/2$ y apunta en el mismo sentido (horario); y el momento en el lado de la hipotenusa es $-c \times c/2$, ya que apunta en el otro sentido (antihorario). Como esta suma es igual a cero, se deduce que $a^2 + b^2 = c^2$.

Podemos derivar otros enunciados matemáticos más con este mismo recipiente. Imaginemos que colocamos la varilla vertical en el vértice donde está el ángulo recto. Si $a < b$, entonces el momento con respecto a este eje es $\dfrac{a^2}{2} - \dfrac{b^2}{2} + c\Delta = 0$, donde Δ es la distancia entre el punto medio de la hipotenusa y el punto donde la altura perpendicular a la hipotenusa intersecta a esta. Intente demostrar esta igualdad únicamente por medios geométricos, sin ayuda de la física. Además, si está dispuesto, también puede utilizar la física para demostrar el resultado más general, la ley o teorema de los cosenos, a partir de un triángulo más general.

No está del todo claro si el procedimiento que acabamos de ver puede considerarse una demostración propiamente dicha del teorema de Pitágoras. La cuestión es si en nuestra definición de torsión el teorema se presupone de algún modo. En cualquier caso, esta es una manera interesante de pensar en el teorema de Pitágoras en un contexto físico.

Acertijo

Una mesa redonda se apoya en tres patas colocadas con una separación de 120 grados entre sí. Si se desea volcar la mesa ejerciendo una fuerza vertical hacia abajo en algún punto de su perímetro, ¿en qué punto hay que presionar para minimizar la fuerza necesaria? No es necesario hacer cálculos, solo hay que usar la intuición[33].

Solución

Es obvio que los puntos donde hay que presionar para volcar la mesa ejerciendo la mínima fuerza son cualquiera de los puntos del borde que se encuentren a mitad de distancia entre dos patas. Ni que decir tiene que se puede usar la mecánica newtoniana para demostrar que esto es cierto. Pero si se llegara a un resultado diferente, tendríamos que cuestionar los supuestos que conducen a este. Ahora bien, si estamos interesados en los detalles, como cuánta fuerza se necesita para derribar la mesa, tenemos que hacer cálculos más precisos que, por supuesto, deben confirmar nuestra intuición sobre donde ejercer la fuerza. Por otro lado, a veces nuestra intuición choca con los resultados matemáticos, por lo que esta debe modificarse. Pero también puede ocurrir que cometamos errores al hacer los cálculos, en cuyo caso nuestra intuición puede servirnos de gran ayuda.

---

33 Este problema se cita en la serie de libros *The Feynman Lectures on Physics*, por R. P. Feynman.

LA TEORÍA DE LA RELATIVIDAD ESPECIAL

La intuición, por extraño que parezca, puede llevarnos a sacar conclusiones contraintuitivas. Por ejemplo, Einstein utilizó varios experimentos mentales intuitivos para fundamentar la teoría especial de la relatividad, que tiene muchas implicaciones asombrosas, como la dilatación del tiempo, la contracción de longitudes y la fórmula $E=mc^2$.

La teoría especial de la relatividad parte de una premisa muy poco intuitiva: la velocidad de la luz es la misma para todo el mundo, independientemente de la velocidad a la que uno se mueva con respecto a la fuente luminosa. Si se acepta este principio tan alejado de la intuición, el resto de las consecuencias de la teoría resultan muy intuitivas.

Einstein llegó al concepto de la dilatación del tiempo a través de un experimento mental. Imaginemos que estamos sentados en un tren que viaja a una velocidad muy alta, $\vec{v}$. Una consecuencia de la teoría especial de la relatividad es que, si una persona toma un tren y luego regresa al punto de origen, su reloj se desincronizará con el de cualquier transeúnte que se encuentre en tierra. ¿Por qué?

Para entender esto, imaginemos que hay un par de espejos en el vagón del tren, uno en el techo y otro en el suelo, separados por una distancia L. Ahora midamos el tiempo que tarda un haz de luz en rebotar de un espejo a otro desde la perspectiva de una persona en el tren, a diferencia de lo que mide una persona en tierra. Desde la perspectiva del pasajero en el tren, la luz se mueve en línea recta hacia arriba y hacia abajo, lo que nos da $\Delta\tau = 2L/c$, donde c es la velocidad de la luz. Sin embargo, desde la perspectiva del observador en tierra, la luz se mueve en diagonal, como puede verse en la Fig. 65. Si el tren de desplaza una distancia $v\Delta t$ durante un rebote de la luz, entonces el tiempo que medirá esta persona puede escribirse como $\Delta t = 2L'/c$. Nótese que nos estamos basando en el principio fundamental de que la velocidad de la luz, c, tiene el mismo valor para todos los observadores. Pero obviamente $L'>L$, por lo que $\Delta t>\Delta\tau$; es decir, el tiempo discurre más despacio para las personas que van en el tren desde el punto de vista de las personas que se encuentran en la estación.

Y a la inversa, el tiempo discurre más despacio para las personas que se encuentran en la estación desde el punto de vista de las personas que van en el tren, ya que este efecto es totalmente simétrico, lo cual se comprueba sin más que poner los dos espejos, en el techo y en el suelo, de una sala en la estación. Pero antes dijimos que «si una persona toma un tren y luego regresa al punto de origen, su reloj se desincronizará con el de cualquier transeúnte que se encuentre en tierra. ¿Por qué?» La respuesta es: porque esa persona *ha regresado al punto de partida* y las aceleraciones y desaceleraciones necesarias para ello han roto la simetría del problema dando como resultado que el tiempo, realmente, haya transcurrido más despacio.

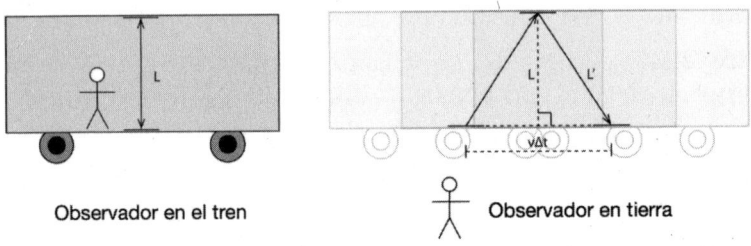

Observador en el tren

Observador en tierra

Figura 65. El tiempo se ralentiza en un tren en movimiento con respecto a tierra, como puede comprobarse simplemente suponiendo que la velocidad de la luz es la misma para todos los observadores, independientemente de su velocidad con respecto a la fuente luminosa. La relación entre los tiempos medidos por los observadores en el tren, $\Delta\tau$, y los estacionarios en tierra, Δt, puede obtenerse aplicando el teorema de Pitágoras.

La parte más antiintuitiva de este argumento es quizás la premisa de que la velocidad de la luz es *siempre la misma* medida desde todos los sistemas de referencia. Pero si se acepta esta, el resto es bastante obvio.

Se puede utilizar tanto el álgebra como el teorema de Pitágoras (que acabamos de demostrar a través de la física) para llegar a la dilatación temporal:

$$\Delta t = \frac{\Delta\tau}{\sqrt{1 - v^2/c^2}}.$$

Dicho de otro modo, el tiempo medido en tierra es más largo por un factor $\dfrac{1}{\sqrt{1-v^2/c^2}}$.

MECÁNICA ESTADÍSTICA

La mecánica estadística tiene por objeto describir sistemas con un gran número de partículas, incluso cuando el comportamiento de las partículas individuales no puede conocerse con precisión. La magnitud fundamental de la mecánica estadística es la *entropía*,

$$S=ln\ \Omega,$$

donde Ω es el número de configuraciones posibles para las partículas. Por ejemplo, se puede intentar contar el número de formas que hay de organizar un sistema con una energía total dada, *E*, contando el número de maneras en que se puede distribuir la energía entre las partículas que lo componen. Este número es Ω y la entropía es su logaritmo. La hipótesis fundamental de la que se parte es que *cada configuración ocurre con la misma probabilidad*. Aunque parece la suposición más natural que puede hacerse, sin embargo, puede llevar a predicciones sorprendentes.

Adivinanza
Se elije un número entre 1 y 1.000 y se les pide a otras personas averiguarlo en el menor número posible de intentos jugando a las adivinanzas, teniendo en cuenta que en cada respuesta se les indicará si el número propuesto es igual, superior o inferior al número elegido.

Solución
Puede que esté familiarizado con la búsqueda «binaria», que consiste en intentar adivinar siempre el valor intermedio dentro del rango posible. Esta es la mejor aproximación porque se minimiza de forma eficaz la entropía del sistema[34]. Básicamente, lo que uno quiere es

---

34 En cada paso, se divide el conjunto de números posibles, *N*, en dos partes, $N=N_1+N_2$, que dependen de la cuestión de que se trate. Lo mejor que se puede hacer para minimizar las posibilidades restantes consiste en minimizar la

obtener la mayor cantidad de información posible con cada intento. Así que la estrategia óptima consiste en dividir el rango que se trate en dos partes iguales, pues esto nos permite eliminar la mitad de las posibilidades en cualquier intento, lo cual es lo mejor que podemos hacer. Cualquier otra división podría hacer que nos quedáramos con más de la mitad de las posibilidades, por lo que estaríamos intentando optimizar una situación más desfavorable.

Acertijo
Tenemos 12 monedas iguales y se le indica que una de ellas es falsa y es más pesada, o más ligera, que las demás, pero no se le dice de qué moneda se trata. Además, se dispone de una balanza que le indicará si sus dos lados pesan lo mismo, o uno pesa más que el otro. ¿Cuál es el número mínimo de pesadas que necesita hacer para averiguar cuál es la moneda falsa y si es más ligera, o más pesada, que las demás? ¿Y si hubiera 500 monedas en lugar de 12?

Solución
Aquí, de nuevo, nos basamos en el método de dividir las posibilidades en partes iguales, aunque no necesariamente en dos, como se hizo en el acertijo anterior. Ahora hay 24 posibilidades dado que hay 12 monedas en total, cada una de las cuales puede ser falsa, y la moneda falsa puede ser más pesada, o más ligera, que las demás, lo que lleva a 12×2=24. Cada vez que pesamos un grupo de monedas con respecto a otro, hay tres resultados posibles: el primer grupo puede ser más ligero, más pesado o tener el mismo peso que el segundo. La única excepción sería cuando las monedas se dividen en dos grupos de 6; en este caso al pesarlos no pueden tener el mismo peso por lo que un grupo será más ligero que el otro. Pero esta división no conduce al mínimo número de pesadas sino a un número bastante superior, como el lector puede comprobar fácilmente. Así que tenemos que idear una estrategia para hacer las pesadas comenzando por dividir el conjunto de monedas en tres montones. Lo mejor que podemos hacer serían las particiones:

---

entropía de las posibilidades, es decir, minimizar $p_1\log(N_1)+p_2\log(N_2)$, donde $p_i=N_i/(N_1+N_2)$ es la probabilidad de caer en un conjunto determinado (con $N_1+N_2=N$). Esa línea de razonamiento conduce al resultado $N_1=N_2=N/2$.

$$24 \to 8+8+8$$
$$8 \to 3+3+2$$
$$3 \to 1+1+1, \text{ o } 2 \to 1+1+0$$

Esto nos sirve de guía sobre cómo debemos proceder. Bueno, pues resulta que podríamos identificar la moneda falsa y determinar si pesa más, o menos, que el resto en solo tres pesadas (y no menos) porque $3^3 = 27 \geq 24$. Veamos, después de la primera división, $24 \to 8+8+8$, se pesan dos de los tres montones en la balanza. Si el primer montón pesa más que el segundo, sabremos que una de las 4 monedas del primer montón pesa más que la media o una de las cuatro monedas del segundo montón pesa menos, lo cual nos da 8 posibilidades. El resultado es similar si el primer montón es más ligero. Ahora bien, si estos dos montones pesan lo mismo, entonces sabremos que la moneda falsa se encuentra en el tercer montón, y puede ser más ligera, o más pesada, que el resto, lo que nos da de nuevo 8 posibilidades. Las pesadas que siguen pueden realizarse de manera similar, cuyos detalles dejamos al lector.

Para el caso de 500 monedas el planteamiento es similar también. La respuesta a la pregunta de cuál es el menor número de pesadas es 7. Hay 1.000 posibilidades esta vez, al igual que había 24 posibilidades con las 12 monedas. Cada pesada de los montones de monedas tiene tres resultados posibles y, en consecuencia, divide el espacio de posibilidades en tres partes. Por lo tanto, se necesitan al menos 7 pesadas para poder aislar e identificar cualquier posibilidad, ya que $3^6 < 1.000$ y $3^7 > 1.000$. Ahora bien, en cada paso se tienen que dividir las posibilidades en 3 grupos iguales (en la medida de lo posible), pero puede ocurrir que no haya ninguna manera de hacer esto. Por este motivo, lo que hemos demostrado no es que el menor número de pesadas sea 7, pero sí que no puede ser un número inferior a este.

Adivinanza

Usted tiene 100 botellas de vino y una de ellas está envenenada. Sus amigos quieren ayudarle a averiguar cuál es la botella envenenada, pero los efectos no se notarán hasta pasadas 24 horas y usted celebra una fiesta dentro de 25 horas. ¿Cuál es el número mínimo de amigos que tiene que reclutar para poder determinar qué botella está envenenada?

Solución

Solo se necesitan 7 amigos. Primero, etiquete las 100 botellas usando números binarios con el mismo número de dígitos. Esto requerirá como mucho 7 dígitos ya que $2^7 = 128 > 100$. Luego pídale al n-ésimo amigo que beba solo de las botellas en las que el n-ésimo dígito de la etiqueta sea 1. A partir de ahí, puede averiguar qué botella tenía veneno localizando su número binario sin más que poner un 1 en cada dígito correspondiente al amigo que se envenenó y un 0 en el resto. Estas personas tienen que tener una gran amistad con usted, claro está, para ofrecerse voluntarias para esta misión, ¡y esperemos que el veneno no sea mortal!

Acertijo

Supongamos que estamos jugando a lanzar una pelota a una pared para que rebote hacia arriba y golpee un determinado objeto situado en el techo, como en la Fig. 66. Si ignoramos los efectos de la gravedad ¿hacia dónde tenemos que apuntar al lanzar la pelota?

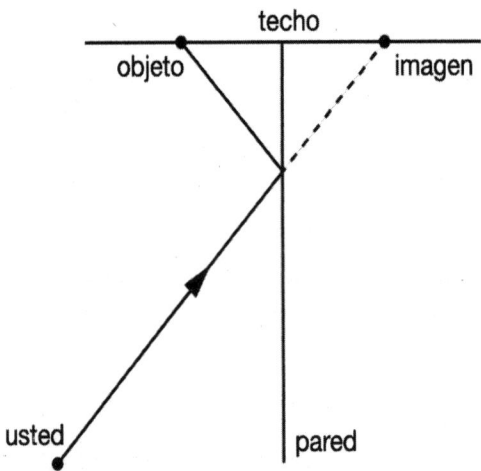

Figura 66. Se puede utilizar un espejo en la pared para apuntar correctamente a un objeto.

Solución

Podemos colocar un espejo grande en la pared y apuntar a la imagen reflejada del objeto.

Rompecabezas

Un socorrista que se encuentra en una playa tiene que rescatar a un bañista que se está ahogando (véase la Fig. 67). En esta situación, el tiempo que tarde puede ser cuestión de vida o muerte. El socorrista se desplaza a una velocidad v_1 en tierra y una velocidad v_2 en el agua y, como es de esperar para una criatura que habita en tierra, v_1 es mayor que v_2. ¿Qué camino debe seguir el socorrista para minimizar el tiempo que tarde en llegar hasta el nadador?

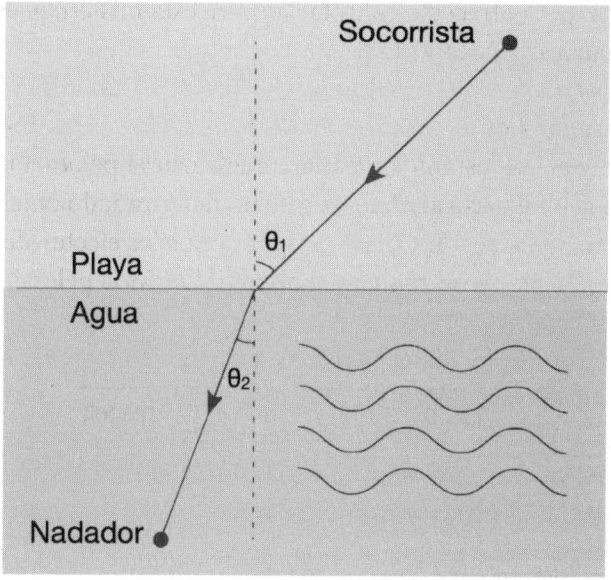

Figura 67. ¿Qué camino debe tomar el socorrista para llegar lo antes posible hasta el nadador que se está ahogando?

Solución

El socorrista puede moverse más rápidamente sobre el terreno que en el agua, por lo que necesita determinar el punto exacto desde el que empezar a nadar. El problema es equivalente a averiguar los ángulos óptimos que debe seguir el socorrista desde la playa hasta la orilla y desde allí hasta el nadador. La respuesta a esta cuestión puede obtenerse a partir de la ley de Snell:

$$\frac{\text{sen}\,\theta_1}{\text{sen}\,\theta_2} = \frac{v_1}{v_2}.$$

Esta ley se utiliza habitualmente para describir cómo la luz, o cualquier otra onda, cambia de dirección, o se refracta, al pasar de un medio (con velocidad v_1) a otro (con velocidad v_2). La ley nos dice que el camino que sigue la luz, al viajar por distintos medios, es el que conduce al menor tiempo en total. Pero podría aplicarse igualmente al caso del socorrista, que se desplaza a diferentes velocidades en tierra y en el agua. Podríamos resolver este problema haciendo cálculos para minimizar el tiempo empleado, $t = l_1/v_1 + l_2/v_2$, donde l_1 y l_2 denotan las distancias del recorrido en tierra y en el océano, respectivamente.

Pero también podemos idear un sistema mecánico que nos permita resolver el problema sin tener que recurrir a cálculos matemáticos. Consideremos una mesa con dos agujeros cortados en dos sitios que se corresponden con las posiciones del socorrista y del nadador. Con ayuda de dos cuerdas colgamos una masa $m_1 = 1/v_1$ en la posición del socorrista y otra masa $m_2 = 1/v_2$ en la posición del nadador, y las conectamos de la manera siguiente. Colocamos una varilla en una posición que se corresponda con la orilla del mar y sujetamos las cuerdas de donde penden las masas a una anilla que puede deslizarse libremente a lo largo de la varilla, como se muestra en la Fig. 68.

Ahora podemos encontrar la solución al problema original sin más que identificar la configuración en la que el sistema se estabiliza; es decir, la configuración con la energía potencial más baja. Como la energía potencial es igual a mgh, donde h es la altura de los pesos hasta el suelo, y la longitud de las cuerdas es fija, para minimizar la energía potencial hay que maximizar las longitudes de las porciones de las cuerdas que quedan por debajo de la mesa y están bajo tensión por los pesos que cuelgan. De aquí es fácil deducir que la energía potencial del sistema se minimiza cuando $m_1 l_1 + m_2 l_2$, y por tanto $l_1/v_1 + l_2/v_2$, se minimiza, donde l_1 y l_2 son las porciones de las dos cuerdas sobre la mesa. Vemos pues que el mejor camino, para las cuerdas y por analogía también para el socorrista, es la configuración de equilibrio.

¿Y cuál será esta configuración? Denotemos por T_1 y T_2 las tensiones en cada cuerda, que son iguales a $m_1 g$ y $m_2 g$, por lo que son proporcionales a $1/v_1$ y $1/v_2$ respectivamente. En el equilibrio, las fuerzas horizontales a lo largo de la varilla tienen que anularse (de lo contrario, la anilla se deslizaría y no estaría en reposo), por lo que

T_1 senθ_1 = T_2 senθ_2, de donde se deduce directamente la ley de Snell que acabamos de ver. Así que hemos demostrado que la ley de Snell minimiza el tiempo; un hecho que podría beneficiar al nadador que se está ahogando.

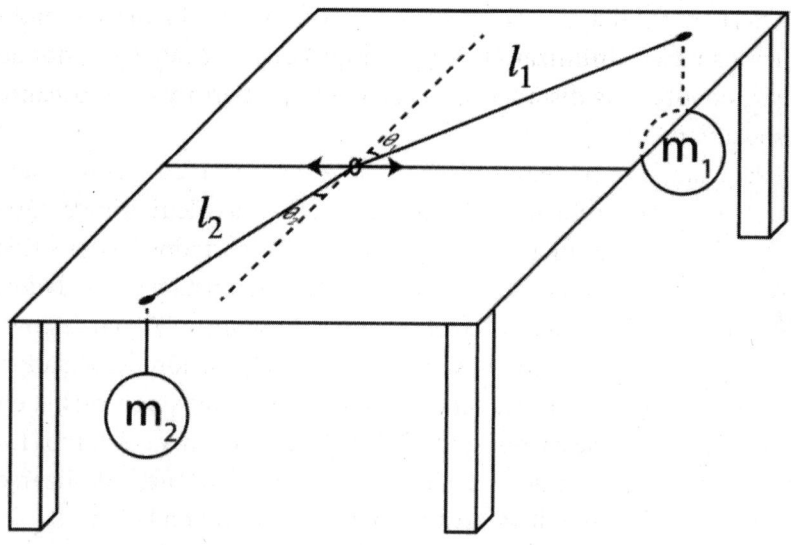

Figura 68. Un modelo físico para ayudar al
socorrista a encontrar el mejor camino.

La relación entre la longitud de las cuerdas y la trayectoria de la luz, que es a lo que se refería la ley de Snell en un principio, es la siguiente. Entre dos puntos cualesquiera, la luz sigue la trayectoria que reduce al mínimo el tiempo que tarda en recorrerla, del mismo modo que el socorrista encuentra la trayectoria que reduce al mínimo el tiempo que tarda en llegar al nadador.

7. Física Contraintuitiva

Por lo que hemos visto hasta ahora, se hace evidente que no todos los aspectos de la física son intuitivos. De hecho, algunas de sus facetas más fascinantes están relacionadas con cuestiones o situaciones en los que nuestra intuición realmente falla. Esta parece decirnos a veces que algo es imposible y sin embargo no lo es. Vamos a empezar a explorar la física contraintuitiva volviendo al tema de la flotabilidad.

LA FLOTABILIDAD REVISADA

Mucha gente piensa que la física moderna es contraintuitiva, y sin duda hay algo de verdad en esa sensación. Vista desde fuera, la física parece cada vez más extraña. No obstante, la física antiintuitiva no es en absoluto un fenómeno contemporáneo, sino que comenzó hace mucho tiempo. La flotación de los cuerpos, por ejemplo, se comprende desde hace más de 2000 años pero, pese al tiempo que ha transcurrido, este tema aún sigue siendo muy poco intuitivo. Porque, ¿cómo puede mantenerse a flote un barco muy pesado simplemente por las fuerzas de empuje del agua?

Es cierto que este concepto puede hacerse intuitivo si se piensa en ello desde el punto de vista apropiado, como vimos en el capítulo anterior. Podríamos decir que es cuestión de mejorar nuestra intuición el que la física contraintuitiva nos resulte más natural. Aun así, este fenómeno sigue pareciendo muy extraño, especialmente cuando se contemplan superpetroleros de casi medio kilómetro de largo que pueden transportar una carga de ¡más de medio millón de toneladas métricas!

Otro ejemplo curioso es el de los globos de helio que, como todos sabemos, se elevan debido al empuje del aire que los rodea porque pesan menos que este. Pero ¿qué sucede si llevamos un globo de helio en el coche y frenamos bruscamente? Pues sucede que mientras el conductor se echa hacia adelante, esperemos que con el cinturón de seguridad abrochado, el globo se mueve *hacia atrás*. ¿Y qué ocurre si giramos? Pues, en este caso, el globo se moverá hacia el interior de la curva, al contrario de lo que nos diría nuestra intuición. Esto se debe a que, en ambos casos, desde la perspectiva de los pasajeros del coche existe una aceleración, y el globo se mueve en la dirección opuesta a esa aceleración con respecto al resto del aire, que es más denso, como cabría esperar basándonos en las fuerzas de empuje del aire sobre el globo.

Hay una versión más extrema de estos efectos, la llamada «paradoja de Arquímedes». Supongamos que tenemos un barco enorme y sólo unos cuantos cubos de agua. ¿Se puede hacer flotar el barco con sólo esa cantidad de agua? La respuesta es que sí, por increíble que parezca. Como las fuerzas que producen la flotación son locales, basta con cubrir el fondo del barco con una capa muy fina de agua, como en la Fig. 69. De hecho, los razonamientos sobre las fuerzas de empuje y la flotación que repasamos en el capítulo anterior no requerían que hubiera una gran cantidad de agua disponible.

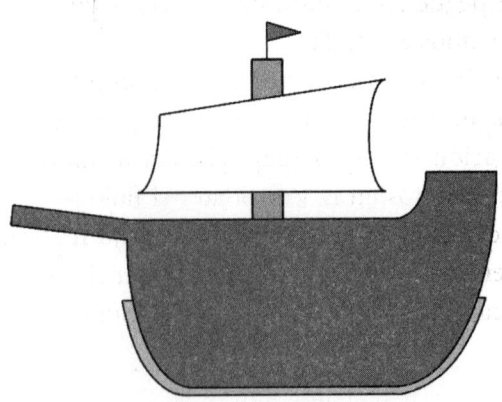

Figura 69. Arquímedes argumentaba que se podía hacer
flotar un barco con tan sólo un cubo de agua si se disponía
de un recipiente que se amoldara a la forma del barco.

Aunque ya había muchas cosas contraintuitivas en la física clásica, el número de ellas aumentó rápidamente desde que entramos en la era de la física contemporánea, con mucho desconcierto y perplejidad causados por la relatividad, la mecánica cuántica, la teoría de cuerdas, etc.

Aviones

Ya casi ni nos lo cuestionamos, pero el hecho de que los aviones puedan volar es bastante asombroso. Estamos hablando de unos artefactos metálicos enormes y macizos que vuelan por el aire. ¿Cómo es esto posible?

El perfil aerodinámico está diseñado para que el aire que se mueve por encima de las alas lo haga a mayor velocidad que el aire que se encuentra por debajo de ellas. El principio de Bernoulli, formulado a principios del siglo XVIII, establece que $P+\rho v^2/2$ es constante a lo largo del flujo de un fluido, donde P es la presión, v la velocidad y ρ la densidad del fluido. Así pues, cuanto mayor sea v menor será P. Pues bien, ocurre que la presión sobre las alas es menor que la presión por debajo de ellas porque, como decíamos, las alas están diseñadas para que el aire se mueva más rápido por encima de ellas. Esto crea una fuerza neta hacia arriba, dándole al avión una elevación.

Lo que acabamos de decir es, en realidad, una explicación «tradicional» muy simplificada pues el vuelo de los aviones es un fenómeno bastante complejo en el que intervienen varios tipos de fuerzas. Pero el principio de Bernoulli juega un papel muy importante, tanto en el despegue como durante el vuelo, y por dos efectos diferentes que no vamos a detallar.

A pesar de sus consecuencias poco intuitivas, el principio de Bernoulli tiene un fundamento sencillo pues se trata esencialmente de la conservación de la energía aplicada a flujos laminares. En efecto, los incrementos en la velocidad del flujo (y, por tanto, en la energía cinética) están causados por el trabajo realizado debido al cambio neto en la presión y, como consecuencia, el aumento de la energía cinética va acompañado de disminuciones en la presión.

Acertijo

Se le proporciona un secador de pelo pequeño, pero potente, y una pelota de playa grande y ligera. ¿Cómo podría suspender la pelota en el aire utilizando solo el secador? (véase la Fig. 70)

Solución

Al principio podría pensarse que lo mejor es orientar el secador hacia arriba, debajo de la pelota, pero esto produciría un equilibrio inestable y la pelota caería rápidamente.

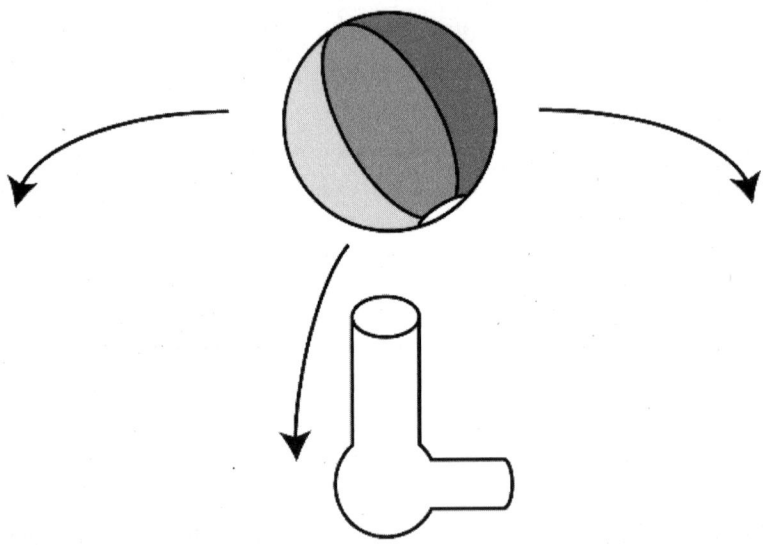

Figura 70. ¿Se podría suspender en el aire una pelota
de playa con la ayuda de un secador de pelo?

Sorprendentemente, si se dirige la corriente de aire justo por encima de la pelota, en vez de por debajo, como se muestra en la Fig. 71, se creará una fuerza ascendente que impulsará la pelota hacia arriba. Como acabamos de ver en el caso de los aviones, la presión y la velocidad están directamente relacionadas por el principio de Bernoulli. Así que, al aumentar la velocidad del aire por encima de la pelota, la presión disminuye, y el aire que la rodea la empuja hacia arriba contrarrestando su peso, lo que conduce a una situación estable.

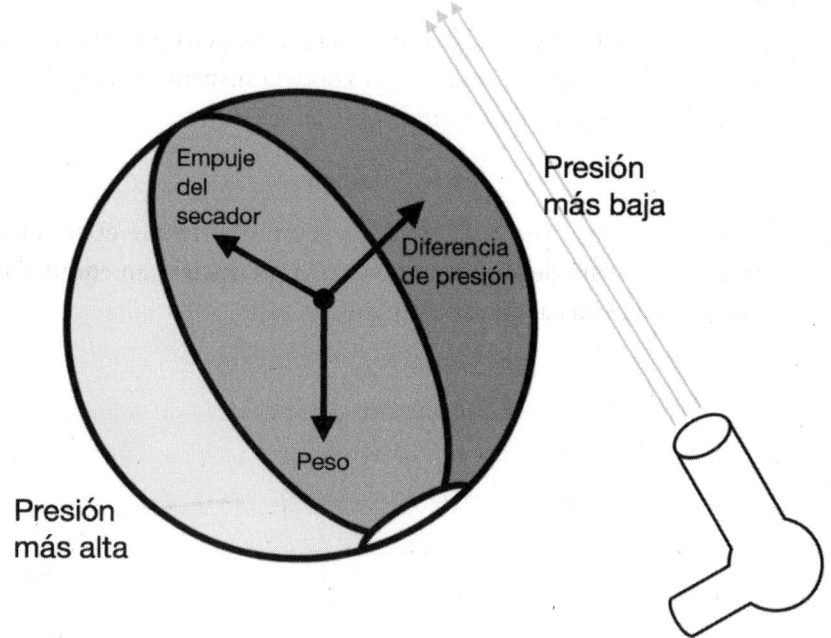

Figura 71. Para suspender la pelota en el aire hay que apuntar
con el secador justo por encima de ella, no por debajo.

UN EXPERIMENTO CLÁSICO

Si se coloca una pelota de tenis encima de un balón de baloncesto y
se dejan caer juntos, la pelota de tenis saldrá disparada hacia arriba
hasta una altura nueve veces superior a la altura original desde la que
se dejó caer, suponiendo que los choques sean elásticos. El hecho de
que la pelota de tenis rebote tan alto no parece nada intuitivo, pero
se deduce de una simple aplicación de las leyes de conservación de la
energía y el momento, como vamos a ver a continuación.

Supongamos que la pelota de tenis y el balón de baloncesto están
cayendo a la vez y están a punto de chocar contra el suelo con la
misma velocidad v. Supongamos, además, que durante su descenso
la pelota se desplaza ligeramente del balón. Este impactará contra el
suelo en primer lugar y, como la colisión es elástica, empezará a subir
a una velocidad v mientras la pelota sigue cayendo con la misma
velocidad. En ese preciso momento, la velocidad relativa entre ellos

es 2*v*. Un instante después, el balón golpea la pelota, lanzándola hacia arriba. El balón, por su parte, seguirá moviéndose hacia arriba con una velocidad *v*, porque la pelota de tenis es tan ligera, en comparación, que su impacto es insignificante. Ahora bien, la colisión de la pelota con el balón también es elástica, lo que implica que los dos objetos mantendrán, necesariamente, la misma velocidad relativa 2*v*, para lo cual la pelota tiene que moverse hacia arriba a una velocidad de 3*v*. Teniendo en cuenta ahora que la altura máxima alcanzada al rebotar es proporcional al cuadrado de la velocidad inicial, se deduce que la pelota de tenis llegará a una altura unas nueve veces mayor que la de su compañero más pesado.

¿POR QUÉ ES OSCURO EL CIELO NOCTURNO?

Esto no es tan obvio como parece. Remontándonos al año 1576, Thomas Digges realizó un sencillo cálculo que sacó a la luz (¡casi literalmente, como veremos!) un famoso enigma en la historia de la ciencia: la paradoja de la oscuridad del cielo nocturno. Ocurre que, si suponemos que la intensidad de la luz de una fuente luminosa decae con el cuadrado de la distancia y que el universo es relativamente homogéneo, de manera que la densidad de estrellas es aproximadamente constante en todas direcciones, y tiene un volumen infinito, un cálculo sencillo da como resultado que la intensidad de la luz de las estrellas debería ser cegadora. Bajo esas condiciones, de hecho, la intensidad de la luz de las estrellas que veríamos sería *infinita*, lo cual contradice lo que conocemos por nuestra propia experiencia diaria (y «nocturnaria») pues si fuera así ¡no tendríamos un cielo nocturno oscuro!

Para entender por qué esto es así, en las condiciones anteriores, supongamos que la densidad del número de estrellas es ρ. Entonces, el número de estrellas contenidas dentro de una capa esférica de radio R y espesor dR viene dado aproximadamente por $4\pi R^2 \rho \, dR$. Ahora bien, la intensidad de la luz de cada estrella es inversamente proporcional a R^2; es decir, $I(R)=I_0/R^2$, de manera que la intensidad de la luz que recibimos de una capa de espesor dR a una distancia R de nosotros es aproximadamente $(I_0/R^2)(4\pi\rho R^2 dR)=4\pi I_0 \rho dR$. Si ahora se integra dR desde 0 hasta ∞, se obtiene $\int_0^\infty 4\pi I_0 \rho \, dR = \infty$. En otras palabras, la luz que nos llega de las estrellas debería tener un brillo infinito. Esto es un problema, obviamente, ya que hay algo que no cuadra.

¿Cuál es la respuesta a este enigma? Una forma de sortear este dilema sería suponer que nuestra ubicación en el universo es especial y que la densidad de estrellas no es constante a través de todo el universo. Newton propuso una solución diferente: que el universo es *finito*. Un cálculo sencillo confirma que esta hipótesis conduce a un resultado que es coherente con nuestras observaciones. Este problema demuestra, más aún, el valor de las paradojas para señalarnos aspectos profundos de la física; en este caso aportando incluso indicios sobre la naturaleza finita del universo.

La resolución moderna de esta paradoja es que el universo se expande. Como consecuencia, la luz, o mejor dicho su longitud de onda, se desplaza hacia el rojo a medida que viaja por el espacio, lo cual hace que su energía disminuya (pues es proporcional a su frecuencia). También sabemos que el universo tiene una edad finita, pues tuvo un principio, lo cual se traduce en que solo la luz de un número finito de estrellas habrá tenido tiempo de llegar hasta nosotros. Estos dos factores se combinan para resolver la paradoja. En otras palabras, incluso si el universo fuera realmente infinito en volumen, el tamaño efectivo del universo accesible para nosotros sería finito. Así pues, ¡el cielo nocturno es oscuro porque la edad del universo es finita!

LAS ECUACIONES DE MAXWELL

Como ya explicamos en el capítulo 1, Maxwell encontró una manera de unificar las teorías de la electricidad y del magnetismo, y sus ecuaciones llevaron a la conclusión de que existen ondas electromagnéticas que se mueven por el espacio vacío a la velocidad de la luz, como decimos en la actualidad. Maxwell, sin embargo, nunca pensó de esta manera. Según su intuición física, las ondas se producen haciendo vibrar algo, alguna sustancia o medio donde propagarse, lo que tiene como consecuencia que no pueden existir ondas en el espacio vacío. Para él, tener una solución a sus ecuaciones en el espacio vacío no tenía ningún sentido, así que intentó encontrar una explicación en términos de un medio hipotético llamado «el éter», que resultó ser errónea. A veces, nuestra intuición puede inducirnos a error en algunos aspectos, mientras que en otros nos lleva por el buen camino.

LA TEORÍA DE LA RELATIVIDAD ESPECIAL

La teoría de la relatividad especial está llena de paradojas, pero podría decirse que la que produce mayor perplejidad es la ley de adición de velocidades. Según la física newtoniana, si un objeto se mueve con velocidad v_1 en un sistema de referencia, entonces en otro sistema de referencia diferente que se mueve con velocidad $-v_2$ con respecto al primero, el objeto debería moverse con una velocidad v_1+v_2. Sin embargo, esto no es correcto, lo cual es especialmente notorio para objetos que se mueven a velocidades muy altas. La fórmula de adición de velocidades correcta, según la teoría de la relatividad especial es

$$v = \frac{v_1 + v_2}{1 + v_1 v_2/c^2},$$

donde c es la velocidad de la luz. En particular, si $v_1 = c$, se obtiene

$$\frac{c + v_2}{1 + v_2/c} = c,$$

independientemente de lo que valga v_2. En consecuencia, ¡la luz tiene la misma velocidad en todos los sistemas de referencia!

Rompecabezas
¿Sería posible, al menos en teoría, fabricar una máquina del tiempo? La idea es diseñar una nave espacial que permita viajar al menos en una dirección en el tiempo. ¿En qué dirección sería posible viajar en el tiempo? Y ¿cómo habría que hacer para fabricar tal artefacto? Proporcione las especificaciones básicas de su diseño si el viaje en el tiempo fuera a durar 1.000 años medidos en la Tierra, y si también le gustaría que tuviera justo la duración para poder ver ¡una película de 2 horas!

Solución

Viajar hacia atrás en el tiempo viola el principio de causalidad y no está permitido en ninguna teoría física. Sin embargo, *sí se puede viajar al futuro* yendo a una velocidad lo suficientemente alta respecto al punto de partida y regresando después. En este ejemplo, la velocidad que se requiere es de aproximadamente $(1-2{,}6\times10^{-14})c$. Esto se deduce de la dilatación del tiempo de la que hablamos en el capítulo anterior, donde el factor de dilatación es $\dfrac{1}{\sqrt{1-v^2/c^2}}$.

Vemos, pues, que el diseño necesario requiere un cohete que pueda viajar a una velocidad tan elevada con respecto a la Tierra. Con esa velocidad podemos viajar a lo largo de un círculo de 1.000 años luz de circunferencia, comenzando y terminando en la Tierra, ¡y tendremos unas 2 horas para ver nuestra película! A lo largo del camino, habremos recorrido sólo 1/50 del radio de nuestra galaxia, la Vía Láctea.

A decir verdad, este procedimiento no es tan poco práctico como parece. Para acelerar la masa de nuestro cuerpo de manera que alcance tales velocidades, solo se necesita una cantidad de energía equivalente a esa masa. Para alguien que pese unos 100 kg, se puede producir esa energía a partir de una fuente de energía nuclear. Y podemos acelerar la nave lentamente, sin matar a quien esté a bordo. ¡Me pregunto por qué esto no se ha llevado a cabo todavía!

Este es el tema de la famosa *paradoja de los gemelos*. Según la teoría de la relatividad especial de Einstein, todos los marcos de referencia inerciales son equivalentes. Así que, ¿cómo puede un gemelo envejecer de manera diferente al otro? La respuesta resulta ser que uno de los gemelos debe someterse a aceleraciones para poder regresar, lo que rompe la simetría entre ambos, como ya apuntamos en el capítulo anterior.

Pensar en este problema puede llevarnos a una paradoja adicional: ¿Y qué ocurriría si el universo fuera *periódico*? Por ejemplo, ¿qué ocurriría si tuviese forma de cilindro y una nave espacial pudiera acabar en la misma posición inicial incluso viajando a velocidad constante siempre en la misma dirección? En ese caso, al no haber ninguna aceleración, ¿qué ocurriría con la paradoja de los gemelos?

La respuesta resulta ser que existiría un marco de referencia *preferido* en el que el universo sería realmente periódico *en el espacio* sin que se produjese ningún desfase temporal a medida que se viajase por el espacio. Y ese es el marco en el que se envejecería más rápido.

PARADOJAS DE LA MECÁNICA CUÁNTICA

La teoría de la relatividad y la mecánica cuántica surgieron hace más de un siglo. Si bien es cierto que la relatividad es extraña, la mecánica cuántica lo es aún más. Cien años después, algunos aspectos de esta materia siguen desconcertando a los físicos más prominentes del mundo, ¡y no se vislumbra ningún avance!

Uno de los primeros hechos desconcertantes que dio origen al advenimiento de la mecánica cuántica fue el problema de la llamada radiación del cuerpo negro. Si consideramos la radiación electromagnética contenida en una cavidad y en equilibrio térmico con sus paredes, la descripción que hace la mecánica estadística clásica de la misma es que, a una temperatura T, cada modo armónico de la radiación en equilibrio térmico tiene una energía $1/2\ kT$, donde k es la constante de Boltzmann. Pero ocurre que hay un número infinito de estos modos para las ondas de la radiación en una caja, por lo que la energía total debería ser infinita. (Obsérvese que esto recuerda un poco al problema de la intensidad infinita de la luz, que analizamos en el contexto del cielo nocturno, que es oscuro en lugar de ser extremadamente brillante). Planck resolvió este dilema sugiriendo que la energía está *cuantizada* en múltiplos de $\hbar\omega$, donde ω es la frecuencia de la radiación, y demostró que esta suposición por sí sola ya es suficiente para resolver la paradoja. Básicamente, lo que sucede es que la contribución de las frecuencias muy altas, que cumplen $\hbar\omega \gg kT$, es insignificante y por lo tanto se tiene un número efectivo de modos que es finito.

Esta intuición de Planck constituyó un paso decisivo para el desarrollo de la mecánica cuántica, que encierra algunos de los aspectos más contraintuitivos de nuestras leyes físicas tal y como las conocemos hoy en día. Los aspectos que resultan antiintuitivos comienzan con los propios postulados de la mecánica cuántica: las partículas tienen también naturaleza ondulatoria, y no podemos determinar los fenómenos físicos con certeza, sino sólo de manera probabilística. Existe una función de densidad de probabilidad para la posición de una partícula, que es el cuadrado de su función de ondas. Así que la incertidumbre en la posición de una partícula no se debe simplemente a las deficiencias de nuestros aparatos de medición, sino que se trata de un aspecto *inherente* a todas las partículas. De hecho, el resultado de un experimento depende de cómo se lleven a cabo las mediciones, y en qué orden, por lo que estas se convierten así en una parte importante de la teoría.

A Feynman se le atribuye haber dicho algo como esto: «Cualquiera que afirme que entiende la mecánica cuántica está mintiendo». De hecho, se puede ser un gran experto en mecánica cuántica, como seguro lo fue Feynman, sin tener un «olfato instintivo» para esta materia. Y de la misma manera, a veces podemos usar un formalismo en física, incluso de manera repetida, sin interiorizar por completo los conceptos subyacentes.

La naturaleza probabilística de la mecánica cuántica plantea algunas cuestiones filosóficas sobre el determinismo y el libre albedrío. Aunque tales conexiones son un tanto especulativas, lo cierto es que la mecánica cuántica es intrínsecamente contraintuitiva. Einstein dio a conocer ampliamente sus objeciones sobre los aspectos probabilísticos de la mecánica cuántica, argumentando que «Dios no juega a los dados con el universo»; a lo que Bohr respondió: «¡Deja de decirle a Dios lo que tiene que hacer!

El Experimento de la Doble Rendija

El experimento de la doble rendija consiste en lanzar partículas contra una pantalla que tiene dos rendijas y luego analizar donde impactan. Como puede verse en la Fig. 72, primero se abre solo la rendija superior, después se abre solo la inferior y, finalmente, se abren ambas rendijas. Cuando ambas rendijas están abiertas, sería de esperar que la distribución de los impactos de las partículas, o lo que es lo mismo, de sus trayectorias, fuera la suma de las distribuciones correspondientes a cuando solo una de las rendijas está abierta, ¡pero *no* es así!

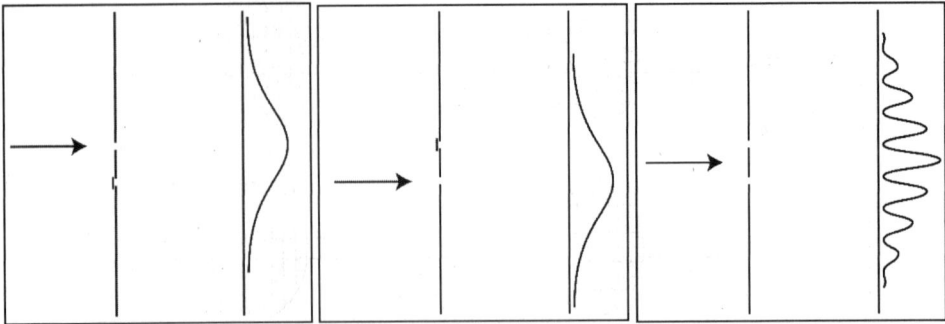

Figura 72. Patrones de interferencia en el experimento de la doble rendija.

Cuando ambas rendijas están abiertas, las partículas individuales no atraviesan solo una de las rendijas, sino que atraviesan *las dos* al mismo tiempo, ¡como ocurre con una onda en el agua! De esta manera, las partículas interfieren consigo mismas dando lugar a un patrón de interferencia. Esto ocurre incluso cuando lanzamos las partículas de una en una: los impactos se acumulan y distribuyen formando un patrón de interferencia. Es casi como si la naturaleza nos estuviese gastando una broma. Ahora bien, si intentamos determinar por qué rendija pasan «realmente» las partículas individuales, por ejemplo, iluminándolas y siguiendo sus trayectorias, descubriremos que cada partícula solo pasa por una de las dos rendijas, pero el precio que pagamos es que ahora ¡el patrón de interferencia desaparece! Así que hemos influido en el experimento. En otras palabras, el acto de realizar una medición afecta al resultado. No podemos desligar el montaje experimental del resultado del experimento, ni podemos ser observadores estrictamente pasivos que no influyan en absoluto en el desarrollo de los acontecimientos. En cierto modo, esto suena casi al psicoanálisis, en el que las respuestas que se obtienen ¡dependen del tipo y del orden de las preguntas que se hacen!

Hay otro ejemplo en la física clásica que guarda ciertas similaridades con este. Se trata de un experimento que se puede llevar a cabo, en el que se intenta pasar luz a través de dos filtros sucesivos hechos de un cristal especial. El resultado es que no se observa nada de luz que atraviese los dos filtros, pero al introducir un tercero del mismo tipo entre los otros dos, de repente se observa que ¡la luz consigue atravesar los tres filtros!

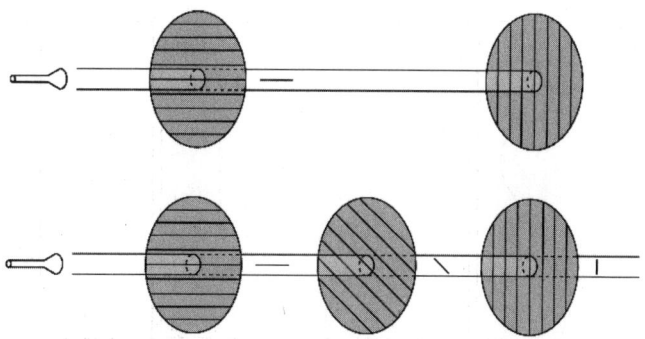

Figura 73. Introducir un polarizador entre los otros dos permite que pase parte de la luz a través del último.

¿Cómo es esto posible? Pues es posible porque esos filtros son *polarizadores*, que hacen que los campos eléctricos y magnéticos de la luz solo oscilen en una dirección determinada. Los dos filtros iniciales tienen ejes de polarización perpendiculares, como podemos ver en la Fig. 73, por lo que la luz que atraviesa el primero no tiene campo eléctrico en la dirección del eje de polarización del segundo filtro y, por consiguiente, no sale ninguna luz a través de este. Sin embargo, colocando un tercer filtro entremedias, y haciendo que su eje forme un ángulo de 45 grados con respecto a los ejes de los otros dos, proyectamos el eje del campo eléctrico en una dirección diferente (véase la Fig. 74). Entonces, en el momento en que la luz llega al último filtro, en lugar de ser su campo eléctrico perpendicular al eje de polarización de este, ahora forma un ángulo de 45 grados y, por tanto, parte de la luz puede pasar a su través[35].

---

35 Curiosamente, los veleros utilizan un principio similar para navegar en contra del viento. El ángulo del timón y el de la vela sirven para cambiar la orientación del velero de manera muy parecida a como se cambian los ejes del campo eléctrico con un polarizador. En este caso, nos encontramos ante una situación aparentemente imposible: viajar en contra de un fuerte viento en una nave que es impulsada por el viento, y que sin embargo puede explicarse de manera bastante sencilla. La mecánica cuántica también suele ser así, salvo que sus explicaciones rara vez son tan sencillas.

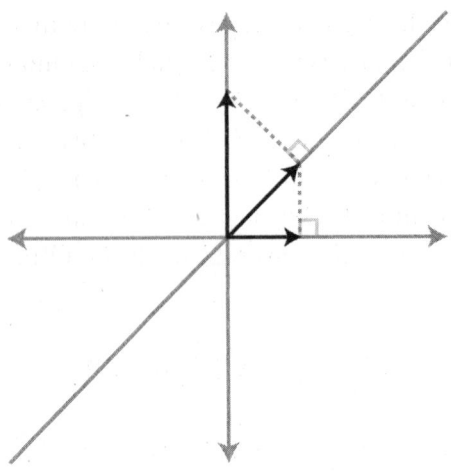

Figura 74. La inserción de un polarizador intermedio permite
girar el eje de polarización de manera gradual.

¿Y cuál es la relación de lo que acabamos de ver con la física cuántica? Consideremos un electrón. Su espín solo puede orientarse hacia arriba o hacia abajo con respecto a cualquier eje. Esto ya es extraño de por sí, pues basándonos en los razonamientos que usamos para comprender el mundo clásico, podríamos pensar que también debería haber espines «intermedios», no solo hacia arriba o hacia abajo. Pero esto no es así; para cada dirección que se elija, el espín del electrón a lo largo de ese eje está cuantizado y solo resulta estar hacia arriba o hacia abajo. Imaginemos que realizamos un experimento en el que le preguntamos a un electrón, a través de una medición, si tiene el espín hacia arriba o hacia abajo. Si se hace esta pregunta con respecto a dos ejes diferentes, digamos el eje x y el eje y, obligamos a los espines a que se orienten en esas direcciones. Así, si se mide que el espín del electrón está hacia arriba con respecto al eje x y luego se mide con respecto al eje y, la probabilidad de que esté hacia arriba o hacia abajo a lo largo de este eje es la misma.

Sin embargo, si se mide el espín de un electrón con respecto a un eje intermedio; por ejemplo, el dado por la recta $x=y$, antes de medir su espín a lo largo del eje y, se obliga al electrón a elegir una dirección del espín a lo largo de este eje intermedio, espín que tenderá más a estar hacia arriba que hacia abajo. Entonces, si a continuación se mide el espín a lo largo del eje *y* se encuentra una mayor probabilidad de que esté hacia arriba, por lo cual se ha modificado el resultado de la medición final. Lo que vemos es algo análogo al ejemplo anterior relativo a las ondas de la luz en la física clásica: al añadir un tercer filtro, cuyo eje de polarización estaba inclinado 45 grados, proyectamos el campo eléctrico en esa nueva dirección, lo que cambió la cantidad de luz que atravesaba el último filtro.

LA PARADOJA EPR

Einstein rechazó de manera manifiesta algunos de los principios de la mecánica cuántica e intentó idear experimentos mentales para refutarla. Uno de ellos es la «Paradoja de Einstein-Podolsky-Rosen (EPR)». Imaginemos que una partícula de espín cero (por ejemplo, un pión) se desintegra produciendo dos partículas (por ejemplo, un electrón y un positrón). Como la partícula original tenía espín cero, el espín total de las dos partículas resultantes también tiene que ser cero. Por tanto, si el espín de una está hacia arriba (respecto a cualquier eje que se tome como referencia), el espín de la otra debe estar hacia abajo (véase la Fig. 75). Pero como estamos hablando de mecánica cuántica, no está determinado, a priori, cuál de estos espines está hacia arriba o hacia abajo. De hecho, ¡se encuentran en un estado de superposición de las dos posibilidades! hasta que se lleve a cabo una medición en algún experimento que deshaga la superposición.

Supongamos ahora que la desintegración tuvo lugar hace mucho tiempo y las dos partículas que se crearon salieron volando en direcciones opuestas, pero aún nadie ha medido su espín. Entonces alguien decide realizar un experimento con una de las partículas para averiguar cuál es su espín respecto a un eje. Si lo consigue, entonces podrá predecir el resultado de un experimento similar con la otra partícula con absoluta certeza, porque esa otra partícula tendrá el espín opuesto. En otras palabras, esa persona está determinando el resultado de un experimento en un lugar lejano que otro científico o científica podría estar realizando en ese mismo instante[36]. Einstein llamó a esta idea extraña «acción fantasmal a distancia».

---

36   Algunos físicos han propuesto que el entrelazamiento entre partículas, objeto

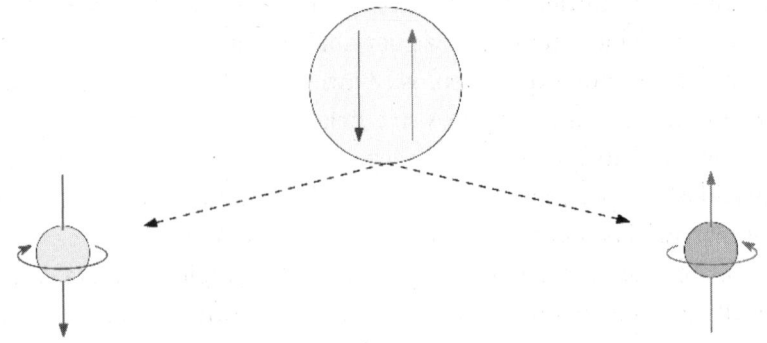

Figura 75. Como la partícula original tenía espín cero, el espín total de las dos partículas resultantes también tiene que ser cero. Pero, hasta que se lleve a cabo una medición, no está determinado cuál de estos espines está hacia arriba o hacia abajo, ya que se encuentran en una superposición de las dos posibilidades.

En efecto, el concepto de no-localidad en las mediciones es un aspecto muy contraintuitivo de la mecánica cuántica. En ella, los estados y destinos de las dos partículas están entrelazados, lo que significa que medir una de ellas influye directamente sobre la otra, como si de una medición se tratara, incluso aunque esta última se encuentre muy lejos y completamente fuera del alcance de los investigadores.

Einstein encontró esta idea totalmente insatisfactoria, y trató (junto con otros físicos) de idear alternativas a la mecánica cuántica en las que los aspectos probabilísticos surgiesen, no porque *así se comporta la naturaleza*, sino simplemente debido a falta de información precisa sobre el estado de los sistemas cuánticos, como suele ocurrir también con los modelos estadísticos. Así que propuso que debían existir unas variables ocultas de las que no disponíamos de información, pero tales que, si pudiéramos disponer de ella, sería posible hacer una predicción exacta de los resultados de los experimentos en lugar de limitarnos a calcular sus probabilidades.

---

de la paradoja EPR, podría utilizarse para enviar información más rápido que la velocidad de la luz c. Pero esto no es posible y, de hecho, la paradoja EPR solo pone de manifiesto que la física cuántica no es local.

Años más tarde, John Bell encontró una manera excelente de poner a prueba la teoría de las variables ocultas cuantitativamente, formulando unos experimentos según los cuales la mecánica cuántica predeciría un resultado y la teoría de las variables ocultas predeciría otro diferente (con independencia de cuáles fueran esas variables). Experimentos del tipo de los propuestos por Bell han confirmado las predicciones de la mecánica cuántica[37], descartando así las teorías de variables ocultas por observación directa. Como resultado, tenemos que convivir con esta extraña teoría con la que Einstein nunca se sintió cómodo.

A pesar del éxito cosechado por la mecánica cuántica a la hora de explicar nuestro mundo, de maneras que a menudo desafían la intuición, las cuestiones relativas a la teoría de la medición siguen sin resolverse. Algunos físicos especulan con la posibilidad de que la gravedad cuántica aporte algo de luz a esta cuestión.

LA INDISTINGUIBILIDAD EN MECÁNICA CUÁNTICA

Otro aspecto nada intuitivo de la mecánica cuántica es la indistinguibilidad de las partículas elementales. Si yo tengo un electrón y usted tiene otro y los metemos en una caja con otros electrones, ninguno de nosotros puede «etiquetar» sus electrones para poder identificarlos después entre todos los demás. Es imposible distinguir un electrón de otro. Esto se deduce de una simetría de la función de ondas conjunta, la simetría de intercambio de partículas idénticas, que significa que si tenemos un electrón en un punto concreto y lo intercambiamos con otro electrón que se encuentra en otro punto diferente, nada cambiará en cuanto a la física. Podríamos ir un poco más lejos y decir que la naturaleza es democrática en algunos aspectos. Todos los electrones del universo son idénticos, y todos son indistinguibles; ¡no hay trato preferente hacia ningún electrón con respecto de otro!

---

37   El más relevante, debido a Alain Aspect y su equipo, se publicó en 1982.

LOS AGUJEROS NEGROS

Los agujeros negros son soluciones de las ecuaciones de Einstein de la relatividad general que tienen singularidades. En efecto, una de las consecuencias de esta teoría es que, cuando se acumula una cantidad suficiente de materia en un volumen dado, se forma un agujero negro. Por ejemplo, si se consiguiera comprimir toda la masa de nuestro Sol en una región con un radio inferior a unos pocos kilómetros, se obtendría uno de ellos. La velocidad de escape necesaria para poder salir de un agujero negro superaría la velocidad de la luz. Como consecuencia, una vez dentro nada puede escapar, ni tan siquiera la luz; por eso se llaman agujeros negros. El borde exterior del agujero negro, que marca la zona de no retorno, se denomina *el horizonte de sucesos*.

Se cree que existen agujeros negros supermasivos en el centro de muchas galaxias, incluida la nuestra. Los astrónomos han encontrado sobradas evidencias de la existencia de los agujeros negros analizando la materia que se encuentra a punto de caer en su interior. Además, aunque no se han hecho observaciones directas de agujeros negros, el proyecto internacional «Event Horizon Telescope» (Telescopio de Horizontes de Sucesos) ha logrado componer imágenes de la «sombra» de algunos agujeros negros supermasivos, desde 2018, mediante un procesado muy sofisticado de datos obtenidos por una decena de radiotelescopios distribuidos por todo el planeta. Por otro lado, las ondas gravitatorias que se liberan durante la fusión de dos agujeros negros se están detectando y analizando desde 2015 en el experimento LIGO y otros.

Aunque los científicos seguimos aprendiendo mucho sobre los agujeros negros, estos objetos no se comprenden demasiado bien desde el punto de vista teórico. De hecho, hemos pasado los últimos 30 años intentando responder a la pregunta de qué sucede cuando algo cae en un agujero negro, y todavía no lo sabemos a ciencia cierta. Las ecuaciones de Einstein de la relatividad general nos dicen, a este respecto, que si un objeto cae en un agujero negro llegará a la singularidad situada en su interior, una zona de curvatura infinita, en un tiempo finito (véase la Fig. 76). En cuanto a lo que sucede en la singularidad, nadie lo sabe y todas las apuestas están echadas.

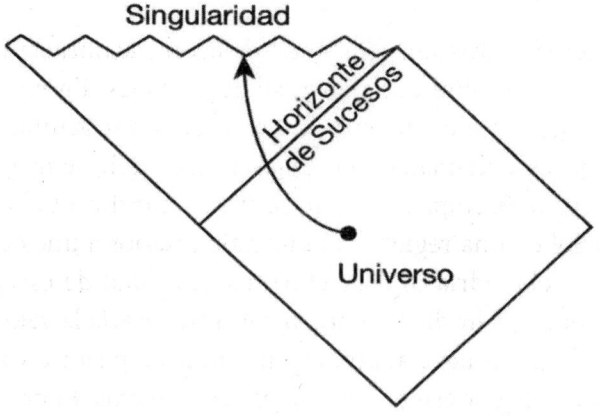

Figura 76. Es posible cruzar el horizonte de sucesos de un agujero negro y llegar a la singularidad en un tiempo finito.

El que las soluciones a las ecuaciones de Einstein muestren que la curvatura del espacio-tiempo se hace infinita en algunos puntos, es un indicio de que esta teoría, la relatividad general, no es adecuada por sí sola para describir los agujeros negros en su totalidad. El propio Einstein se negaba a creer que los agujeros negros pudieran existir, aunque ahora estamos prácticamente seguros de que realmente existen. Más aún, muchos físicos piensan en la actualidad que para encontrar una solución a estas singularidades de curvatura que se hallan en el corazón de los agujeros negros, necesitamos una teoría más amplia que combine la relatividad general con la mecánica cuántica.

El desarrollo de esta teoría ha resultado ser un reto muy difícil, aunque se han logrado avances considerables. A este respecto, hay que destacar el trabajo de Stephen Hawking, que demostró hace medio siglo, aproximadamente, que los agujeros negros pueden emitir radiación térmica debido a efectos cuánticos: la denominada «radiación de Hawking». Además, basándose en trabajos previos de Bekenstein, Hawking demostró que el área de la superficie de un agujero negro está directamente relacionada con su entropía (la contenida en su interior), que, a su vez, está relacionada con su masa.

La llamada «paradoja de la información» tiene su origen en el hecho de que los objetos que caen en un agujero negro no pueden salir de él. Pero un agujero negro irradia energía térmica, como nos explicó Hawking, lo que implica que acabará desapareciendo, sin liberar ninguna información y destruyendo así toda la que llevaban los objetos que cayeron en él. Esto plantea un problema potencialmente grave, dado que la mecánica cuántica sostiene que la información no puede perderse. En la actualidad, la mayoría de los físicos pensamos que esa información puede recuperarse de algún modo, pero no sabemos lo suficiente sobre el interior de los agujeros negros como para explicar el mecanismo que nos permitiría recuperarla. Esta es una de las muchas razones por las que los agujeros negros se cuentan entre los objetos más enigmáticos, desconcertantes y antiintuitivos que existen en el universo.

HOLOGRAFÍA

Los hologramas son imágenes bidimensionales que crean la ilusión de ser tridimensionales. La holografía, en un sentido más amplio, trata de sistemas que poseen una dimensión del espacio menos que la que aparentan. ¿Y qué tiene esto que ver con los agujeros negros? Bueno, hemos dicho que la entropía de un agujero negro está relacionada con el área de su superficie, y no con su volumen. Así que en este caso parece que falta una dimensión, como si toda la información del interior del agujero negro estuviera codificada secretamente en su superficie u horizonte de sucesos, lo cual es exactamente lo que sucede en un holograma (véase la Fig. 77). De esta manera, un problema en el espacio de tres dimensiones se reduce sin más a un problema en dos dimensiones.

Esta línea de pensamiento se ha convertido en una importante fuente de inspiración para los físicos que están intentando encontrar una relación entre la gravedad, en un cierto contexto, y un sistema físico de una dimensión inferior. El principio que se aplica aquí, conocido como holografía, se halla en la base de algunos de los trabajos más fascinantes de la física teórica actual. Y es justo reconocer que gran parte del ímpetu que motivó estos trabajos surgió del estudio de los agujeros negros, esos objetos imposibles que emergieron por primera vez a partir de unos cálculos realizados en 1915 y que hoy en día parecen más importantes de lo que nunca antes hubiéramos podido imaginar.

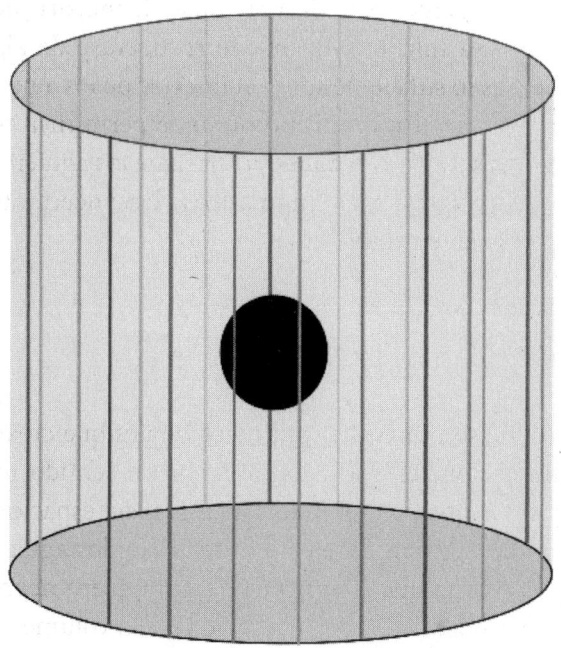

Figura 77. Los objetos que se encuentran en el interior del cilindro, incluidos los agujeros negros, pueden describirse desde la perspectiva del borde del cilindro. Este es el concepto de holografía, introducido originalmente por Gerard 't Hooft y Lenny Susskind.

8. Naturalidad en la Física: Análisis Dimensional

UNA ANÉCDOTA INSTRUCTIVA

Un profesor enunció en clase el siguiente teorema. Si M es una matriz cuadrada $n \times n$, entonces $P(\lambda)=det(\lambda I - M)$ es un polinomio de grado n en λ, llamado *polinomio característico* de M. Si en este se sustituye λ por la matriz M, entonces se cumple que $P(M)=0$, lo que se conoce como el *Teorema de Cayley-Hamilton*. En otras palabras, una matriz anula su propio polinomio característico.

Un alumno preguntó por qué esta afirmación era cierta, y el profesor respondió: «Si una matriz no anula su propio polinomio característico, entonces ¿el polinomio característico de qué matriz va a anular?».

Esta anécdota se presenta como si se tratase de un chiste, aunque de carácter bastante técnico. Y aunque no nos haga reír a carcajadas, la anécdota tiene un cierto valor pedagógico ya que alude a la noción de «naturalidad», que resulta ser el tema en el que nos vamos a enfocar en este capítulo.

ÓRDENES DE MAGNITUD

Lo que los físicos queremos decir con el término «natural» es, por lo general, que esperamos que las leyes de la física se comporten de manera razonable. Como es bien sabido, los *órdenes de magnitud* denotan las potencias de 10. Sin embargo, en lo que respecta a la naturalidad, es habitual que los físicos consideremos natural, o de orden 1, los números comprendidos dentro de un factor 100, hacia arriba o hacia abajo, e incluso un factor 1.000, dependiendo del problema o situación de la que se trate.

Empecemos con un ejemplo extraído de la vida cotidiana. Supongamos que alguien le pregunta: ¿a cuántas personas le ha dado usted la mano[38] en la última semana? ¿Puede que a cinco, diez o veinte? Los físicos consideraríamos que este número, situado entre 1 y 100, es de orden 1. También es posible que usted haya estrechado la mano de miles de personas; por ejemplo, si es un político en busca de una nueva reelección, o una celebridad que está firmando libros. O puede que no haya dado la mano a nadie, pero lo más probable es que ese número genérico, de orden 1, se corresponda con la realidad.

Este es un ejemplo de estimación de un orden de magnitud. A menudo ocurre en física que queremos estimar una cantidad con una precisión razonable, pero nos gustaría poder hacerlo de forma rápida, sin tener que complicarnos tratando de averiguar el número exacto. Por este motivo, es muy útil hacer estimaciones de los órdenes de magnitud. En las secciones que siguen veremos algunos ejemplos más de estas estimaciones.

En la física aparecen muchas constantes adimensionales, números como 2, e, π,... Todas ellas son de orden 1, y a los físicos nos complace integrarlas en nuestras fórmulas. Por otro lado, siempre que veamos una fórmula con una constante disparatada, como 10^{25}, hay que poner cara de circunstancias y desconfiar; o al menos preguntarnos de dónde ha salido ese número. Esta es, en mi opinión, una tendencia muy acertada en el campo de la física, ya que facilita la vida a los profesionales a la vez que inyecta cierta dosis de sensatez a toda la disciplina.

Sin embargo, este argumento en concreto carece de sentido para las magnitudes físicas dimensionales, que se miden en unidades (de longitud, tiempo, etc.), pues siempre podemos redefinir la escala de estas unidades como queramos. Así que lo que explicábamos sobre las estimaciones solo es aplicable a cantidades que no tienen dimensiones. En otras palabras, lo que estamos diciendo es simplemente

---

38   Esta pregunta se le hizo antes de la pandemia del COVID-19.

que se espera que las cantidades adimensionales sean de orden 1: esto es lo natural. En realidad, se trata de un principio filosófico, y quizás también estético, que no puede justificarse solo con razonamientos, pero que está avalado por la experiencia.

ANÁLISIS DIMENSIONAL

Supongamos que estamos interesados en una magnitud física que es igual a una constante # multiplicada por $A^a B^b C^c$, donde A, B y C tienen dimensiones independientes y la constante # es adimensional:

$$\text{Magnitud} = \# A^a B^b C^c.$$

Por lo general, podemos recurrir al análisis dimensional para averiguar cuáles deben ser a, b y c. Esta estrategia puede resultar muy eficaz cuando sabemos que la magnitud en cuestión depende de muy pocos parámetros y que existe una única combinación de estos que nos proporciona la magnitud con la dimensión correcta. Hay que señalar que no podemos determinar la constante #, pero es de suponer y esperar que sea de orden 1.

Rompecabezas
En un episodio del programa *MythBusters* del canal de TV Discovery se intenta recrear una escena de una película en la que un autocar va por un puente en el que se ha producido un hundimiento y tiene que saltar por encima de una brecha que se ha abierto de varios metros para cruzar al otro lado. Para ello, se construye un modelo a escala 1:15 del autocar y del puente. La pregunta ahora es en qué factor hay que reducir la velocidad del autocar, que es de 100 km/h, para lograr una recreación realista del salto del autobús. Esta velocidad sería, en principio, la mínima necesaria para que el autocar pueda salvar el precipicio y llegar al otro lado del puente. Se pide, además, no utilizar ninguna ecuación de la mecánica, sino solo el hecho de que este factor depende únicamente de g (la aceleración debida a la gravedad), v (la velocidad del autocar), y L (la longitud de la brecha en el puente).

Solución

El factor de escala debe ser $1/\sqrt{15}$. ¿Por qué? Sea $v(g,L)$ la velocidad mínima necesaria para que el autocar pueda saltar hasta el otro lado de la brecha, digamos la velocidad crítica en el momento del salto. Esta velocidad dependerá de g y L; así que podemos escribir

$$v \propto g^{\alpha} L^{\beta}.$$

Ahora bien, la velocidad tiene dimensión de longitud dividida por tiempo, L/T; g tiene dimensión de longitud dividida por tiempo al cuadrado, L/T^2; y L tiene dimensión de longitud L. Por lo tanto, es de esperar que $v^2 \propto gL$, de donde se deduce que

$$v \propto \sqrt{gL}.$$

En consecuencia, $v \propto \sqrt{L} = 1/\sqrt{15}$, que resulta ser una fórmula bastante aceptable, aunque con una imprecisión de orden 1.

De hecho, se puede calcular la distancia horizontal L recorrida por una partícula lanzada con una velocidad v que forma un ángulo θ con la vertical. Esta resulta ser $L \sim v^2 \text{sen} 2\theta/g$. Para valores normales de θ, la constante $\text{sen} 2\theta$ es, de nuevo, de orden 1.

RADIACIÓN DE CARGAS ACELERADAS

Si una carga eléctrica se acelera, emite luz; es decir, radiación electromagnética. Vamos a probar a usar el análisis dimensional para estimar la potencia de la luz irradiada. Para comenzar, recordemos que la potencia es energía dividida por tiempo. La potencia de la luz irradiada, $P(q,a,c)$, es una función de la carga q, la aceleración a y la velocidad de la luz c. Las magnitudes físicas relevantes aquí son:

1. La fuerza de Coulomb $F \sim q^2/r^2$, y la energía $E = F \cdot r \sim q^2/r$, por lo cual q^2 se expresa en unidades de $E \cdot L$.

2. La potencia $P(q,a,c)$, que se expresa en unidades de $E/T = q^2/(LT)$.

3. La velocidad de la luz c, que se expresa en unidades de L/T.

4. La aceleración a, que se expresa en unidades de L/T^2.

Si utilizamos ahora argumentos de análisis dimensional, obtenemos $T \sim c/a$ y $L \sim c^2/a$. Así que, basándonos en la única combinación que da la dimensión correcta, podemos estimar que la potencia debe ser proporcional a:

$$P(q, a, c) \sim \frac{q^2 a^2}{c^3}.$$

Y ¿cuál es la respuesta correcta? Pues resulta que solo nos falta un factor 2/3:

$$P(q, a, c) = \frac{2q^2 a^2}{3c^3}.$$

Esta expresión se conoce como fórmula de Larmor. Vemos pues que, también en este caso, nuestra estimación solo se desvía de la respuesta exacta en un factor de orden 1.

ESCALAS Y TEORÍAS DE CAMPOS CONFORMES

Tomemos una región de un plano y girémosla alrededor de un eje para obtener un objeto tridimensional, como en la Fig. 78. Si su longitud a lo largo del eje es L, entonces podemos suponer que el volumen del objeto resultante será proporcional a L^3, con una constante de proporcionalidad de orden 1. Esta suposición podría ser errónea si la figura fuese «patológica» o degenerada, pero en general es correcta.

Si tenemos una patata y la hacemos 10 veces más grande (en sus tres longitudes), ¿cómo cambiaría su peso? Pues aumentaría exactamente en un factor 10^3. La razón es que si se multiplican todas las longitudes de un objeto (que tenga una forma bien definida) por una constante λ, el volumen del objeto se multiplicará por λ^3. Este es un resultado matemático preciso sobre las dimensiones de los objetos, y conduce al siguiente rompecabezas.

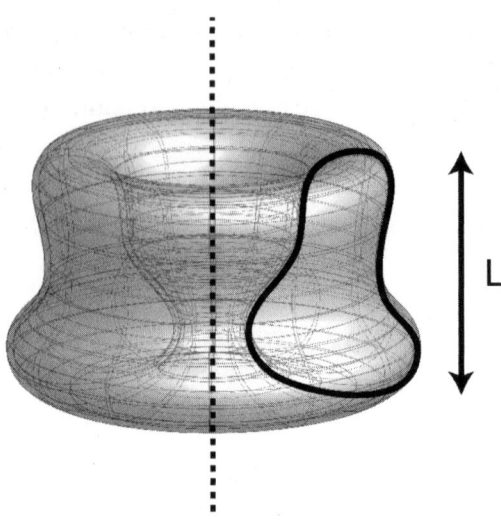

Figura 78. Haciendo girar una curva de longitud L alrededor de un eje cercano se obtiene un objeto con un volumen de orden L^3.

Rompecabezas

Supongamos que aumentamos la escala de los seres humanos en un factor 100, sin cambiar el material del que estamos hechos. ¿Habría algún problema?

Solución

De acuerdo con lo expuesto, el peso aumentaría un millón (10^6) de veces. Sin embargo, la resistencia de los huesos no cambiaría, por lo que nuestros pies podrían tolerar más peso pero solo de manera proporcional al aumento de su sección transversal, que varía de forma cuadrática con la escala; en este caso en un factor 10^4. Esto tendría como consecuencia que los huesos de los pies se colapsarían casi con total seguridad, al tener que soportar una presión cien veces mayor que la habitual ($10^2 = 10^6/10^4$).

Vemos pues, que nuestro universo no es invariante bajo cambios de escala. Nuestros cuerpos tienen un tamaño bien definido (dentro de ciertos límites, claro está), los átomos tienen un tamaño bien definido, y las estrellas tienen un tamaño bien definido (de nuevo, dentro de ciertos límites). Estamos tan acostumbrados a este hecho, que nos parece un tanto obvio. Sin embargo, existen teorías en física que son *invariantes* bajo cambios de escala; son las llamadas «teorías de campos conformes». En estas teorías, las magnitudes de interés se transforman de manera sencilla bajo los cambios de escala del universo. Y carecen de objetos o elementos con masa, porque la masa definiría una escala, como se verá más adelante. Así que una teoría sin escalas es, en cierto modo, una teoría mucho más simple.

UNIDADES FUNDAMENTALES

En física, tenemos que trabajar necesariamente con magnitudes que se miden y expresan en unidades. Las magnitudes dimensionales fundamentales e independientes son tres: la longitud (L), el tiempo (T) y la masa (M). Además, hay muchas otras magnitudes con dimensiones, como la carga eléctrica y la temperatura, pero no son independientes. La carga eléctrica, por ejemplo, puede expresarse en términos de la constante de Planck $\hbar$ y la velocidad de la luz c, de las que hablaremos después. La temperatura puede expresarse en términos de la energía a través de la fórmula $E = kT$, donde k es la constante de Boltzmann y T la temperatura. Esta constante k es muy útil en la termodinámica, pero no añade una nueva dimensión a la física. En efecto, los físicos podríamos haber seguido hablando de la temperatura en términos de julios, una unidad de energía, sin mencionar para nada k, aunque no suele haber nada en contra de elegir una expresión más apropiada según el contexto de que se trate. También ha sucedido, en ciertas ocasiones, que algunos físicos creyeron haber encontrado una nueva magnitud fundamental, para luego descubrir que estaba relacionada con las tres anteriores.

Y ¿por qué hay sólo tres magnitudes fundamentales con dimensiones independientes: L, T y M ? Yo no conozco ninguna explicación profunda de este hecho; parece tratarse de una característica intrínseca de nuestro universo sin más. Ahora bien, hay que señalar que se podrían elegir otras tres combinaciones independientes de L, T y M para usarlas como magnitudes fundamentales, pero no importa cómo se las elija, siempre habrá tres y solo tres.

Un resultado sorprendente de la física moderna es que la naturaleza parece elegir sus propias unidades fundamentales con las que expresar L, T y M. Ocurre que estas tres unidades están relacionadas con tres campos fundamentales de la física: la mecánica clásica, el electromagnetismo con la relatividad especial, y la mecánica cuántica. Lo que queremos decir con esto es que cada una de estas materias introduce una unidad fundamental, una constante de la naturaleza, y las tres constantes constituyen las tres unidades fundamentales de la naturaleza:

1. Newton introdujo la constante de la gravitación, G.

2. El electromagnetismo y la relatividad especial introdujeron la velocidad de la luz, c.

3. La mecánica cuántica introdujo la constante de Planck, $\hbar$.

Pues bien, resulta que las constantes G, c y $\hbar$ son independientes entre sí en lo que se refiere a sus dimensiones, por lo que podemos escribir L, T y M en función de ellas. Veamos primero cómo obtener las dimensiones de G, c y $\hbar$:

1. De la segunda ley de Newton, $F = ma$, podemos escribir las dimensiones de la fuerza de atracción gravitatoria como $\left[\frac{GM^2}{L^2}\right] = M\frac{L}{T^2}$, de donde se deducen las dimensiones de G: $[G] = \frac{L^3}{MT^2}$.

2. Las dimensiones de c son: $[c] = \frac{L}{T}$.

3. De la ecuación de Planck $E = \hbar\omega$ (donde ω es la frecuencia de las ondas electromagnéticas en unidades de $1/T$) y, teniendo en cuenta que $E = mc^2$, se obtienen las dimensiones de $\hbar$: $[\hbar] = \frac{ML^2}{T}$.

Estas tres constantes son independientes, como decíamos, lo cual se puede comprobar fácilmente. Por ejemplo, el producto de $[G]$ por $[\hbar]$ elimina M, pero queda L^5/T^3, que es independiente de $[c]$ en el espacio L-T (longitud-tiempo).

Vamos a despejar ahora L, T y M en términos de estas nuevas unidades fundamentales:

1. $L \sim \sqrt{\frac{\hbar G}{c^3}}$. Se denomina «longitud de Planck».

2. $T = \frac{L}{[c]} \sim \sqrt{\frac{\hbar G}{c^5}}$. Se denomina «tiempo de Planck».

3. $M = \frac{[\hbar t]}{L^2} \sim \sqrt{\frac{\hbar c}{G}}$. Se denomina «masa de Planck».

Nuestro sistema de unidades preferido en la física teórica se obtiene tomando las tres constantes iguales a 1. Esto nos proporciona el elegante, a la vez que práctico, sistema de medidas denominado sistema de unidades naturales o unidades de Planck.

1. La longitud de Planck es igual a $1{,}6 \times 10^{-35}$ m.

2. El tiempo de Planck es igual a $5{,}4 \times 10^{-44}$ s.

3. La masa de Planck es igual a $2{,}2 \times 10^{-8}$ kg.

La longitud y el tiempo de Planck son de escala subatómica, pero la masa de Planck es enorme en comparación, equivalente a unos 10^{19} protones, aunque sigue siendo pequeña comparada con las escalas a las que estamos acostumbrados en la vida cotidiana.

Pero, un momento. La carga e del electrón también parece fundamental, ¡y aún no la hemos tenido en cuenta! Esto significa que una de estas cuatro constantes no es fundamental. Bueno, pues ocurre que e tiene las mismas unidades que $\hbar c$ (se recomienda al lector que lo compruebe). En términos de las unidades de Planck, e es sólo un número y podemos indagar si es grande o pequeño. Pues bien, resulta que e^2 es de orden 1 en estas unidades naturales:

$$\frac{e^2}{\hbar c} \approx \frac{1}{137} \, .$$

Este número se denomina la *constante de estructura fina* α. Algunos físicos han intentado elaborar modelos que expresen este número en términos de constantes matemáticas fundamentales, como π, e (base de los logaritmos neperianos), etc., sin ningún éxito. Pero, de todos modos, ocurre que α no es tan fundamental como podríamos pensar porque la electrodinámica cuántica nos explica que la carga del electrón aumenta a medida que las distancias se hacen más cortas y disminuye a medida que las distancias se incrementan (como comentamos en el capítulo 3).

Acertijo
¿Cuál es la energía mínima de una partícula de masa m situada en una caja de longitud L? Según la mecánica clásica, esta energía debería ser cero porque la partícula se encontraría inmóvil en su estado de mínima energía. Sin embargo, la mecánica cuántica establece que las partículas «inmóviles» poseen cierta energía debido a que experimentan fluctuaciones cuánticas. Pues bien, se pide usar el análisis dimensional para estimar el orden de magnitud de esta energía mínima E, sabiendo que solo depende de m, L y $\hbar$.

Solución
Podemos definir una unidad de energía a partir de las unidades naturales. Recordemos que $\hbar = [ET] = \frac{ML^2}{T}$, por lo cual, $T = \frac{ML^2}{\hbar}$. Y como $E = M\frac{L^2}{T^2}$, obtenemos:

$$ E = \#\frac{\hbar^2}{mL^2}. $$

La constante resulta ser $\# = \pi^2/2$ para la energía del estado fundamental (el estado de mínima energía); de nuevo, un número de orden 1. En mecánica cuántica, las partículas confinadas no pueden ser absolutamente estacionarias debido al principio de incertidumbre de Heisenberg. De hecho, vemos que al disminuir L aumenta la energía ya que la partícula se encuentra más confinada.

También podemos ver que cuando la constante de Planck tiende a cero ($\hbar \rightarrow 0$), la energía mínima E también tiende a cero. Este resultado coincide con el de la física clásica. En general, reproducir los resultados clásicos a partir de la mecánica cuántica en el límite $\hbar \to 0$, se denomina el *principio de correspondencia*.

AGUJEROS NEGROS

Los agujeros negros se cuentan entre los objetos más enigmáticos del universo. Pero, ¿podemos calcular algunas cantidades básicas sobre ellos simplemente usando el análisis dimensional y la naturalidad? Al resolver el siguiente acertijo verá que esto es, en efecto, posible.

Acertijo
¿Cuánto hay que contraer el Sol para que se convierta en un agujero negro? Sabemos que la respuesta a esta pregunta implica a la gravedad, descrita por la relatividad general, que predice la existencia de agujeros negros. Por tanto, la respuesta tiene que depender de la masa M del agujero negro y de G y c, que son las constantes características de la relatividad general.

Solución
Tenemos que buscar una manera de escribir el radio del agujero negro, R, que es una longitud, en términos de G, M y c. Como puede comprobarse fácilmente, esto sólo puede hacerse de una única manera:

$$R \sim \frac{GM}{c^2}.$$

Pues bien, tras *mucho* trabajo, que incluye resolver las ecuaciones de Einstein, se puede obtener la solución exacta:

$$R = 2\frac{GM}{c^2}.$$

Este es el llamado *radio de Schwarzschild*. Con esta fórmula, se puede calcular que si el Sol colapsara hasta convertirse en un agujero negro, su radio sería de 2,95 km.

¿Y qué hay de la *entropía* de un agujero negro? En 1972, Bekenstein argumentó que debería ser proporcional al área de su horizonte de sucesos, y poco después Hawking calculó la fórmula exacta, a la que se denomina «entropía de Bekenstein-Hawking».

Rompecabezas
Estimar la entropía de un agujero negro de masa M usando el análisis dimensional.

Solución
Como la entropía es una magnitud física adimensional, proporcional al logaritmo del número de configuraciones posibles de un sistema dado, el primer paso consiste en obtener una cantidad adimensional a partir del área A del horizonte del agujero negro, dividiendo esta por la longitud de Planck al cuadrado. En otras palabras, queremos expresar el área, $A = 4\pi R^2$, en unidades de Planck. Se encuentra:

$$S_{BH} \propto \frac{A}{l_{planck}^2} \propto 16\pi \, \frac{G^2 M^2}{c^4} \frac{c^3}{\hbar G} = 16\pi \, \frac{GM^2}{\hbar c}.$$

Hawking calculó, en 1974, que la constante de proporcionalidad debería ser 4π, lo que hace que S_{BH} sea exactamente igual a un cuarto de A en unidades de Planck:

$$S_{BH} = 4\pi \frac{GM^2}{\hbar c} = \frac{A}{4}.$$

SIMETRÍAS Y NATURALIDAD

Antes dijimos que los físicos suelen sentirse incómodos con los números que no sean de orden 1. Sin embargo, no siempre es así. Los físicos aceptarán un número muy pequeño, incluso diminuto, si el sistema físico se encuentra muy cerca de un punto simétrico y su simetría se viese reforzada en el caso en que ese número desapareciera (es decir, se hiciese cero). Así que podríamos considerar natural un número tan pequeño porque está muy cerca del punto simétrico. En tales casos diríamos que ese número está «protegido» por la simetría, y trataríamos el problema en cuestión como si el sistema físico estuviera realmente en el punto simétrico.

Esta cuestión puede ilustrarse con el siguiente ejemplo. Supongamos que la Tierra fuera perfectamente esférica y que gozase de una simetría de rotación exacta. ¿A qué distancia se encontraría el centro de masas del centro de la esfera? En esta situación, es evidente que esa distancia sería cero, debido a la simetría.

Imaginemos ahora que una persona está de pie sobre la superficie de la Tierra, lo que altera la supuesta simetría esférica perfecta. Sea Δ la distancia entre el centro de masas y el centro de la esfera, y R el radio de la Tierra. El centro de masas se desplaza ahora una pequeña cantidad proporcional al cociente entre la masa de la persona y la masa de la Tierra, que es insignificante (≈ 0). Así pues, la distancia entre el centro de masas y el centro de la esfera es una cantidad microscópica, tan pequeña que resulta prácticamente despreciable, porque está protegida por la simetría esférica de la Tierra. En tal caso, el hecho de que Δ/R sea tan pequeño, y no de orden 1, no nos sorprende.

Por cierto, resulta que algunas personas han medido realmente la distancia entre el centro de masas de la Tierra y el «centro de la Tierra» (aunque es bastante complicado definir con precisión el significado de este último). Según ellas, esta distancia es de unos 10 cm, lo que corresponde a $\Delta/R \approx 10^{-8}$. Este es otro ejemplo de una cantidad que es muy pequeña debido a que está protegida por una simetría aproximada.

En el próximo capítulo exploraremos más ideas como ésta. Por ejemplo, los físicos a menudo nos preguntamos por qué la masa del protón es tan pequeña, unas 10^{19} veces menor que la masa de Planck. Este es otro número exageradamente pequeño, y nos gustaría explicarlo de alguna manera.

Por otro lado, existen numerosas candidatas a «unidades fundamentales», como el tamaño del protón o la longitud y edad del universo. ¿Por qué no se toman como unidades fundamentales de la naturaleza? Y ¿cuál es la relación entre esos números, si es que existe alguna? Dirac exploró estas cuestiones en la primera mitad del siglo XX, intentando comprender de dónde proceden estos números tan grandes y las formas en que podrían estar interconectados. Desde entonces, los físicos han aportado algunas ideas nuevas, pero nadie cree que tengamos aún la respuesta definitiva.

Esto pone de manifiesto un punto de gran interés sobre la naturalidad. Y es que se trata de un principio importante que sirve de referencia y de guía. Por esto, en la actualidad, muchos físicos teóricos dedican tiempo a pensar en la naturalidad y su papel en nuestro universo, a la vez que intentan explicar fenómenos aparentemente no naturales.

9. Antinaturalidad y Grandes Números

En el capítulo anterior estudiamos el poder de la naturalidad. Decíamos que se espera que los números adimensionales que aparecen en la física sean de orden 1. Eso hace que las fórmulas y expresiones matemáticas resulten más fáciles, mejor organizadas y, en general, más atractivas. Sin embargo, este prejuicio contradice los hechos, en algunos casos, ya que también aparecen números adimensionales muy grandes, así como muy pequeños. Esta cuestión resulta ser de gran importancia para la física moderna, como veremos en este capítulo. Y es que explicar la presencia y persistencia de números muy grandes y muy pequeños, en la naturaleza, constituye uno de los mayores retos a los que nos enfrentamos los físicos hoy en día.

NÚMEROS ANTINATURALES

En la física existen algunas magnitudes y constantes adimensionales. Por ejemplo, si e es la carga eléctrica del electrón, $\hbar$ la constante de Planck y c la velocidad de la luz, entonces, como ya indicamos, existe una combinación adimensional llamada constante de estructura fina que se escribe:

$$\frac{e^2}{\hbar c} \approx \frac{1}{137}.$$

Desafortunadamente, esta es una de las pocas constantes adimensionales naturales de la física con un orden de magnitud razonable. De hecho, uno de los principales objetivos de la física teórica moderna es comprender la «antinaturalidad» de otras constantes. Por ejemplo, la masa de Planck es 10^{19} GeV, lo que implica que la masa del protón, en las unidades naturales del universo (es decir, las unidades de Planck) es $M_p/M_{Planck} = 10^{-19}$. Se trata de un número adimensional *minúsculo* que resulta fundamental para la física y, desde luego, ¡no es de orden 1!

Curiosamente, las escalas de masas naturales en la física se clasifican *grosso modo* en tres grupos, separados por unos 30 órdenes de magnitud en total; es decir, por un factor 10^{30}. En efecto, en unidades de Planck expresadas en escala logarítmica, se tiene el siguiente gráfico:

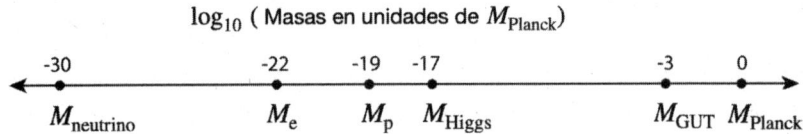

Las escalas representadas en este gráfico dan los valores de las masas de las partículas elementales, que se agrupan en el centro del gráfico, excepto en el caso de los neutrinos, cuya masa es muy pequeña. Además, hay otra escala, M_{GUT}, cercana a la escala de Planck, que ya tratamos en el capítulo 3. En el lenguaje de los físicos, se dice que las cargas (como la carga eléctrica del electrón, e) «corren» con la escala de energía. Esto quiere decir que sus valores dependen de las energías, o lo que es lo mismo, las distancias, a las que se miden, como ya explicamos. Pues bien, la dependencia de las cargas con la energía, o la distancia, resulta ser logarítmica y, como vimos en la Fig. 34, si hacemos un gráfico representando las cargas de las fuerzas fuerte, débil y electromagnética en función de la energía, se observa que estas se hacen iguales a una escala muy alta que se denomina escala de gran unificación M_{GUT}. Según la física de partículas, en el rango de energías a partir de M_{GUT} estos tres tipos de fuerzas se vuelven indistinguibles, por lo que se dice que estas fuerzas *se unifican*. La escala de gran unificación M_{GUT} se encuentra cerca de la escala de Planck M_{Planck}, por lo que es de orden 1, lo que significa que no se necesita hacer ningún ajuste fino antinatural de los parámetros de la teoría para explicarla.

Sin embargo, las otras escalas de energía son muy diferentes de la escala de Planck, y esta disparidad requiere de una explicación. Algunas propuestas, basadas en la teoría cuántica de campos, predicen que las escalas de masa guardan una relación exponencial entre sí, lo cual sería una manifestación de la dependencia de las cargas y fuerzas con respecto de la escala de energía. En particular, una propuesta para explicar la pequeñez de la masa del protón, M_p, comparada con la masa de Planck, es que se puede expresar como

$$M_p = M_{GUT} \exp\left(-\# \frac{\hbar c}{g^2}\right),$$

donde $\#$ es una constante y g es la carga correspondiente a las fuerzas fuertes. De esta manera, como el exponente puede ser un número grande, pero aún de orden 1, puede dar lugar a una enorme jerarquía de escalas de masa. Asimismo, algunos modelos teóricos explican de manera natural por qué las masas de los electrones y otras partículas similares no distan demasiado de la masa del bosón de Higgs, M_{Higgs}, como explicamos en el capítulo 3. Y también hay modelos que proponen que la masa de este bosón es la media geométrica entre la masa de los neutrinos y la escala de gran unificación M_{GUT}:

$$M^2_{Higgs} \approx M_\nu \, M_{GUT}.$$

El hecho de que la masa del Higgs sea muchos órdenes de magnitud inferior a la masa de Planck, $M_{Higgs} \ll M_{Planck}$, constituye uno de los grandes misterios de la física contemporánea, y se conoce como «el problema de la jerarquía de escalas». Ocurre que, a medida que la partícula de Higgs se mueve por el vacío a través del espacio, debería interaccionar con muchas otras partículas, algunas de las cuales aparecen y desaparecen espontáneamente, y estas interacciones deberían, en principio, incrementar la masa del Higgs por efectos cuánticos ¡hasta valores del orden de la masa de Planck!

Muchos físicos teóricos han propuesto una posible salida a este dilema postulando la existencia de una simetría extra, la supersimetría, que cancelaría esas contribuciones a la masa del Higgs debidas a efectos cuánticos. Como vimos en el capítulo 2, la supersimetría implicaría que cada partícula conocida de la naturaleza contaría con una pareja que aún no se ha detectado. Pues bien, resulta que las contribuciones cuánticas a la masa del Higgs de cada partícula y su compañera supersimétrica se anularían casi perfectamente entre sí, lo cual es bastante asombroso. Pero, dado que aún no se ha constatado la existencia de la supersimetría, el problema de la jerarquía sigue presente, desde hace varias décadas, y seguimos preguntándonos por qué $M_{Higgs} \ll M_{Planck}$.

Tenemos que explicar esta enorme disparidad: por qué la masa del Higgs es 17 órdenes de magnitud inferior a la masa de Planck. Como vimos en el capítulo 3, el campo de Higgs dota de masa a las partículas elementales debido a la rotura de una simetría. Así que, según lo expuesto en el capítulo anterior, uno podría pensar que la explicación que buscamos es que el valor del campo de Higgs es pequeño (lo que conduce a masas pequeñas para las partículas) debido a razones de simetría.

Esta parece una buena solución, pero la física cuántica sugiere que no es así. Ocurre que, cuando se calculan las correcciones cuánticas, incluso si comenzamos con una pequeña cantidad respecto al valor simétrico, estas correcciones son aún tan grandes que empujan inexorablemente la escala de energía de nuevo hasta la escala de Planck. Los físicos hemos probado varios métodos y aproximaciones para controlar las fluctuaciones cuánticas, sin éxito por el momento. No obstante, la supersimetría es la más popular de las soluciones que se han propuesto hasta ahora. Pero como aún no se ha observado, ni directa ni indirectamente (en los experimentos del LHC en el CERN), no disponemos de una explicación convincente en la actualidad para la existencia de la jerarquía de escalas de masa, definida por el campo de Higgs y la escala de Planck.

LA EMERGENCIA DEL MODELO
HELIOCÉNTRICO Y LA ANTINATURALIDAD

La idea de que la Tierra no es estacionaria, sino que se mueve a través del espacio, puede parecer obvia desde la perspectiva moderna.

Pero, de hecho, para nuestros antepasados había muchos indicios que apuntaban a que la Tierra estaba inmóvil. Más aún, desde su perspectiva todos los cuerpos celestes giraban alrededor de la Tierra, distribuidos en un conjunto de esferas giratorias en las que estarían incrustados y, salvo unos pocos, como el Sol, la Luna y algunas «estrellas errantes» (planetas), los astros permanecían fijos entre sí.

Así las cosas, en el siglo III a.C. Aristarco de Samos propuso que la Tierra no está inmóvil y gira alrededor del Sol, además de rotar sobre su propio eje, como se podía deducir al observar que todas las estrellas parecían girar alrededor de la Estrella Polar por la noche. Además, una vez que se tenía en cuenta esta rotación, casi todos los cuerpos celestes parecían inmóviles con respecto a la Tierra.

Como era fácil de predecir, a Aristarco le llovieron las críticas. Su modelo sugería que no sólo la Tierra estaría girando alrededor del Sol, sino que también todas las demás estrellas que parecían fijas con respecto a la Tierra tendrían que estar girando en torno al Sol. ¿De qué otra forma podría ser, si estaban inmóviles con respecto a la Tierra y la Tierra estaba girando alrededor del Sol? Y, claro, suponer que todos los objetos celestes giraban alrededor del Sol resultaba muy extraño. Sin embargo, Aristarco argumentó que si esas estrellas estuvieran mucho más lejos de nosotros que el Sol, la Luna y las «estrellas errantes», entonces ¡también parecerían fijas con respecto al Sol! Así que un modelo heliocéntrico sería igual de sencillo aunque se tuvieran en cuenta todas las estrellas. Pero esta teoría tenía también *una faceta antinatural*: ¿Cómo es posible que sólo unos pocos de los innumerables objetos celestes estén tan cerca de nosotros y el resto se encuentren a una distancia casi infinita que impide detectar su movimiento a medida que la Tierra se desplaza en torno al Sol? En efecto, postular que la distancia entre las estrellas fijas y nosotros es un número tan grande, comparada con las escalas de distancia del sistema solar, supuso un problema para el modelo de Aristarco. Esta jerarquía de escalas se explica hoy en día en términos de la formación de estructuras en el universo; desde galaxias y cúmulos galácticos hasta estrellas y planetas.

EL PROBLEMA DEL GANADO DE ARQUÍMEDES

Este es un problema que planteó Arquímedes para aquellos que creían dominar las matemáticas, y ni el propio Arquímedes fue capaz de resolverlo. Dice así: Tenemos dos tipos de ganado, vacas y toros, que vienen en cuatro colores diferentes: blanco (B), negro (N), marrón (M) y amarillo (A). Hay B, N, M y A vacas y B', N', M' y A' toros, respectivamente, y sus números satisfacen las condiciones:

$$B = \left(\frac{1}{2}+\frac{1}{3}\right)N + A \qquad B' = \left(\frac{1}{3}+\frac{1}{4}\right)(N+N')$$

$$N = \left(\frac{1}{4}+\frac{1}{5}\right)M + A \qquad N' = \left(\frac{1}{4}+\frac{1}{5}\right)(M+M')$$

$$M = \left(\frac{1}{6}+\frac{1}{7}\right)B + A \qquad M' = \left(\frac{1}{6}+\frac{1}{5}\right)(A+A')$$

$$A' = \left(\frac{1}{6}+\frac{1}{7}\right)(B+B')$$

Hay dos restricciones adicionales, una es $B+N = k^2$, un cuadrado perfecto, y la otra $M+A=n(n+1)/2$, que es un número triangular. El problema que planteó Arquímedes fue ¿cuáles son los valores más pequeños de B, N, M, A y B', N', M', A' que satisfacen estas ecuaciones? Uno esperaría ingenuamente que dichas cantidades no fueran demasiado grandes, porque los números que aparecen en las ecuaciones son de orden 1.

Sin embargo, la solución más pequeña posible para el número de reses es del orden de 10^{206545} ¡que es un número descomunal![39] La cuestión aquí es que ecuaciones sencillas, combinadas con restricciones como limitar el número de cabezas de ganado a números enteros no negativos, pueden conducir de manera natural a números astronómicos. ¿Cómo es posible que un problema en apariencia tan sencillo tenga una solución tan difícil y disparatada? Tal vez algo parecido esté sucediendo en la física, y las restricciones naturales que afectan a los números enteros estén forzando de algún modo que algunos números sean muy grandes. Quizá los problemas de

---

39   Véase el artículo «Das Problem bovinum des Archimedes» por A. Amthor y B. Krumbiegel publicado en la revista Z. *Math. Phys.* Volumen 25 en 1880.

las jerarquías que han cobrado protagonismo en la física contemporánea requieran de una comprensión más profunda de la teoría de números y su papel en la física.

TEORÍA DE NÚMEROS

La teoría de números es un lugar natural para toparse con números muy grandes. El llamado «Último Teorema de Fermat», una conjetura enunciada alrededor de 1637 y que se pudo demostrar recientemente[40], sostiene que no existen soluciones, que sean números enteros positivos, de la ecuación $a^n + b^n = c^n$ para $n > 2$. Leonhard Euler amplió la conjetura a finales del siglo XVIII, proponiendo, entre otros ejemplos, que no existen soluciones de la ecuación $a^4 + b^4 + c^4 = d^4$ que sean números enteros positivos. Esta conjetura fue *refutada* por Noam Elkies en 1988. El contraejemplo con números más pequeños es:

$$(95800)^4 + (217519)^4 + (414560)^4 = (422481)^4.$$

¿Es este resultado natural o antinatural? El planteamiento en sí parece ciertamente natural y no contiene ningún número mayor que 1. No obstante, Elkies dio argumentos teóricos para explicar por qué el contraejemplo más pequeño viene dado por números tan enormes (de 20 cifras en los dos lados de la ecuación), por lo que parece antinatural. A la vista de este resultado, se podría especular que los números antinaturales de la física tienen su origen en cuestiones y planteamientos naturales de la teoría de números.

Un Truco de Cartas
Tenemos una baraja de póker ordinaria. Las cartas con las figuras (las que no llevan números) cuentan como 1. Elija un número al azar del 1 al 10, digamos n_0. A continuación, saque n_0 cartas de la baraja. Ahora,

---

40   Una prueba del teorema fue publicada por Andrew Wiles en 1995, unos 360 años después de que Fermat lo plantease.

al número de la carta n_0, es decir, la última carta que ha sacado, lo llamamos n_1. Entonces sacamos n_1 cartas de la baraja y al número de la última carta lo llamamos n_2. A continuación, se sacan n_2 cartas más, y así sucesivamente hasta que se termine la baraja. Este truco tiene como objetivo identificar la última carta que se ve, correspondiente al último número n_f justo antes de que se acabe el mazo.

Si se prueba a hacer esto con diferentes números iniciales n_0, para la misma baraja, se ve que ¡todos los números convergen al mismo resultado n_f! Más aún, incluso si usted no dice qué número n_0 ha elegido, la persona que está llevando a cabo el juego puede igualmente sacar la última carta n_f que le saldrá a usted. Esto crea la ilusión de que esta persona adivina de algún modo cuál será esa carta, cuando en realidad lo único que hace es escoger su propia opción inicial para n_0. Esta coincidencia proviene del hecho de que, una vez que dos personas convergen en algún momento en la extracción de la misma carta n_i, coincidirán en cuál será la carta final. Y hay una gran probabilidad de que las dos series de cartas que se van extrayendo converjan, en efecto, en algún momento. El hecho de que las cartas con las figuras cuenten como 1 también ayuda. Así que este juego, tal y como está planteado, está predestinado a que las cartas converjan. Y mientras haya convergencia en algún punto del proceso, la última carta será la misma. Este resultado, sin embargo, parecería muy poco natural si no se comprendiera el mecanismo que lo explica.

¿Podrían deberse a procesos como este los números aparentemente antinaturales y extraños que encontramos en la física?

COMPOSICIÓN DEL UNIVERSO

Hay que mencionar una constante más: la «constante cosmológica» Λ, que tiene unidades de $(masa)^4$. Como veremos más adelante, resulta que $\Lambda^{1/4}$ tiene aproximadamente la misma escala que la masa de los neutrinos M_ν. Así que tenemos, de nuevo, una cantidad muy pequeña que requiere una explicación. Λ es la energía del espacio vacío (es decir, sin átomos ni partículas), y es la principal candidata para ser la «energía oscura», como se le llama a la energía (¡de origen desconocido!) responsable de que el cosmos se expanda de manera acelerada. Fue en 1998 cuando se descubrió la expansión acelerada del universo, un hallazgo asombroso y de extraordinaria importancia para la física, que supuso además el descubrimiento de que la energía en el universo está dominada por esta misteriosa componente. De hecho, averiguar de dónde procede esta energía oscura constituye uno de los mayores enigmas de la física actual. La composición de la energía del universo hoy en día, según el Modelo Cosmológico Estándar (llamado ΛCDM, por sus siglas en inglés) es aproximadamente la siguiente:

<u>Energía del universo</u>

5 %	materia
26,5 %	materia oscura
68,5 %	energía oscura

El 5% corresponde a la materia ordinaria que conocemos y forma los átomos, y es la materia de la que estamos hechos nosotros. No podemos ver directamente el otro 95%, que consiste en la energía oscura y la materia oscura, porque estas no interactúan con la luz; es decir, ni emiten ni absorben radiación electromagnética. Esto significa que la mayor parte de lo que constituye el universo nos es invisible. Sobre la materia oscura, aunque desconocemos su naturaleza, sabemos que tiene que existir, porque se observan sus efectos gravitatorios, y también sabemos que tiene que ser esencialmente diferente de la materia de la que estamos hechos.

LA GEOMETRÍA DEL ESPACIO-TIEMPO

Einstein propuso la teoría de que la geometría del espacio-tiempo en el universo no debía tomarse como algo fijo y rígido, sino como algo que puede cambiar en función de cómo se distribuya la materia. La geometría del espacio-tiempo viene determinada por la métrica, $g_{\mu\nu}$, que nos proporciona una forma de medir las distancias entre dos puntos cualesquiera. Ahora bien, la distribución de la materia influye, a su vez, en la métrica y la modifica, de manera que, en los lugares cercanos a grandes concentraciones de masa, la métrica tendrá mayor curvatura y el espacio-tiempo estará más curvado.

Las partículas se mueven siguiendo las líneas *geodésicas*, que proporcionan el camino más corto entre dos puntos. Una contribución esencial de la teoría general de la relatividad de Einstein, fue la introducción de sus ecuaciones de campo[41], que se pueden escribir como una sola ecuación, de la forma:

$$G_{\mu\nu} + \Lambda g_{\mu\nu} \sim T_{\mu\nu},$$

donde $G_{\mu\nu}$ es el tensor de Einstein (que básicamente describe la curvatura del espacio-tiempo), $T_{\mu\nu}$ es la densidad de energía-momento, $g_{\mu\nu}$ es la métrica ya mencionada y Λ es la constante cosmológica. En la ecuación original de 1915, el término con Λ no estaba presente, lo que tenía como consecuencia que las soluciones de tipo cosmológico para las ecuaciones de Einstein describían universos que no podían ser estacionarios, es decir, que tenían que expandirse o contraerse. Pero Einstein estaba convencido de que el universo era estático (sin contar con ninguna evidencia empírica), por lo que añadió este término, un par de años después, con el fin de encontrar una solución de sus ecuaciones en la que el universo fuese estático. El valor que encontró fue $\Lambda = 4\pi\rho$, donde ρ es la densidad de energía del universo. Gracias a este valor positivo de la constante cosmológica, Einstein pensó que el universo estaría equilibrado frente a la contracción (ni siquiera se planteó la posibilidad de la expansión).

Expresado en las unidades de Planck, el valor de Λ que Einstein encontró es un número extraordinariamente pequeño, del orden de 10^{-120}, pero él lo eligió de todos modos para obtener un universo estático. Lo que sucedió a continuación fue que esta solución resultó ser bastante inestable: si la constante cosmológica Λ fuese solo un ápice más pequeña o más grande, la solución encontrada por Einstein daría lugar a un universo en contracción o en expansión, respectivamente.

---

41 Una de las primeras comprobaciones de esta teoría se llevó a cabo en mayo de 1919. Un equipo dirigido por el astrónomo británico Arthur Stanley Eddington confirmó la predicción de Einstein sobre la deflexión de la luz de las estrellas por el campo gravitatorio del Sol. Eddington estuvo supervisando el trabajo de dos equipos encargados de fotografiar un eclipse solar con sendas expediciones a Sobral, al norte de Brasil, y a Príncipe, una isla de África Occidental.

Un sacerdote católico, Georges Lemaître, que era también físico-matemático, propuso en 1931 un modelo diferente en el que el universo había iniciado su existencia a partir de un «átomo primordial» que, de algún modo, «explotó» y se expandió. Lemaître había encontrado una solución cosmológica a las ecuaciones de la relatividad general en las que el universo tenía un comienzo a partir del cual se expandía. Aunque él no lo sabía, esta solución ya la había encontrado el matemático ruso Alexander Friedmann en 1922, junto con otras muchas soluciones cosmológicas a las ecuaciones de la relatividad general[42]. Por otro lado, Lemaître llevaba ya bastantes años convencido de que los corrimientos hacia el rojo de la luz de las galaxias distantes, medidos principalmente por Vesto Slipher, eran debidos a la expansión del universo tal como se deducía de varias soluciones a las ecuaciones de la relatividad general. De hecho, Lemaître intentó convencer a Einstein de la hipótesis de la expansión del universo, y ¡Einstein la rechazó frontalmente!

Pues bien, en 1929 el astrónomo Edwin Hubble publicó un gráfico de velocidades en función de la distancia correspondiente a 26 galaxias lejanas, usando la tabla de distancias que él había calculado con el método de las estrellas variables Cefeidas, y la tabla de velocidades que Slipher había obtenido a partir de los corrimientos al rojo de la luz de esas galaxias (junto con unas pocas velocidades más aportadas por otros astrónomos). Para muchos físicos y astrónomos, incluido Einstein, este gráfico proporcionaba una prueba irrefutable de la expansión del universo[43]. Einstein entonces dio marcha atrás y eliminó la constante cosmológica de sus ecuaciones porque así estas conducirían por sí mismas a la predicción de que el universo se expande. No solo esto, sino que además, Einstein declaró que la inclusión de Λ en sus ecuaciones había sido «el mayor error de mi vida cien-

---

42   Einstein rechazó las soluciones de Friedmann de 1922, especialmente las que correspondían a un universo en expansión, argumentando que los cálculos estaban mal. Pero Friedmann le demostró que sus cálculos eran correctos y era Einstein quien se equivocaba. Por desgracia, Friedmann falleció en 1925, a los 37 años de edad, después de obtener algunas soluciones más.

43   Dos años antes, en 1927 Lemaître había publicado resultados parecidos, pero en una revista belga poco conocida y en francés, por lo cual el artículo pasó completamente desapercibido. Esta es la razón de que la llamada «ley de Hubble», que se desprende del gráfico que este publicó y describe la expansión del universo, pasara a llamarse en 2018 «ley de Hubble-Lemaître».

tífica». Vemos pues que Einstein podría haber predicho la expansión del universo si hubiera otorgado más credibilidad a la forma original de sus propias ecuaciones.

Pocos años después, a mediados de los años treinta, Arthur Walker elaboró un modelo más sencillo para el universo en expansión basándose en un trabajo previo de Howard Robertson publicado a finales de la década anterior. Pues bien, este modelo es ampliamente conocido hoy en día como el modelo de «Friedmann-Robertson-Walker» (FRW)[44]. Los hechos que rodearon la primera fracción de segundo del universo siguen siendo objeto de debate entre los físicos, pero creemos que la descripción general presentada por Lemaître, Friedmann, Robertson y Walker, conocida como la teoría del Big Bang, es esencialmente correcta.

A pesar de este éxito, para muchos físicos el valor $\Lambda = 0$ también requería una explicación. De hecho, bastantes años después, incluso hasta finales de la década de 1980, los físicos seguían preguntándose: ¿Por qué $\Lambda = 0$? El problema es que, según sus cálculos, las fluctuaciones cuánticas se encargarían de producir una corrección gigantesca al valor de Λ, del orden de magnitud de M_{Planck}^4. En otras palabras, en las unidades de Planck, Λ debería ser de orden 1, y no 0.

Los físicos pasaron muchos años intentando explicar por qué $\Lambda = 0$, que era el valor comúnmente aceptado a pesar de que las fluctuaciones cuánticas conducirían, al parecer, a un valor muy diferente. La explicación más extendida fue la supersimetría, que había ofrecido una posible solución al problema de la jerarquía de escalas, como vimos antes, pero aun así no se podía terminar de «enderezar» la teoría para conseguir $\Lambda = 0$. Los físicos intentaron usar, además de la supersimetría, también la supergravedad y la teoría de cuerdas, pero nada sirvió para reducir Λ exactamente a cero.

A finales de los años ochenta, yo estaba en la Universidad de Harvard asistiendo a las conferencias de Steven Weinberg sobre la constante cosmológica. Él recordó que algunos físicos habían abogado por el valor $\Lambda = 0$ utilizando el «principio antrópico». Su argumento se apoyaba en la observación de que nuestra propia existencia es incompatible con que Λ sea de orden 1, en unidades de Planck, porque entonces el universo solo habría durado un tiempo del orden del tiempo de

---

44   Y también, cada vez más, como el modelo FLRW, incluyendo a Lemaître.

Planck, es decir 10^{-43} s, con lo cual nadie habría existido para hacer esas preguntas. Weinberg señaló que los detractores de ese punto de vista consideraban que el argumento no era científico porque se trataba de una postdicción, que se hace después de que hayan ocurrido los hechos, y por tanto no puede utilizarse para predecir nada.

Sin embargo, Weinberg alegó que, si se interpreta correctamente, ese planteamiento podría dar lugar a una predicción científica: «El principio antrópico, dijo, solo puede ser viable si existen muchos universos posibles, cada uno con un valor diferente de Λ. Los universos con valores grandes, medianos y pequeños de Λ no podrían albergar vida, mientras que los universos con valores de Λ extremadamente pequeños o cero sí podrían». Ahora podemos hacer uso de una probabilidad condicional, y es que los valores de Λ de interés para nosotros tienen que estar incluidos en aquellos que pueden permitir que exista la vida. Entonces, dada nuestra existencia como condición previa, ¿cuál es el valor más probable de nuestra constante cosmológica?

La idea es que el valor de Λ no esté más ajustado de lo necesario para permitir nuestra existencia. Esto significa que Λ no tiene por qué ser exactamente igual a cero, pero debe tener un valor genérico que sea apropiado para favorecer la aparición de la vida. Basándose en esta idea, Weinberg estimó que

$$\Lambda \sim \#\rho \sim 10^{-120}\, M_{\text{Planck}}^4 \ ,$$

y afirmó que este resultado debería de poderse constatar muy pronto, ya que se aproximaba a las cotas experimentales que había cuando impartió sus conferencias. Una década después, en 1998, la constante cosmológica (o algo muy semejante a esta) se descubrió a partir de observaciones astronómicas de explosiones de supernovas en galaxias lejanas. Su valor no está muy alejado del que predijo Weinberg basándose en el principio antrópico[45] e, irónicamente, ¡resultó ser bastante cercano al de la predicción original de Einstein

---

45   Para usar argumentos de tipo antrópico, Weinberg tenía que hacer la suposición de que había muchos universos posibles, como dijimos. Pues bien, los físicos teóricos de cuerdas han desarrollado teorías que permiten soluciones con múltiples universos, que son consistentes con el principio antrópico. Cada una de estas soluciones representa un universo posible. Esto acarrea sus propios quebraderos

basada en su falsa suposición de que el universo era estático! De hecho, quitar el término de la constante cosmológica de su ecuación fue su segundo gran error, porque esa constante probablemente existe y, además, con un valor cercano al que él había calculado. A día de hoy, todavía hay muchos físicos que se muestran reacios al uso del principio antrópico. Es cierto que se aparta de otras leyes de la física, pero sigue hasta cierto punto la metodología científica.

OTRAS CUESTIONES

¿Por qué la constante cosmológica Λ y la densidad de materia del universo ρ son del mismo orden de magnitud en la actualidad? Es decir, ¿por qué $\Lambda \sim \#\rho$? Se trata de una extraña coincidencia, dado que ρ varía con el tiempo a medida que el universo se expande, pero Λ, al ser una constante de la naturaleza, no debería cambiar. Esto trae como consecuencia que la equivalencia aproximada entre Λ y ρ solo pueda darse en la época en la que vivimos ahora, una situación desconcertante conocida como «el problema de la coincidencia». Sugeriría que actualmente estamos inmersos en un momento especial de la historia cósmica, una posibilidad que incomoda a muchos físicos.

También resulta curioso que, como mencionamos antes, la constante cosmológica sea en la actualidad del orden de la masa de los neutrinos (elevada a la cuarta potencia):

$$\Lambda \sim M_\nu^4 \sim \rho.$$

Es evidente que estas son cuestiones difíciles, posiblemente relacionadas con el problema de la jerarquía, que no acabamos de entender. En todo caso, muchos físicos teóricos se dedican a elaborar modelos con la esperanza de explicar estas coincidencias.

---

de cabeza, por supuesto, porque aún no hemos encontrado el principio físico que nos permitiría obtener la solución que corresponde al universo en el que vivimos.

ESCALAS DE DISTANCIAS

Hasta ahora nos hemos centrado en las escalas de masas, pero también hay que hablar de las escalas de distancias. La más pequeña es la escala de Planck, luego está la escala del protón, el radio del Sol y, por último, la escala más grande es el radio del universo observable:

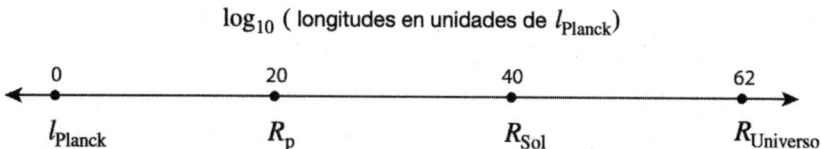

Por cierto, hay que hacer notar que la masa y la longitud están relacionadas. Para cada masa m obtenemos una escala de longitud R que viene dada por la relación $R = \hbar/mc$. En unidades de Planck, como $\hbar = c$, tenemos $R = 1/m$. Por este motivo, que el radio del protón R_p sea unas 10^{20} veces mayor que la longitud de Planck, se debe a que la masa del protón es 10^{-20} veces la masa de Planck.

Además, resulta que también se puede explicar por qué el radio del Sol satisface

$$R_{Sol} \sim \frac{1}{M_p M_e} \sim R_p^2 \sim 10^{40},$$

en unidades de Planck, a partir de primeros principios[46]. En efecto, el hecho de que las masas de los electrones y los protones no difieran demasiado, explica por qué la escala de distancias asociada al radio del Sol es del orden de R_p^2. Sin embargo, el que el radio del universo sea *ahora* del orden de R_p^3 no tiene una explicación clara.

---

46   Este tipo de argumentos los expuso Victor Weisskopf en un seminario que dio en el CERN en 1969, cuyo contenido se puede ver en https://cds.cern.ch/record/274976/files/CERN-70-08.pdf

ESCALAS DE TIEMPOS

También existen unas escalas de tiempos, en unidades naturales, que están relacionadas con las escalas de masas y de distancias que hemos visto. La escala de tiempo más pequeña es el tiempo de Planck, que vale 10^{-43} s, y la más grande observada es la edad del universo, que en unidades del tiempo de Planck vale aproximadamente 10^{62}. Nótese que esto es consistente con el hecho de que la velocidad de la luz vale 1 en unidades naturales y el tamaño del universo es del orden de 10^{62}, puesto que la distancia es igual a la velocidad multiplicada por el tiempo.

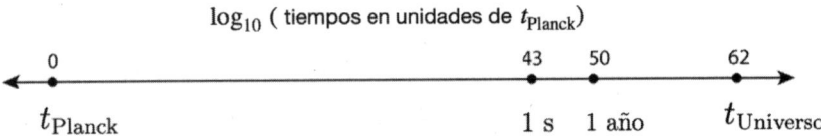

Cabe preguntarse si existe una escala de tiempo que sea la mayor posible. Lo cierto es que no lo sabemos. Sin embargo, en los modelos de la teoría de cuerdas, no hemos visto ningún ejemplo de universo estable para siempre (eterno) si la supersimetría se rompe espontáneamente. Además, basándonos en los experimentos de física de partículas realizados hasta la fecha, tendríamos que concluir que la supersimetría, o no existe en la naturaleza o, en el mejor de los casos, está rota espontáneamente. En consecuencia, hasta donde sabemos, el universo actual se destruirá, lo cual significa, desafortunadamente, que existe un tiempo máximo: el tiempo que le queda de existencia al universo. No sabemos cuánto tiempo será, pero pensamos que todo nuestro universo, al ser inestable, acabará por desintegrarse dando lugar a otro universo más estable. Tal vez una burbuja del material del nuevo universo comience a expandirse moviéndose a la velocidad de la luz. Si es así, con el paso del tiempo llegará a ocupar y transformar la totalidad del universo observable.

Por otro lado, la constante cosmológica proporciona una escala de tiempo de unos 100.000 millones de años $(1/\sqrt{\Lambda})$. Y es concebible, y hay argumentos teóricos recientes que lo sugieren, que esta escala podría determinar una cota superior al tiempo de vida de nuestro universo. El hecho de que este tenga ahora unos 13.800 millones de años sugiere, además, que nosotros podríamos hallarnos en la fase adolescente del ciclo vital cósmico. Así que, si el universo se comporta de manera responsable, aún podría disfrutar de muchos años buenos, ¡e incluso quizás de años gloriosos!

Para finalizar, lamento comunicar a quienes les complace el estado actual del universo, que esta historia no parece tener un final feliz. Aunque quizás algunos lectores encuentren consuelo en el hecho de que nuestro universo actual podría haber surgido precisamente de una transición de ese tipo en el pasado, y es muy posible que haya más transiciones en el futuro.

10. La religión y la ciencia

La interrelación entre la ciencia y la religión tiene una larga historia, y afirmar simplemente que la relación ha sido muy tensa en ocasiones sería subestimar la cuestión. En el año 1600, por ejemplo, el filósofo, astrónomo y ex-sacerdote católico Giordano Bruno fue quemado en la hoguera por la Iglesia Católica Romana por defender opiniones heréticas, incluida la noción de que el universo es infinito y contiene un número infinito de mundos[47]. En 1633, Galileo Galilei también fue condenado por sus afirmaciones blasfemas de que la Tierra gira alrededor del Sol. Galileo, que tenía 69 años cuando se dictó la sentencia, podría haber corrido una suerte parecida a la de Bruno si no hubiera renunciado a sus descubrimientos científicos retractándose. Gracias a que lo hizo, en lugar de ser torturado, encarcelado y posiblemente ejecutado, Galileo fue puesto bajo arresto domiciliario durante ocho años, hasta su muerte en 1642.

Resulta evidente, pues, que la relación entre la ciencia y la religión no siempre ha sido armoniosa, y aún hoy en día se generan tensiones y conflictos. A pesar de ello, podría decirse que la religión fue la primera forma que adoptó la ciencia en su esfuerzo por dar sentido al mundo en que vivimos y explicar por qué las cosas son como son. La mayoría de las religiones, por no decir todas, intentan decir algo sobre el universo físico. Más aún, tanto la ciencia como la religión se basan en la observación, aunque sus «metodologías», en la medida en que esta palabra sea aplicable, sean completamente diferentes. ¿Qué ocurre cuando los respectivos pareceres entran en conflicto? Mi objetivo en esta reflexión no es llegar a alguna conclusión sobre

---

47 Muchos de ellos habitados, como el nuestro.

la relación entre ambas, ciencia y religión, sino solo pasar revista a lo que un grupo de científicos distinguidos ha pensado sobre esta cuestión en el pasado, sin expresar mi opinión personal sobre el tema. Y, como siempre, también intentaré enmarcar el debate en el contexto de los juegos matemáticos.

CUESTIONES BÁSICAS

Existen algunos interrogantes matemáticos y lógicos básicos asociados a las descripciones más comunes que se suelen hacer de Dios. Por ejemplo, a menudo se dice que Dios puede hacer o crear cualquier cosa.

Pero si esto fuera así, ¿podría crear Dios una roca que Él mismo no pudiera levantar? Algunas personas no creyentes han intentado utilizar argumentos de este tipo para descartar su existencia. Sin embargo, esto no es más que un juego de lógica. Es parecido a tener una cuartilla de papel con afirmaciones incoherentes escritas a cada lado. En una de ellas pone «La frase escrita al otro lado de esta cuartilla es falsa», y en el otro lado se lee «La frase que aparece al otro lado es verdadera». Con esta circularidad opuesta, no hay posibilidad de atribuir a ninguna de estas dos frases la cualidad de ser falsas o verdaderas. En otras palabras, *no es cierto que toda afirmación sea verdadera o falsa*. Esto podría resolver también el problema lógico anterior acerca de la existencia de Dios. Este tipo de problemas me recuerdan la siguiente adivinanza.

Adivinanza
Dos prisioneros se encuentran en dos celdas separadas. A cada uno se le da una moneda para que la eche al aire y, a continuación, cada uno tiene que predecir si el otro ha sacado cara o cruz. Ambos serán liberados si uno, y sólo uno, de ellos acierta. De lo contrario, seguirán en prisión los dos. Además, se les permite conversar brevemente para que puedan adoptar alguna estrategia antes de que los lleven de nuevo a sus celdas para echar las monedas. ¿Existe alguna estrategia «ganadora» que les permita salir en libertad?

Solución

A primera vista, podría parecer que su destino depende únicamente de la suerte. Sin embargo, existe una estrategia sencilla que puede garantizar su libertad. Uno de ellos debe predecir que el otro ha sacado el mismo resultado que él al echar la moneda. Y el otro debe predecir justo lo contrario de lo que le ha tocado. Así pueden ganar con total seguridad, como es fácil comprobar, aunque no pareciera posible a priori.

Metodología

Se podría pensar que las matemáticas y la religión son polos opuestos que no tienen nada en común, pero no es del todo así. Tanto las matemáticas como la religión se basan en su inicio en algunos axiomas y definiciones que no pueden justificarse completamente y a partir de los cuales comienza su desarrollo. Aunque las matemáticas se construyen sobre la lógica, los matemáticos tienen que empezar por algún lado, y no pueden demostrar, ni lo intentan, todos los axiomas originales sobre los que se basa su disciplina (aunque hay que asegurarse de que son compatibles). De hecho, los axiomas matemáticos no sólo no pueden justificarse, sino que ni siquiera pueden completarse, ¡debido al teorema de incompletitud de Gödel!

En la ciencia no pretendemos hallar verdades absolutas e irrefutables, sino únicamente establecer las verdades más exactas posibles en cada momento, siendo plenamente conscientes de que todos los resultados están sujetos a revisión y perfeccionamiento. Incluso hoy, pese a que se han logrado grandes avances en la ciencia y se han establecido principios firmes en la física, quien escribe estas líneas sigue sin creer que los científicos podamos pronunciarnos sobre verdades absolutas. En particular, me resulta difícil creer que *alguna* de las leyes de la física actualmente aceptadas sea totalmente correcta. Muchas de ellas parecen ir por buen camino, por supuesto, pero eso no es lo mismo que decir que son absolutamente correctas.

LA CIENCIA FRENTE A LA RELIGIÓN

Desde la perspectiva de muchos científicos, la religión no tiene cabida en las discusiones sobre la naturaleza del mundo real y observable y, en cambio, es más apropiada para abordar cuestiones morales y espirituales. Aducen que la ciencia se basa en observaciones que pueden *demostrarse*, mientras que la religión se basa en creencias que no pueden verificarse totalmente. Sin embargo, podemos presentar algunos argumentos en contra de esta perspectiva porque la ciencia no puede refutar realmente las creencias religiosas. Por ejemplo, a veces se ridiculiza una religión por afirmar que el mundo se creó hace unos cuantos miles de años. Nosotros los científicos decimos que tenemos un registro fósil que lo «refuta». Sin embargo, si reflexionamos sobre esta cuestión, nos damos cuenta de que, en realidad, no podemos *refutar* esa afirmación con absoluta certeza.

¿Cuándo se creó el universo? Bertrand Russell señaló que ni siquiera se puede *probar* que el universo no se haya creado hace cinco minutos. El universo podría haber comenzado exactamente cinco minutos antes de que usted lea estas líneas. Todos sus recuerdos podrían haberse iniciado en ese momento, incluidos todos los que le dan la sensación de haber tenido una vida mucho más larga. Del mismo modo, todos los registros fósiles que parecen documentar el paso de eones de tiempo podrían haberse implantado ¡hace cinco minutos exactamente!

¿Por qué cualquier científico se mostraría reticente a aceptar semejante panorama? En primer lugar, porque no hace predicciones. Las predicciones dan mucho más poder a las palabras. Damos más valor y credibilidad a las afirmaciones que tienen poder predictivo, y esa no es una de ellas. Además, hay muchísimas razones para pensar que es altamente improbable que esa situación haya sucedido en la realidad. Toda la información relativa a los registros fósiles y los recuerdos de miles de millones de personas tendría que estar sintonizada con exactitud para que no hubiera contradicciones entre ellas. Esto es posible, *en principio*, pero la ciencia valora más las teorías que no requieren ajustes finos (en este caso hiperfinos), y ¡la explicación más sencilla suele ganar siempre! Esto se llama el principio de la *navaja de Occam*. En la ciencia apostamos por la naturalidad.

Una opinión dominante entre algunas personas es que la religión interfiere con la práctica científica. El ejemplo más destacado podría ser Galileo, perseguido por la Iglesia por sus opiniones y obligado a refutarlas públicamente, como apuntamos antes. Pero la noción de un conflicto inherente entre ciencia y religión no es necesariamente cierta; la coexistencia pacífica es posible. Isaac Newton, por poner un ejemplo prominente, era un ferviente estudioso de su religión. Tanto es así, que la mayoría de sus escritos versaban sobre el cristianismo y no sobre ciencia. De hecho, su interés por estudiar la naturaleza estaba motivado por sus ideas religiosas. Se veía a sí mismo exponiendo las leyes que Dios había creado, en lugar de contradiciendo su existencia. Esperaba que, al hacerlo, ayudaría a la gente a aceptar la religión a la luz de la belleza de las leyes físicas que Dios nos ha dado.

Esto no quiere decir que Newton aceptase todo lo relacionado con las instituciones religiosas. Por ejemplo, no creía en la Trinidad, y ciertamente tenía sus propias interpretaciones sobre la religión. Cabe destacar que Newton creía que Dios podía interferir, y de hecho lo hacía, en los fenómenos físicos. En efecto, cuando se descubría que algunos objetos celestes no se comportaban como predecían sus ecuaciones sobre la gravitación, Newton lo atribuía a la intervención de Dios, ¡que permitiría excepciones a sus leyes físicas! Si se compara con las opiniones científicas modernas, Newton resulta radical en este particular. Pero también es cierto que fue uno de los más grandes científicos de todos los tiempos, y sus convicciones religiosas no le impidieron elaborar una obra científica asombrosa que continúa teniendo gran relevancia en la actualidad, más de 350 años después de que la produjese. Hoy sabemos que las órbitas de los objetos celestes parecían desviarse de las predicciones de Newton no porque hubiera excepciones a sus leyes, sino porque él no había tenido en cuenta la atracción gravitatoria ejercida por otros objetos cercanos que eran difíciles de ver con los telescopios de esa época.

Aunque actualmente muchos científicos creen que la ciencia y la religión deben mantenerse separadas, para minimizar los conflictos o las interferencias entre ellas, sus ámbitos respectivos puede que no estén totalmente separados. Un área de posible solapamiento entre ciencia y religión se refiere a nuestra concepción de cómo sería Dios, en el caso de existir. Este tema solía estar confinado a los círculos religiosos, exclusivamente, pero dado lo abstracta que se ha vuelto la física en estos tiempos, algunos científicos podrían tratar de imaginar cómo Dios podría existir fuera de nuestro propio espacio-tiempo, tal vez desempeñando alguna función especial en multiversos de dimensiones superiores. Inspirándonos en la física matemática y la física teórica modernas, podríamos intentar construir una imagen coherente de Dios vista desde fuera de nuestro universo. Otra cuestión diferente es cómo se podría probar esta teoría, pero este ejercicio podría representar una versión moderna del intento de Newton de comprender la naturaleza y la función que Dios desempeña en ella.

EL ORIGEN DEL UNIVERSO

Quizás el solapamiento más consistente entre ciencia y religión se refiere al origen del universo. Casi todas las religiones comienzan con una proclama del tipo «Dios creó el universo». Algunas personas podrían pensar que esto entra en confrontación directa con la ciencia, pero no es así en absoluto. Los científicos suelen hacer suposiciones sobre las condiciones iniciales que rodearon el nacimiento del universo. Así que, en el caso en que el universo haya tenido realmente un comienzo, Dios podría haber participado en la elección de las condiciones iniciales, y las predicciones de la teoría podrían haber tomado el relevo ¡justo después de la Creación!

Recordemos que Einstein introdujo la constante cosmológica para evitar que sus ecuaciones describieran un universo en expansión o contracción, y que un sacerdote católico llamado Georges Lemaître no estaba de acuerdo con esa línea de razonamiento. Como ya hemos mencionado, Lemaître sostenía la hipótesis de que existió un átomo primordial y pensaba que el universo habría empezado a expandirse a partir de ese átomo. Más aún, para apuntalar esta hipótesis Lemaître se basó en la teoría de la relatividad general de Einstein. Se cuenta que Einstein le respondió: «Sus matemáticas son bastante buenas, pero su física es abominable». Curiosamente, la opinión de Einstein era que el universo no tuvo ningún principio, era estático y eterno. En algunas versiones de esta historia, Einstein parece haber acusado a Lemaître de intentar apoyar la mitología creacionista bíblica y habría llevado sus críticas demasiado lejos.

En la actualidad creemos que hubo un Big Bang, así que, según parece, ¡el cura tenía más razón que Einstein después de todo! ¿Qué conclusión podemos sacar de lo sucedido? Quizás fue solo cuestión de suerte, y Lemaître acertó una vez entre miles. Pero, por otro lado, esto también demuestra que una fuerte convicción religiosa no es necesariamente incompatible con la ciencia.

Los científicos a menudo se plantean preguntas que están influenciadas por concepciones religiosas. Incluso aunque nos interesemos por la ciencia pura, y *quizás por el bien de la ciencia*, no debemos tratar de eliminar la religión por completo e impedir que entre en nuestros debates, ya que puede servir como fuente de inspiración. Otro ejemplo de la influencia beneficiosa de la religión es el auge de la ciencia durante el apogeo de la civilización islámica hace unos mil años, que se atribuye al hecho de que muchos de los científicos de la época se inspiraron en las enseñanzas del Islam y el Corán.

Un tema que guarda una estrecha relación con lo anterior es el papel que juega la filosofía en la ciencia. Hoy día los científicos rara vez hablan de filosofía y, de hecho, muchos tienden a menospreciarla. Probablemente esto se deba al pragmatismo de la cultura estadounidense, que tanto ha influido en la ciencia. Sin embargo, si nos remontamos a las deliberaciones sobre la mecánica cuántica que mantuvieron Einstein, Bohr, Heisenberg y otros de sus pioneros, gran parte del debate era de naturaleza filosófica. En la actualidad, raramente se da esta circunstancia entre los físicos más prominentes. No obstante, si se mira en profundidad, se percibe que la mayoría de los científicos están influidos por principios filosóficos, lo admitan o no. Muchos son, quizás sin saberlo, ¡filósofos aficionados! Y para algunos de ellos, los principios filosóficos pueden sustituir a las creencias religiosas (y, de hecho, lo hacen).

EINSTEIN Y LA RELIGIÓN

Hablemos ahora de Einstein y de cómo veía la religión. En pocas palabras, se puede decir que Einstein fue muy crítico con la religión convencional. En una carta escribió: «La palabra Dios no es para mí más que la expresión y el producto de las debilidades humanas, la Biblia una colección de leyendas honorables, pero no por ello menos primitivas, que son, de todos modos, bastante infantiles. En mi opinión, ninguna interpretación, por sutil que sea, puede cambiar esta realidad.

He aquí otra historia. Una noche, Einstein y su esposa estaban en una cena durante la cual un invitado expresó su creencia en la astrología. Einstein lo ridiculizó diciendo que la astrología no era más que pura superstición. Entonces otro invitado fue más allá y calificó la religión de superstición. El anfitrión intervino y dijo que incluso Einstein era religioso. En respuesta, este dijo que creía en una estructura sutil y venerable en las leyes de la naturaleza. Esto, afirmó, era su religión.

Einstein dijo algo más sobre este tema en una carta fechada en 1936, escrita a un alumno de sexto curso que le había preguntado si los científicos rezaban y, si era así, qué rezaban. Einstein respondió que «la investigación científica se basa en la idea de que todo lo que sucede está determinado por las leyes de la naturaleza». Pero Einstein también admitió que «nuestro conocimiento actual de esas leyes es sólo imperfecto y fragmentario», y añadió que «la creencia en la existencia de leyes básicas y universales en la naturaleza también se sustenta en una especie de fe que se ha justificado en gran medida, hasta ahora, gracias a los éxitos de la investigación científica. Pero, por otra parte, todo el que se dedica seriamente al quehacer científico se convence de que en las leyes del universo se manifiesta un espíritu, un espíritu muy superior al del ser humano, ante el cual nosotros, con nuestras modestas facultades, hemos de sentirnos humildes. De este modo, la dedicación a la ciencia conduce a un sentimiento religioso muy particular, que es, sin duda, bastante diferente de la religiosidad de las personas más ingenuas».

Ciertamente, Einstein veía la ciencia con cierta dosis de religiosidad. En este sentido, basta recordar sus opiniones sobre la mecánica cuántica y cómo se opuso a los aspectos probabilísticos de ésta diciéndole a Bohr que «Dios no juega a los dados!».

FEYNMAN Y LA RELIGIÓN

Las opiniones de Feynman sobre la religión fueron un tanto agnósticas. Por ejemplo, él pensaba que, puesto que solo vivimos en este pequeño planeta llamado Tierra, dentro de un vasto universo con un número enorme de galaxias y planetas, ¿por qué iba Dios a enviar a su profeta solo a nuestro planeta y desatender a todos los demás planetas? Eso no tenía ningún sentido para él y, lo cierto, es que todavía, ¡no oímos hablar de otros planetas y otros seres y otros profetas enviados allí en ninguna religión mayoritaria!

Por otro lado, las opiniones de Feynman sobre la física también eran un tanto iconoclastas. Mientras que muchos científicos creen que la ciencia nos enseña verdades profundas sobre la naturaleza del universo, Feynman se centraba más en problemas concretos. *En contraste* con las actitudes prevalecientes, generalizadas entre la mayoría de sus colegas, Feynman veía los descubrimientos profundos sobre la naturaleza del universo como un efecto colateral y de ninguna manera como su objetivo principal. En cierto modo, puede que muchos científicos estén intentando, tal vez sin darse cuenta, *sustituir* la religión por la ciencia como el paradigma para comprender el universo.

Sin embargo, hay que subrayar que Feynman no desestimó la religión por completo. Por el contrario, admitió tener interés desde hacía mucho tiempo en las relaciones entre ciencia y religión. En una conferencia que impartió en 1956, Feynman dijo: «Muchos científicos creen tanto en la ciencia como en Dios de una manera perfectamente coherente. Pero esta coherencia, aunque posible, no es fácil de mantener». En su opinión, una de las principales dificultades a la hora de aunar ciencia y religión es el hecho de que «en ciencia es imperativo dudar; para progresar en la ciencia es absolutamente necesario que la incertidumbre forme parte esencial de nuestra naturaleza interior... Nada es seguro ni está probado más allá de toda duda. Investigamos movidos por la curiosidad, porque hay algo *desconocido*, no porque conozcamos todas las respuestas», Y Feynman continúa diciendo que, a medida que profundizamos en nuestra investigación, «no es que estemos descubriendo ninguna verdad, lo que ocurre es que estamos averiguando si esto o aquello es más o menos probable».

Según Feynman, esta actitud, tratándose de cuestiones como la existencia de Dios, impediría que un científico alcanzara «la certeza absoluta que tienen algunas personas religiosas». Y una vez eliminada la certeza absoluta sobre la existencia de Dios, podrían surgir dudas sobre otros aspectos de la doctrina religiosa. Esa fue una de las razones por las que Feynman sintió que debía ser difícil implicarse plenamente en la ciencia y en la religión a la vez, y eligió la ciencia, aunque asumiendo también las dudas que conllevaba su elección.

HAWKING Y LA RELIGIÓN

Nuestra perspectiva actual es que hemos sido capaces de ampliar enormemente las fronteras de la ciencia. Disponemos de predicciones precisas sobre el principio del universo, que presumiblemente arrancó con el Big Bang hace unos 13.800 millones de años. Stephen Hawking describió el Big Bang como una consecuencia de las leyes de la gravitación, que no necesitó de la ayuda de ningún ser divino. Pero ¿qué ocurrió antes de esa explosión primordial? ¿Tiene la física algo que decir al respecto?

Algunos científicos se muestran pragmáticos y dicen que, puesto que esta cuestión no puede ser objeto de experimentos ni de aplicaciones, debemos ignorarla. Pero otros científicos han intentado reflexionar seriamente sobre ella, y Hawking fue uno de los más prominentes. El planteó la pregunta de si el universo pudo surgir de la nada, sin intervención alguna. Pues resulta que existe un formalismo matemático, en el contexto de la gravedad cuántica, que da sentido a esta pregunta.

Hawking, junto con James Hartle, elaboró una descripción cuántica (o función de ondas) del universo, consistente en una integral de camino que resume todas las historias pasadas posibles que podrían conducir al cosmos en su estado actual ¡a partir de la nada! El resultado de ese análisis, y de los análisis posteriores de otros físicos que se han ocupado de esta cuestión, sugiere que es concebible que este glorioso universo, el único hogar que conocemos, pueda, en efecto, ¡haber surgido de la nada!

Acertijo
Dibuje cuatro líneas rectas que pasen por la cuadrícula de 3 × 3 puntos sin levantar el lápiz:

•   •   •

•   •   •

•   •   •

Solución

Esto es imposible si uno se queda dentro de los límites marcados por los puntos (que en cierto modo definen nuestros límites mentales). La clave es salir *fuera de esos límites*. Esto recuerda un tanto a algunas discusiones sobre religión en las que se dice que tenemos que elevarnos, o salir fuera de nuestro mundo, para poder encontrar las respuestas a nuestras preguntas, y percibir los poderes que comúnmente se le atribuyen a Dios. (Aunque, en este caso, todo lo que se necesita es un lápiz afilado del número 2 y quizás una mente algo despierta).

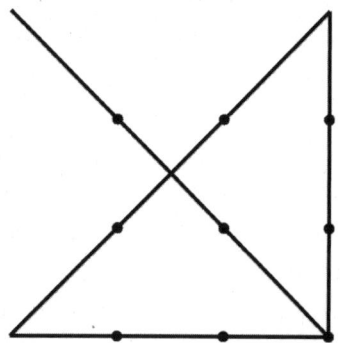

Incluso podríamos resolver el acertijo con tres líneas, si los puntos fuesen lo suficientemente grandes (del tamaño de pelotas de playa, tal vez, aunque esto es una broma).

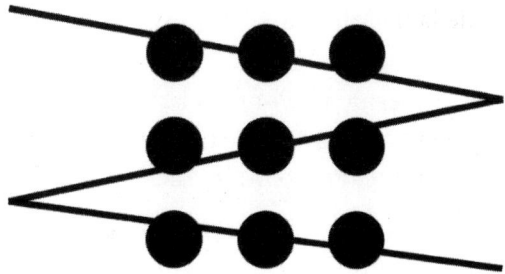

Adivinanza

El dueño de una casa le encarga al jardinero que plante 5 hileras de 4 árboles cada una, pero el jardinero solo tiene 10 árboles, ¿Cómo podría hacerlo?

Solución
Tiene que plantar los árboles ¡formando una estrella!

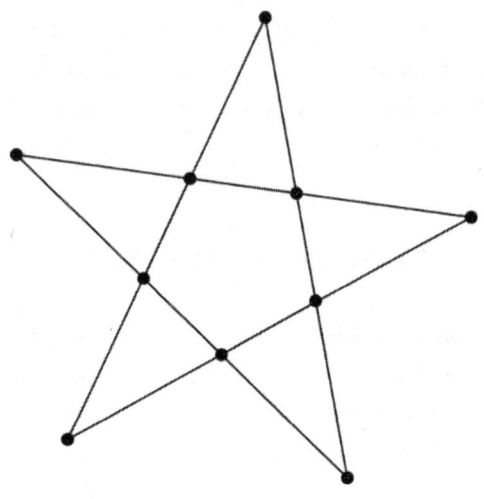

PASCAL Y LA RELIGIÓN

La actitud de algunas personas hacia la religión es que es mejor creer que no creer en ella porque podría ser verdad. El matemático y filósofo francés Blaise Pascal justificó esta manera de proceder con una famosa apuesta que ideó y se publicó en su libro «Pensamientos» (o Pensées) en 1670, ocho años después de su muerte. La lógica que aplicó Pascal se consideró un hito en la teoría de la probabilidad y la teoría de la toma de decisiones. Su argumento era, más o menos, el siguiente: Si Dios existe y no crees en Él, entonces estás condenado al infierno por toda la eternidad. Por otro lado, si Dios no existe y crees en Él, esa creencia no te perjudica. Así que es mejor creer en Dios por si acaso realmente existe. Por lo tanto, incluso si usted piensa que la probabilidad de que Dios exista es solo una en diez mil (0,0001), el beneficio esperado por creer es mucho mayor:

	creer	no creer	probabilidad
Dios existe	∞	$-\infty$	0.0001
Dios no existe	$-\epsilon$	ϵ	0.9999
Valor esperado	∞	$-\infty$	

Una lógica similar puede encontrarse en un relato sobre Niels Bohr, pionero en la teoría cuántica y la teoría de la estructura atómica. Se cuenta que el tío de Bohr puso una vez una herradura en la parte trasera de su casa para alejar a los malos espíritus. Algunas personas le preguntaron por qué hacía eso. «Seguro que no crees en esas supersticiones, ¿verdad?» le decían. A lo que el tío de Bohr respondía: «No, claro que no. Pero dicen que funciona ¡aunque no creas en ello!»

CAUSALIDAD Y DIOS

La idea de *causalidad* también puede explicar por qué muchas personas creen en Dios. Un viejo argumento teológico sostiene que, como todo tiene una causa y una razón, esto conduce a una secuencia cuyo origen, así reza el razonamiento, tiene que ser Dios. Hay algunas réplicas estándar a este razonamiento: ¿Quién creó a Dios? La respuesta habitual sería que Dios es lo único que no necesita un creador para existir. Pero entonces, se podría objetar que si existe algo que no necesita de un creador ¿por qué no puede ser todo el universo?

Este debate pone de manifiesto que nuestras acciones y creencias no están dictadas únicamente por la causalidad u otros conceptos intelectuales. Somos seres humanos y, en lo más profundo, no somos estrictamente lógicos. Somos emocionales, intuitivos, a veces estamos inspirados, y a veces nos equivocamos. Los científicos, claro está, no podemos disociarnos de nuestra condición humana, ni debemos intentarlo. Creemos en la ciencia no solo por razones prácticas. A algunos de nosotros nos motiva la búsqueda de algún tipo de verdad absoluta, o lo más absoluta posible, dadas nuestras limitaciones y las incertidumbres intrínsecas del mundo en que vivimos. La existencia de un objetivo tan ambicioso y, hasta cierto punto, poco realista no se puede defender ni justificar como algo racional. De hecho, es parecido a tener una creencia religiosa.

Rompecabezas
Supongamos que tenemos un rectángulo de anchura a y altura b, compuesto por rectángulos más pequeños, a modo de baldosas. Cada uno de estos tiene la propiedad de que su anchura o su altura es entera, lo que significa que al menos una de ellas es un número

entero (véase la Fig. 79). Se pide demostrar que el rectángulo grande también posee la misma propiedad.

(0,b)   **(a,b)**

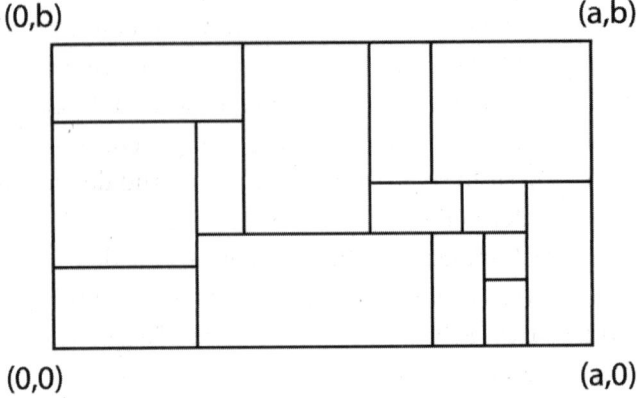

(0,0)   **(a,0)**

Figura 79. Un rectángulo grande hecho de rectángulos más pequeños que tienen por altura o anchura un número entero heredará esta propiedad.

Este rompecabezas demuestra que de una estructura local aparentemente aleatoria pueden derivarse propiedades globales asombrosas. En este contexto, por tanto, no hace falta un «Dios» u otro gran supervisor para organizar la estructura global, porque esta emerge, de manera natural, a partir de las propiedades locales.

Solución
Se fija un vértice del rectángulo grande en el origen de coordenadas, y los otros vértices se ponen en $(a, 0)$, $(0, b)$ y (a, b). Una solución elegante que podría considerarse sería integrar sen($2\pi x+\phi$) sen($2\pi y+\theta$) sobre cada rectángulo, para ángulos arbitrarios θ y ϕ. La idea es que esta integral se anulará si, al menos, uno de los lados del rectángulo en cuestión es entero. Para el rectángulo grande la integral se escribiría:

$$\int_0^b \int_0^a \operatorname{sen}(2\pi x + \phi)\operatorname{sen}(2\pi y + \theta)dxdy =$$

$$= \frac{1}{4\pi^2}\big(\cos(2\pi a + \phi) - \cos(\phi)\big)\big(\cos(2\pi b + \theta) - \cos(\theta)\big),$$

y se obtendrían expresiones similares para los rectángulos pequeños.

Dado que el coseno es una función periódica que no varía si se incrementa el ángulo en múltiplos enteros de 2π, para cada uno de los rectángulos pequeños la integral correspondiente es igual a cero porque es un producto de dos factores, uno de los cuales, al menos, se anula debido a que la altura o la anchura del rectángulo, es un número entero. Por esta razón, la integral vale cero sobre el rectángulo grande, pero esto solo es posible si la longitud de un lado, a o b, es un número entero (al menos de uno de ellos).

Esta solución también puede obtenerse a partir de un argumento de paridad, es decir, usando cantidades expresadas módulo 2. Sea N el número de pares (R,p) tales que R es un rectángulo pequeño de la subdivisión y p es un punto entero (con x e y enteros) que además es un vértice del rectángulo R. Ahora bien, el número de vértices enteros (que son puntos enteros) para cada rectángulo R es par, porque al menos uno de sus lados es entero, por lo que cada rectángulo R contribuye con un número par a N. En consecuencia, N tiene que ser par, lo cual implica que también tiene que serlo el número de vértices enteros del rectángulo grande. Y como se puso uno de sus vértices en el origen de coordenadas, que es un punto entero, ese rectángulo debe tener al menos otro vértice entero.

Otra forma de contar N es averiguar, para cada punto entero p, cuántos rectángulos lo tienen como vértice y luego sumar el total para obtener N. El número de rectángulos que tienen como vértice un punto p es par, *excepto* en el caso de los puntos en las cuatro esquinas del rectángulo grande (véanse los gráficos de la Fig. 80). Así que el número total N también es par.

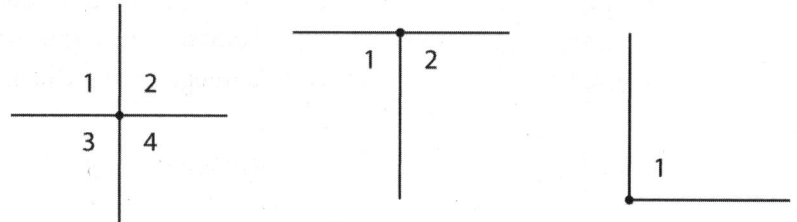

Figura 80. Contando el número de rectángulos que podrían tener un vértice en un mismo punto p. Los números son pares (2 o 4), excepto en los vértices del rectángulo grande, donde solo hay uno.

Este rompecabezas también se puede generalizar a 3D (y dimensiones superiores), con prismas que tengan por longitud, anchura o altura un número entero.

11. Dualidad

La dualidad, cada vez más importante tanto en física como en matemáticas, nos proporciona una manera excelente de relacionar entre sí muchos de los temas que hemos tratado hasta ahora. Hoy en día, es habitual en matemáticas y física que alguien esté intentando resolver un problema difícil que es equivalente, o «dual», a otro mucho más sencillo. Y la solución al problema más fácil puede hacer casi trivial el problema complicado, mostrando que no era tan difícil como se pensaba inicialmente. Los buenos rompecabezas y otros juegos de ingenio también son así. Todo lo que se necesita para resolverlos es, a veces, un cambio de perspectiva. La clave está en saber cómo y de qué manera realizar ese cambio. En este sentido, la búsqueda de dualidades parece estar arraigada en nosotros de manera innata, ya que estamos predispuestos a abordar los problemas de la forma más fácil.

Por ejemplo, a lo largo de los años hemos aprendido que las cinco versiones diferentes de la teoría de cuerdas son matemáticamente equivalentes entre sí. También hemos aprendido que las teorías de cuerdas en 10 dimensiones son duales a la teoría M en 11 dimensiones, que es una teoría de la gravedad de membranas, y que las teorías de cuerdas también son duales a algunas teorías cuánticas de campos en dimensiones inferiores. Como es lógico, la versión que se elija dependerá del problema que se vaya a tratar.

La correspondencia AdS/CFT, por poner otro ejemplo, es una dualidad entre una teoría de la gravedad que rige en una región dada del espacio-tiempo y una teoría cuántica de campos sin gravedad que solo está definida en la frontera de la misma región[48].

---

48   La correspondencia AdS/CFT fue propuesta originalmente en 1997 por el físico

Esta correspondencia se descubrió hace más de 20 años y aún continúa dando lugar a nuevas ideas, junto con muchas sorpresas. «Se siguen encontrando nuevas facetas de las dualidades», dice el físico Edward Witten. «Las dualidades son interesantes porque a menudo dan respuesta a cuestiones que de otro modo estarían fuera de nuestro alcance. Por ejemplo, puede que llevemos años dándole vueltas a una teoría cuántica y entendamos lo que ocurre cuando los efectos cuánticos son pequeños. Pero los libros de texto no nos explican qué hay que hacer si los efectos cuánticos son grandes, por lo que a menudo nos encontramos con dificultades. Las dualidades suelen resolver este tipo de cuestiones. Nos dan otra teoría, otra descripción, y las cuestiones que se pueden abordar con una teoría son distintas de las que se pueden abordar con la otra».

Las dualidades representan simetrías, en cierto sentido, así como «equivalencias *altamente* no triviales», y con esto último me refiero a detalles y aspectos que no resultan evidentes en absoluto. Recientemente, las dualidades nos han permitido resolver problemas extremadamente complejos en física y matemáticas. Curiosamente, no sabemos por qué muchas de estas dualidades son ciertas. Podrían ser el sueño de cualquier experto en resolver rompecabezas y enigmas, pero son también rompecabezas y enigmas en sí mismas y para sí mismas. Cuando resolvemos un problema, lo normal es que comprendamos cómo hemos llegado a la solución. Sin embargo, cuando recurrimos a una dualidad para resolver un problema, suele suceder que no entendemos cómo ni por qué funciona. Esto puede dar la impresión de tratarse de un truco bastante asombroso, pero el hecho de que la explicación se nos escape ¡también puede ser bastante embarazoso y frustrante!

---

argentino Juan Maldacena, y después fue desarrollada por muchos físicos. Se trata de una conjetura sobre la equivalencia entre la teoría de cuerdas definida en un espacio con geometría de Anti de Sitter (AdS), por un lado, y una teoría cuántica de campos invariante conforme (CFT) definida en la frontera de ese espacio, por otro lado.

DOS EJEMPLOS MATEMÁTICOS

Imaginemos un espacio de dimensión D y consideremos objetos de dimensión $\ell = 0,\ldots,D$, dentro de este espacio, a los que denotamos por A_ℓ. Entonces, existe una dualidad entre estos objetos de dimensión ℓ y otros objetos distintos de dimensión $\tilde{\ell} = D - \ell$. Por ejemplo, para $D = 2$, un objeto de cero dimensiones (un punto) se transforma bajo esta dualidad en un objeto de 2 dimensiones (como un triángulo) y viceversa, y las líneas son duales a líneas, como se ve en la Fig. 81 A. Esta es una manifestación de la llamada «dualidad de Poincaré».

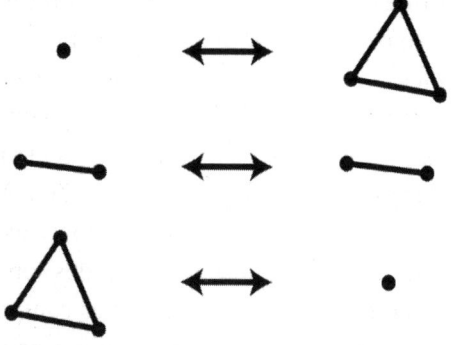

Figura 81 A. Para $D = 2$ esta dualidad transforma un
punto en un objeto de 2 dimensiones, como un triángulo,
y viceversa, y las líneas se transforman en líneas.

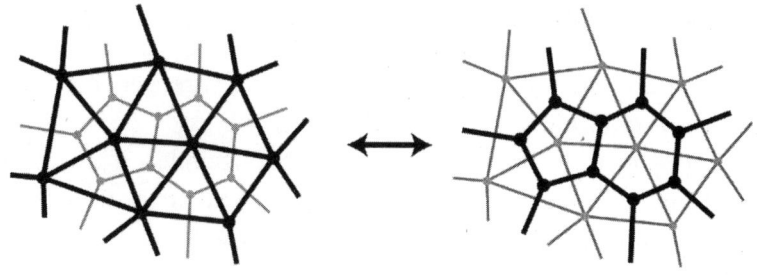

Figura 81 B. Un ejemplo de la dualidad de Poincaré para $D = 2$.

Asimismo, en el ejemplo de dualidad bidimensional de la Fig. 81 B se intercambian puntos por caras, y líneas por líneas. Más aún, cada enunciado o afirmación que se haga sobre una triangulación tiene un análogo dual.

Veamos otro ejemplo de dualidad matemática. Supongamos que estamos intentando resolver la ecuación diferencial

$$\sum_{n=0}^{N} a_n \frac{d^n f}{dx^n}(x) = 0.$$

Esta parece horriblemente complicada, pero supongamos que probamos con una función de la forma $f(x)=e^{px}$. Entonces, la derivada d/dx se convierte en multiplicación por p, y la ecuación diferencial pasa a ser

$$\sum_{n=0}^{N} a_n\, p^n = 0.$$

Así que hemos tomado una ecuación diferencial bastante imponente y la hemos convertido en una ecuación polinómica. Esto puede ser muy útil porque, en general, las ecuaciones polinómicas son mucho más fáciles de resolver que las ecuaciones diferenciales. La transformación que hemos hecho es un ejemplo sencillo de la transformada de Fourier. En su forma general, se escribe una función $f(x)$ como una suma, o integral, de exponenciales complejas: $f(x)=\Sigma c_\alpha e^{i\alpha x}$. (Obsérvese que esta transformada no es una aproximación a la función, sino una manera dual de escribirla). Y como resultado, mediante la transformada de Fourier de $f(x)$ desde su espacio ordinario a lo que se denomina su espacio de frecuencias, hemos conseguido simplificar un problema difícil.

Los dos ejemplos que hemos visto corresponden a dualidades que se pueden formular matemáticamente y demostrar de forma rigurosa. Pero en las últimas décadas, hemos descubierto en física dualidades que son más misteriosas y mucho más potentes que la transformada de Fourier. Sin embargo, desde el punto de vista matemático, aún no se ha encontrado una explicación clara para estas dualidades. Imagínese que estuviera intentando resolver una ecuación diferencial exótica y dispusiera de una especie de «caja negra» que calculase una solución que luego se pudiera comprobar. Pues bien, hay muchas soluciones de este tipo en la física moderna actual. Es como tener un código mágico para abordar los problemas, algo parecido a un maestro experto en resolver rompecabezas y otros puzles. No sabemos cómo ni por qué funcionan esas dualidades, pero lo hacen. Para ponerlo en perspectiva, hay que destacar que los métodos basados en dualidades, ¡pueden resolver problemas matemáticos hasta ahora no resueltos! En otras palabras, pueden proporcionarnos la solución correcta sin dar una explicación detallada de cómo se ha llegado a ella.

DUALIDAD EN MECÁNICA CUÁNTICA

Hay que resaltar que la transformada de Fourier fue decisiva para establecer la dualidad onda-partícula en la mecánica cuántica.

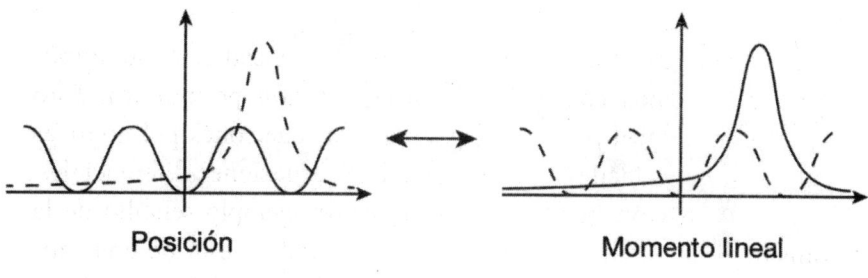

Posición   Momento lineal

La transformada de Fourier del espacio de posiciones es el espacio de momentos lineales. Transforma distribuciones muy concentradas en el primer espacio (baja incertidumbre en la posición) en distribuciones muy dispersas en el otro espacio. Los objetos en reposo se parecen más a partículas, pues son similares a funciones de probabilidad que alcanzan su máximo cerca de un punto concreto del espacio. Los objetos en movimiento, por el contrario, se parecen más a ondas que se propagan por el espacio de posiciones, y pueden verse como distribuciones de probabilidad que alcanza su máximo cerca de un punto concreto del espacio de momentos. Cuanto mayor es el valor de una distribución en uno de estos espacios, mayor es su dispersión en su transformada de Fourier dual. La relación entre las dispersiones de la posición y del momento lineal viene dada por el principio de incertidumbre de Heisenberg:

$$\Delta x \Delta p \geq \hbar/2.$$

¿Por qué surgen estas dualidades? ¿Por qué hay más de una descripción o representación? No disponemos de una buena explicación para este fenómeno, pero lo cierto es que la existencia de dualidades parece ser un hecho profundo e ineludible en la naturaleza.

LA TEORÍA DE MAXWELL

En la teoría del electromagnetismo se tienen campos eléctricos y magnéticos, denotados por $\vec{E}$ y $\vec{B}$. Como es bien sabido, una carga eléctrica q_e induce un campo eléctrico. Así que se podría pensar que un campo magnético es inducido, de manera similar, por una carga magnética q_m. Sin embargo, no hemos descubierto semejantes cargas en la naturaleza: partículas, o monopolos magnéticos, que contienen una unidad aislada de carga magnética; un polo norte, por ejemplo, sin un polo sur. No obstante, Dirac demostró que, si existen los monopolos magnéticos, entonces la carga eléctrica está cuantificada necesariamente, tal como se observa. Por otro lado, basándonos en argumentos extraídos de la formulación cuántica de la gravedad, esperamos que los monopolos magnéticos realmente existan. Más aún, estos aparecerían de manera natural en el contexto de la unificación de las fuerzas electromagnéticas con las otras fuerzas fundamentales, de las que hemos hablado en capítulos anteriores.

Las ecuaciones de Maxwell presentan una simetría interesante entre el campo eléctrico y el campo magnético:

$$\begin{cases} \vec{E} \mapsto \vec{B} \\ \vec{B} \mapsto -\vec{E} \\ q_e \mapsto q_m = 1/q_e \end{cases}$$

Por supuesto, si no existen las cargas q_m, o si sus masas son diferentes de las masas de los estados con carga eléctrica, entonces no existe esta simetría. Sin embargo, incluso si los monopolos magnéticos no existieran, esta simetría cobraría sentido en el espacio vacío donde no hay partículas con carga eléctrica. En efecto, en el espacio vacío, la teoría de Maxwell tiene la simetría que leemos arriba y que podemos interpretar de la forma siguiente: si se toman las ecuaciones de Maxwell y se sustituye el campo eléctrico por el campo magnético, y también se sustituye el campo magnético por el negativo del campo eléctrico (esto es lo que significan las flechas de arriba), las ecuaciones no cambian. Pero hay que recordar que esta simetría tan especial solo es válida en el espacio vacío.

En el marco de la física cuántica, la situación se hace más complicada ya que los efectos cuánticos destruyen la simetría entre los campos eléctrico y magnético. Para cuantizar la teoría de Maxwell, se necesita la constante de estructura fina, que puede considerarse como la «carga cuántica»:

$$\frac{e^2}{\hbar c} \approx \frac{1}{137}.$$

Esta constante controla las fluctuaciones cuánticas, así que cuanto mayor sea su valor, mayores serán las correcciones cuánticas. Como el valor que tiene es bastante pequeño, por debajo del uno por ciento, los efectos cuánticos no son dominantes en nuestra vida cotidiana.

En la teoría cuántica, la simetría entre los campos eléctrico y magnético *invierte*, en cierta medida, esta cantidad. Es decir,

$$\frac{e^2}{\hbar c} \mapsto \frac{\hbar c}{e^2} \approx 137.$$

A grandes rasgos, la cantidad que representa la intensidad de las interacciones eléctricas se invierte y se convierte en la intensidad de las interacciones magnéticas, que es mucho mayor. Esto ocurre porque $q_e \, q_m \approx 1$. Por eso, se dice que la interacción eléctrica está débilmente acoplada y la magnética está fuertemente acoplada. Y cuanto más fuerte es la interacción magnética, más débil es la interacción eléctrica y viceversa.

Sin embargo, como ya se ha señalado, la simetría entre las interacciones eléctricas y magnéticas no se cumple debido a la ausencia de monopolos magnéticos, así como a efectos cuánticos. Pero existe una modificación de la teoría de Maxwell, que ahora veremos, para la que esta simetría si se cumple.

La modificación consiste en tomar la teoría de Maxwell (los campos $\vec{E}$, $\vec{B}$, etc.) y generalizarla a matrices. Esto se llama la versión «no abeliana» de la teoría, porque, a diferencia de los números, las matrices no conmutan y, por consiguiente, forman un grupo no abeliano.

Vamos a adentrarnos un poco más en las matemáticas. En la teoría de Maxwell, los componentes de los campos están formados por números que pueden verse como matrices 1×1, de acuerdo con lo que se denomina una simetría de gauge $U(1)$. Una matriz 1×1 es, como decimos, equivalente a un número. Pero expresar los números de esta forma permite generalizar las expresiones y las fórmulas más fácilmente. Si las componentes de los campos eléctrico y magnético fueran matrices $N \times N$ (hermíticas), en lugar de 1×1, obtendríamos lo que se denomina una simetría de gauge $U(N)$.

La dualidad fuerte/débil que hemos mencionado sigue sin cumplirse del todo, a no ser que se añadan un número suficiente de fermiones para que la teoría sea supersimétrica, tema que tratamos en capítulos anteriores. Esto nos permite controlar las fluctuaciones cuánticas y restaura la dualidad entre los campos eléctricos y magnéticos de la teoría clásica.

Así se llega a una dualidad que no comprendemos totalmente, por el momento, pero de cuya validez tenemos pruebas, aunque no sepamos cómo demostrarla[49]. Esta dualidad resulta estar relacionada con algunas cuestiones que interesan a los matemáticos, de forma independiente, cuestiones que forman parte del llamado programa geométrico de Langlands, relacionado a su vez con problemas de la teoría de números. La dualidad fuerte/débil conecta la física con las matemáticas de esta y otras maneras. Los físicos hemos comprobado esta dualidad en muchísimos casos nada triviales, y realmente se

---

[49] El único caso que podemos demostrar realmente es el caso $U(1)$, que puede probarse utilizando la transformada de Fourier en el espacio infinito dimensional de los campos cuánticos.

cumple, pero seguimos sin poder explicar a partir de primeros principios por qué. Aunque lo que afirmamos los físicos puede plasmarse en fórmulas y expresiones matemáticas concretas, no podremos unificarlas hasta que tengamos una comprensión completa y matemáticamente rigurosa de la teoría cuántica de campos, algo de lo que aún carecemos, casi un siglo después de iniciada la era cuántica.

La dualidad fuerte/débil entre las interacciones magnéticas y eléctricas es un ejemplo de la llamada dualidad S, cuya versión más estudiada es la de la teoría de Yang-Mills supersimétrica $U(N)$, con $N = 4$.

DUALIDAD EN LA TEORÍA DE CUERDAS

La teoría de cuerdas ha puesto al descubierto muchas dualidades muy potentes y sorprendentes, ilustrando así la importancia de las dualidades en física. La dualidad entre el acoplamiento débil de la carga eléctrica y el acoplamiento fuerte de la carga magnética puede traducirse al lenguaje geométrico de la teoría de cuerdas, como veremos. En este marco, no nos limitamos únicamente al espacio-tiempo ordinario de Minkowski de cuatro dimensiones (4-D), sino que también hay que incluir dimensiones extra adicionales, necesarias para garantizar la consistencia de la teoría. La parte relevante de la teoría, para el problema que nos ocupa, resulta ser de 6-D. A su vez, la geometría relevante de 6-D es el producto del espacio-tiempo de Minkowski $\mathbb{R}^4$ y un toro de 2-D (nótese que las dimensiones cumplen $4+2 = 6$). Este toro adicional podría tener longitudes, o dimensiones, laterales ℓ_1 y ℓ_2 con una razón igual a

$$\frac{\ell_2}{\ell_1} = e^2,$$

donde e es la carga eléctrica.

Las longitudes ℓ_1 y ℓ_2 pueden verse como las longitudes de una hoja de papel rectangular, como se explicó en el capítulo 5. La hoja puede enrollarse en forma de cilindro y los extremos del cilindro se pueden unir entre sí, a su vez, para formar un donut o toro, como se explica en la Fig. 54 y la Fig. 82.

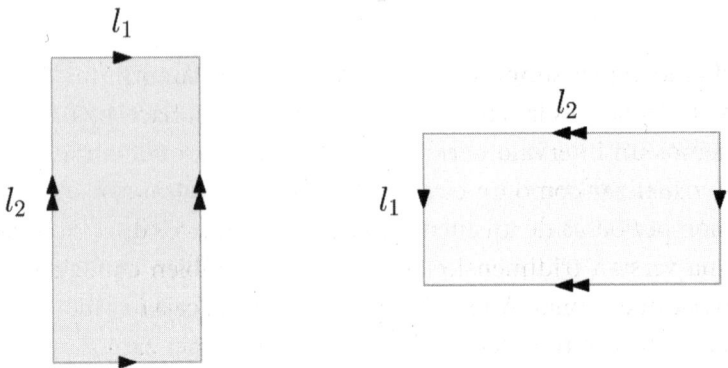

Figura 82. La dualidad electricidad/magnetismo puede verse como una rotación de 90 grados en un toro bidimensional.

En el contexto de la teoría de cuerdas, la simetría $E \leftrightarrow B$ para la teoría $U(N)$ surge al enrollar N objetos de 6-D en un toro bidimensional, con lo que la teoría resultante de 4-D posee esta simetría. En esa formulación, la simetría $E \leftrightarrow B$ proviene de considerar el toro como un rectángulo. En efecto, como se muestra en la Fig. 82, si rotamos las coordenadas un ángulo de $\pi/2$ en sentido antihorario, entonces tendremos la transformación

$$\begin{cases} x \mapsto y \\ y \mapsto -x. \end{cases}$$

Esta operación cambia el significado de e^2 porque los dos lados han intercambiado sus papeles y ahora se obtiene $\ell_1/\ell_2 = 1/e^2$, que identificamos como el cuadrado de la carga magnética. La dualidad entre la electricidad y el magnetismo, cuando se traslada a la teoría de cuerdas, reside en el simple hecho de que en el rectángulo a partir del que se obtuvo el toro, no importa qué lado se considere horizontal o vertical; es decir, en este sentido los lados del toro son indistinguibles. Como consecuencia, la elección de cual es cual es completamente arbitraria, por lo que ℓ_1/ℓ_2 y ℓ_2/ℓ_1 dan lugar a la misma física.

LA DUALIDAD T

La dualidad más simple de la teoría de cuerdas, aunque una de las de mayor alcance, es la llamada «dualidad T». Para hacernos una idea, tomemos un intervalo periódico de longitud L, que también podemos visualizar como un círculo. También se podría considerar una versión periódica de un cuadrado de lado L que conduzca a un toro. O una versión tridimensional del mismo, también conocida como toro tridimensional. Ahora, imaginemos que la caja de lado L que da lugar a este toro representa el universo y que comenzamos a contraer L. Entonces, a medida que disminuye el tamaño de L, el universo se hace más y más pequeño y, en apariencia, más comprimido, como se ve en la Fig. 83.

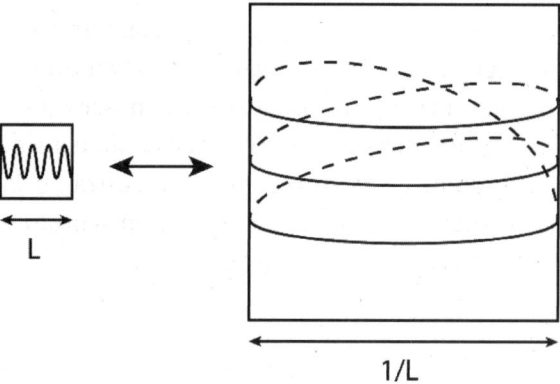

Figura 83. Un universo pequeño de longitud L es dual a un universo grande de longitud $1/L$, y las cuerdas que pueden desplazarse en su interior son duales a las cuerdas enrolladas en el universo grande, que no pueden moverse.

Pero en la teoría de cuerdas ocurre algo extraordinario: si se continúa contrayendo el universo por debajo de la longitud de las cuerdas, se termina comportando como si se estuviera «expandiendo». Así que existe una dualidad basada en la inversión de la longitud: un universo de longitud L, en unidades de las cuerdas, es *dual* a un universo de longitud $1/L$.

Esto suena totalmente absurdo, pero ¡es una de las pocas dualidades que de hecho podemos probar! La energía de una partícula en una caja de lado L está cuantizada y viene dada por $E \sim n/L$. Esta es la energía normalmente asociada a los modos de vibración armónicos de una cuerda en una caja, y n/L puede verse como el momento lineal del centro de masas de la cuerda. Nótese que esta energía no es simétrica bajo la transformación $L \rightarrow 1/L$. Cuando la longitud L se hace muy pequeña, la energía de esos modos se hace enorme. Bueno, pues resulta que la teoría de cuerdas aporta un ingrediente adicional a esta situación, y es que las cuerdas se pueden enrollar alrededor de la caja. Dicho enrollamiento se caracteriza por el número de vueltas que da la cuerda, y su energía es proporcional a L; es decir, $E \sim m/L$ (porque hay que hacer trabajo para estirar la cuerda), donde m es el número de vueltas. Ahora obsérvese que si se hace $L \rightarrow 1/L$ y se intercambian m y n (es decir, el número de vueltas de las cuerdas enrolladas y el momento lineal del centro de masas de las cuerdas que se desplazan) se obtiene el mismo espectro de energías para la teoría. En otras palabras, en lo que respecta a la energía, no se puede distinguir una caja de tamaño L de una caja de tamaño $1/L$.

De hecho, lo que estamos diciendo, más en general, es que no se puede distinguir un universo de tamaño L de un universo de tamaño $1/L$ en la teoría de cuerdas. Como no sabía nada de esta teoría, es muy posible que Einstein no hubiera estado de acuerdo en absoluto con esta conclusión. Podría haber dicho que, si se quiere medir la longitud del universo, no hay más que encender una luz, enfocarla en una cierta dirección y medir cuánto tarda en recorrerla. Así se obtendría una longitud inequívoca y bien definida. Entonces, ¿cómo podemos resolver esta diversidad de opiniones?

Pues bien, en la teoría de cuerdas hay dos tipos de luz: la luz ordinaria, compuesta por los modos asociados al momento lineal, y otra luz que consiste en cuerdas enrolladas. Si se miden las distancias con la luz ordinaria; es decir, con fotones ordinarios, se obtiene L como longitud. Pero si se utiliza la versión dual de la luz, que implica fotones enrollados, entonces ¡se obtendrá la otra longitud, $1/L$! Este resultado nos indica que la distancia no es una noción fundamental en la teoría de cuerdas. También cabe preguntarse si podríamos ver esta otra luz en, digamos, nuestra linterna en casa. La respuesta es que no, porque la energía de esa luz sería proporcional a la longitud del universo y, por lo tanto, se necesitaría una cantidad de energía astronómica para crearla (¡inviable con la tecnología de las pilas actuales!).

VARIEDADES DE CALABI-YAU Y SIMETRÍA ESPECULAR[50]

La dualidad T puede dar lugar a nuevas dualidades. En concreto, las variedades de Calabi-Yau son muy especiales, y cada una de ellas posee una variedad dual o «espejo» con una topología compleja diferente. Aunque esas dos variedades de Calabi-Yau se clasificarían como distintas, desde el punto de vista matemático, no ocurre lo mismo en la teoría de cuerdas, necesariamente, donde variedades de topología diferente pueden no obstante dar como resultado la misma física. Esta generalización de la dualidad T se denomina *simetría especular*.

Las dualidades convierten los problemas y cuestiones en problemas y cuestiones duales, lo que significa que por cada problema o cuestión que se pueda formular dentro de un marco teórico, hay otro que se puede reformular en un marco dual. Ahora surge la pregunta de si existen ejemplos interesantes en física de este fenómeno. Pues bien, aquí va un ejemplo muy relevante. Para calcular las interacciones entre las partículas elementales en la teoría de cuerdas, partimos de un espacio-tiempo de 10 dimensiones (10-D) y reducimos la teoría a 4-D, presuponiendo que las dimensiones restantes están enrolladas y ocultas en un espacio diminuto de 6-D. Un ejemplo típico de estos espacios diminutos nos lo proporcionan, precisamente, las variedades de Calabi-Yau. A continuación, hay que calcular el número de esferas (bidimensionales) de área mínima que pueden caber dentro de la variedad de Calabi-Yau escogida, lo cual puede ser una tarea muy difícil que, en algunos casos, quede fuera de nuestro alcance. Sin embargo, gracias a la simetría especular, se puede dar respuesta a la misma cuestión simplemente calculando algunas integrales sencillas en la variedad de Calabi-Yau dual o espejo de la anterior. De este modo, se sustituye un problema casi intratable por otro mucho más sencillo. Usando este método, los físicos han calculado el número de esferas de área mínima para el caso de esferas de grados diferentes, donde cada grado corresponde al número de vueltas que da la esfera

---

50 Para una exposición muy clara y amena sobre este tema, véase *El Universo Elegante*, de Brian Greene.

en el espacio; es decir, el número de maneras en que una esfera puede envolver el espacio de 6-D.

Los matemáticos ya habían resuelto este problema para los grados 1 y 2, y su resultado coincidía con el obtenido por los físicos. Pero hay que destacar que los físicos, usando la simetría especular, pudieron determinar el resultado no solo para los grados 1 y 2, sino para *cualquier* grado. Más aún, los matemáticos obtuvieron después, por métodos tradicionales y tras un arduo trabajo, una solución al problema de grado 3 que discrepaba de la obtenida por los físicos. Así que muchos pensaron que los físicos teóricos de cuerdas se habían equivocado. Pero los matemáticos descubrieron posteriormente un error en sus cálculos, y tras rehacerlos confirmaron el resultado de los físicos. Esto nos dio aún más confianza en el uso de las dualidades para resolver problemas difíciles en física y matemáticas, porque esta aproximación ofrecía predicciones fiables que no podían obtenerse por otros métodos conocidos.

También se puede plantear la cuestión de cuántas superficies mínimas con g orificios o asas hay en las variedades de Calabi-Yau, donde $g = 0$ corresponde a la esfera y $g = 1$ al toro (a g se le denomina el género de la superficie). Pues bien, hace más de 25 años los físicos calcularon esos números para los géneros 1 y 2, y una década más tarde los ampliaron hasta $g = 49$. Los matemáticos, por su parte, sin recurrir a la simetría especular solo han reproducido hasta ahora el caso $g = 1$. Esto demuestra el poder de estas misteriosas dualidades. Así que, aunque aún no se comprenda en su totalidad, la simetría especular resulta muy estimulante para los matemáticos, ya que les permite acudir a la física para resolver sus problemas, así como para motivar el desarrollo de nuevas matemáticas[51].

La simetría especular, que llamó la atención de los investigadores gracias a la teoría de cuerdas, es una de las dualidades más fáciles de utilizar para los físicos. Por el contrario, la dualidad S para la versión no abeliana de las ecuaciones de Maxwell, que vimos antes, es mucho más complicada de entender.

---

51   Estos resultados de la física son vistos por los matemáticos como conjeturas, debido a los diferentes estándares de rigor. A menudo, lo que los físicos llaman «resultados bien establecidos», los matemáticos lo llamarían «conjeturas de los físicos».

Ahora vamos a dar analogías, a través de unos acertijos y rompe-cabezas sencillos, que podrían ayudarnos a captar la naturaleza de las dualidades de la teoría de cuerdas y sugerirnos cómo pensar en ellas.

Acertijo

Tenemos un tablero cuadrado de tamaño 1000 × 1000 cm formado por 10^6 cuadrículas de tamaño 1 × 1 cm. Se le proporcionan 999.990 ladrillos cuadrados idénticos de 1 × 1 cm que debe colocar en las cuadrículas de manera que no se superpongan. Se pide calcular todas las formas posibles de colocar los ladrillos en el tablero.

Solución

La respuesta es $\begin{pmatrix} 1000000 \\ 999990 \end{pmatrix} = \begin{pmatrix} 10^6 \\ 10 \end{pmatrix}$, obtenida haciendo uso de la simetría de los coeficientes binomiales, que se expresa así:

$$\begin{pmatrix} n \\ k \end{pmatrix} = \begin{pmatrix} n \\ n-k \end{pmatrix}.$$

Es una simetría porque se obtiene el mismo resultado independientemente de cuál de las dos expresiones usemos. Pero también es una especie de dualidad, ya que podemos considerar las cuadrículas cubiertas con ladrillos como si no lo estuvieran, y a la inversa; las dos situaciones son completamente simétricas. En otras palabras, cada forma de colocar los ladrillos en el tablero también puede considerarse como una forma de no colocar ladrillos en las cuadrículas restantes. Por lo tanto, el resultado es el mismo que el número de formas de colocar 10 ladrillos en el tablero, y este es un problema más sencillo y manejable de resolver.

En cierto sentido, este ejemplo plasma la idea, no demostrada aunque sugerente, de que no puede haber teorías en física infinitamente complicadas. Al incluir más y más ladrillos, el problema se complica al principio, pero luego empieza a hacerse cada vez más fácil. La complejidad máxima no se consigue cuando los parámetros alcanzan su mayor valor posible, porque si nos hubieran dado 10^6 ladrillos, para comenzar, solo habría habido una forma de colocarlos en el tablero. En este caso, la complejidad máxima se produce cuando $k = n-k$; es decir, cuando $k = n/2$, lo que sucede cuando se tienen $1/2 \times 10^6$ ladrillos. Este efecto también se refleja en el caso de la dualidad T, en la que la longitud efectiva más pequeña y, por tanto, más complicada corresponde a $L = 1/L$; es decir, para $L = 1$.

Rompecabezas

Le dan una vara de un metro de largo y 20 hormigas que debe poner en la vara en un instante inicial $t = 0$. Puede poner las hormigas en cualquier sitio de la vara y hacer que se muevan a la derecha o a la izquierda, pero solo al inicio, y ellas se mueven a una velocidad de 1 metro por minuto. Cada vez que dos hormigas chocan, simplemente invierten su dirección y continúan moviéndose a la misma velocidad. Y cuando las hormigas llegan al final de la vara, se caen sin más. Se pide averiguar dónde hay que situar a las hormigas, y en qué direcciones deben moverse inicialmente, para maximizar el tiempo antes de que la última hormiga se caiga de la vara.

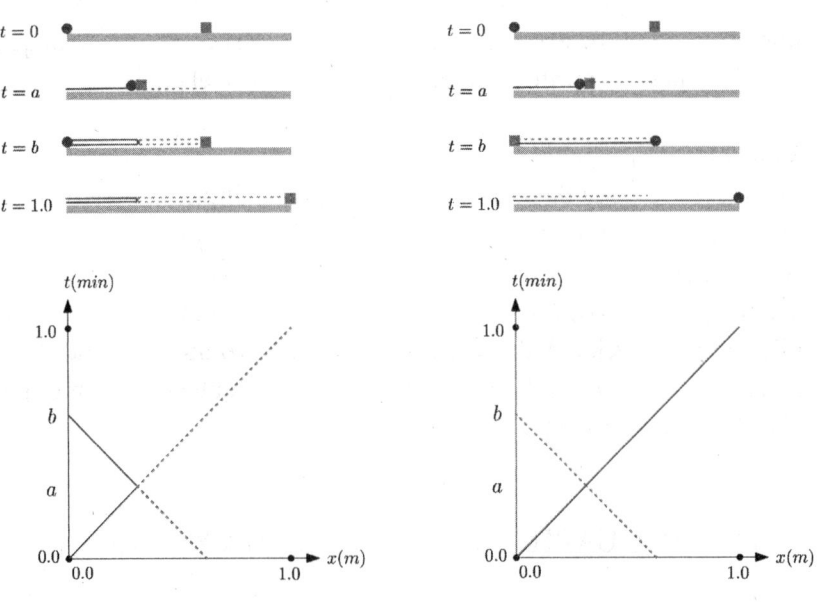

Figura 84. Dualidad de hormigas en colisión:
intercambio de identidades tras la colisión

252

Solución

En lugar de ver a las hormigas como si estuviesen rebotando unas en otras, hay que verlas como si se traspasaran, pasando las unas a través de las otras. Se trata de «dualizar» a las hormigas cambiando sus identidades a medida que chocan (véase la Fig. 84). Esto no cambia la posición de las hormigas si no se tienen en cuenta sus identidades. Entonces resulta evidente que se pueden ignorar completamente las colisiones y cualquier posible solución en la que al menos una hormiga empiece por un extremo de la vara es válida y da el mayor tiempo posible (un minuto) hasta que la última hormiga se cae.

Acertijo

Vamos a suponer que dos pueblos *A* y *B* están separados por una distancia de 100 km. Una persona va en bicicleta desde el pueblo *A* hacia el *B* a 20 km/h, a la vez que un coche se mueve en dirección contraria, desde el pueblo *B* hacia el *A,* a 100 km/h. Cada vez que el coche se encuentra con la bicicleta, se da la vuelta; y cuando llega de nuevo al pueblo B, se vuelve a dar la vuelta. Y así continua hasta que el ciclista llega al punto *B*. ¿Qué distancia recorre el coche?

Solución

De nuevo, se pude dar una explicación más complicada de lo necesario sumando las distancias de cada tramo del trayecto. Pero lo más sencillo, para determinar la distancia que ha recorrido el coche, es calcular el tiempo que tarda la bicicleta en llegar al pueblo *B*, y multiplicarlo por la velocidad del coche. Dicho de otro modo, es más fácil calcular el tiempo dual, medido por el ciclista, que es el mismo que el tiempo que tarda el coche en hacer el viaje.

OTRAS DUALIDADES: GEOMETRÍA Y FUERZAS

Como explicamos antes, según la teoría de cuerdas, el espacio-tiempo del universo está compuesto por el producto de $\mathbb{R}^4$, el espacio-tiempo de 4-D, y un espacio diminuto consistente en una variedad compacta de 6-D. Pues bien, la física puede «diseñarse geométricamente», como si de un proyecto de ingeniería se tratara, en el sentido de que las fuerzas y partículas elementales de la naturaleza pueden interpretarse en términos de la geometría de este espacio de 6-D. Al igual que Einstein nos enseñó que la gravedad es una manifestación de la curvatura, o geometría, del espacio-tiempo, los físicos teóricos de cuerdas sostienen que gran parte de los fenómenos físicos que percibimos están dictados por la forma, o geometría, del espacio compacto de 6-D que se encuentra oculto en cada punto del espacio tridimensional.

Ahora bien, si la teoría de cuerdas propone que vivimos en un espacio-tiempo de (3 + 1) dimensiones macroscópicas, y 6 (ó 7) dimensiones compactas ocultas, ¿dónde se encuentran tales dimensiones? Bueno, un cable del teléfono, visto de lejos, parece unidimensional, pero podemos apreciar que su superficie es bidimensional si lo miramos más de cerca, como se muestra en la Fig. 85. Del mismo modo, el espacio macroscópico es tridimensional, pero podrían existir dimensiones ocultas adicionales que fuesen demasiado pequeñas como para poderlas percibir, tal como se ve en la Fig. 86.

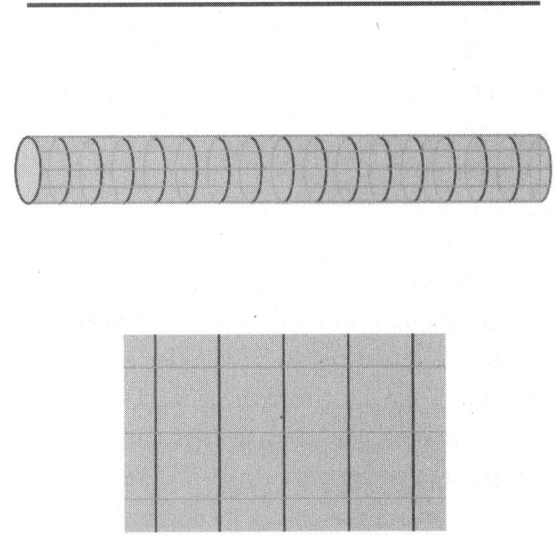

Figura 85. Las dimensiones extra adicionales pueden hacerse visibles tras una inspección más cercana y detallada.

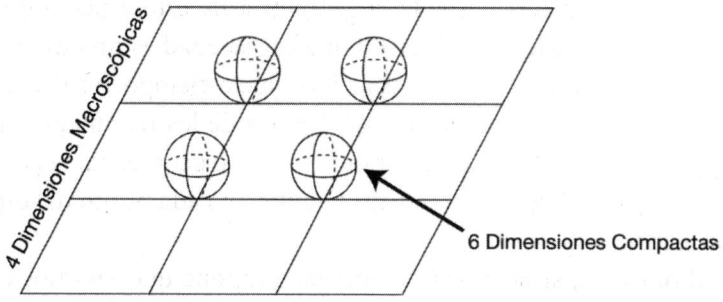

Figura 86. En cada punto del espacio-tiempo macroscópico
podría haber diminutos espacios compactados, como
si estuviesen enrollados sobre sí mismos.

¿Qué aspecto tienen esos diminutos espacios adicionales? ¿Cómo afectan a los fenómenos físicos que observamos en el espacio-tiempo? Estas cuestiones han dado lugar a la noción de diseño geométrico, o ingeniería geométrica, de la física que mencionamos antes. En función de cómo sea la forma y el tamaño del espacio interno de 6-D, la física observada en el mundo macroscópico será diferente, con diferentes masas para las partículas, diferentes intensidades para las fuerzas fundamentales, etc. Por ejemplo, supongamos que quisiéramos describir la geometría de las interacciones fuertes que rigen las fuerzas entre los quarks. Entonces, lo que tendríamos que hacer es que el diminuto espacio interno contuviese dos esferas que se tocasen en un punto, como se muestra en la Fig. 87. Esto conduce a una fuerza de gauge no abeliana correspondiente al grupo SU (3) (en sentido estricto, tenemos que considerar el límite en que el área de las esferas se aproxima a cero). La forma en que la física y la geometría se relacionan, en este caso y otros más, es realmente mágica, aunque demasiado complicada como para explicarla aquí.

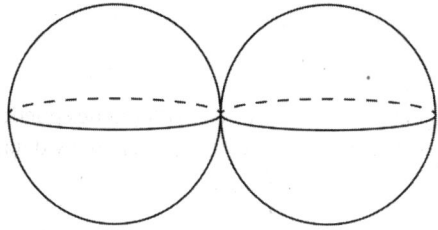

Figura 87. Dos esferas diminutas que se tocan en un punto dan
lugar a la física de las fuerzas fuertes entre los quarks.

Rompecabezas

Imaginemos que tenemos cuatro hormigas en un plano que se mueven a velocidad constante en distintas direcciones. Las llamaremos hormigas 1, 2, 3 y 4. Supongamos que nos explican que las hormigas chocarán de dos en dos mientras se mueven, excepto en el caso de las hormigas 1 y 2, en el que no se nos dice si chocarán entre sí o no. En estas circunstancias, ¿podemos averiguar si las hormigas 1 y 2 chocarán?

Solución

Las hormigas 1 y 2 chocarán con total seguridad. Para ver esto, y de paso comprobar el poder de pasar a dimensiones superiores, vamos a añadir la dimensión tiempo. En otras palabras, vamos a considerar el espacio-tiempo dado por (x,y,t), donde (x,y) denota los puntos del plano en el que se encuentran las hormigas, y t denota el tiempo. Si examinamos la trayectoria de cada hormiga en este espacio-tiempo, obtenemos unas líneas que se denominan líneas de universo de cada una de ellas. Como cada hormiga se mueve a una velocidad constante, concluimos que las líneas de universo de todas ellas tienen que ser líneas rectas en el espacio (x,y,t). Ahora bien, el hecho de que dos hormigas choquen implica que sus líneas de universo tienen que cortarse porque en algún instante t ambas tienen que encontrarse en la misma posición (x,y). En particular, las líneas de universo de los pares de hormigas 1-3, 1-4, 2-3 y 2-4 se cortan dos a dos, lo cual implica que las tres líneas de universo de las hormigas 1, 3, 4 forman un plano, al igual que las tres líneas de universo de las hormigas 2, 3, 4 (véase la Fig. 88). Pero las líneas de universo de las hormigas 3 y 4, dado que se cortan, definen un único plano. Por consiguiente, las líneas de universo de las hormigas 1 y 2 están en el mismo plano. Teniendo en cuenta ahora que las hormigas 1 y 2 se mueven en direcciones diferentes (y no en paralelo), se deduce que sus líneas de universo tienen que cruzarse necesariamente, lo que significa que estas hormigas chocarán en algún punto del plano (x,y).

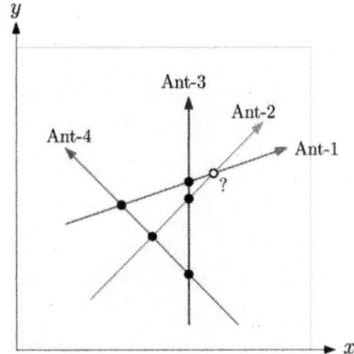
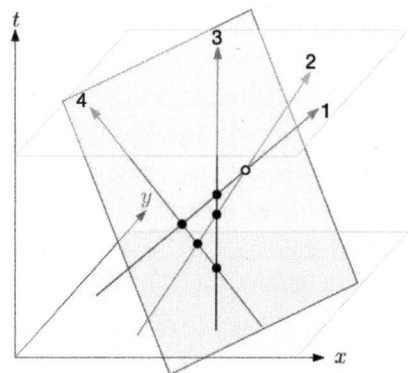

Figura 88. La abstracción de considerar el tiempo como una coordenada más conduce a la solución del rompecabezas, pues muestra que las líneas de universo de las hormigas 1, 3, 4 y 2, 3, 4 (denotadas por sus nombres en inglés) están en el mismo plano del espacio-tiempo, de lo que se deduce que las líneas de universo de las hormigas 1 y 2 también están en el mismo plano.

DUALIDAD EN LOS AGUJEROS NEGROS

En 1974 Stephen Hawking encontró que los agujeros negros tienen una entropía extraordinariamente alta, y demostró (a partir de un artículo de Bekenstein) que esta entropía es proporcional al área del horizonte de sucesos. Pero, ¿de dónde procede esta entropía? ¿Cuáles son sus ingredientes a nivel microscópico? En 1996 mi colega Andy Strominger y yo pudimos obtener una solución exacta para la entropía, o grados de libertad internos, de un agujero negro de tipo «extremal» haciendo uso de una descripción dual en la teoría de cuerdas. El cálculo consistió en contar el número de esferas, alrededor de las cuales se enrollan las membranas o «D-branas», que caben dentro de una variedad de Calabi-Yau de 6-D. Esta aproximación al problema dio el mismo resultado que la fórmula de Bekenstein-Hawking, al tiempo que ofrecía una descripción detallada del interior de los agujeros negros que explicaba cómo podían tener entropías tan elevadas. Esto supuso un logro notable para la teoría de cuerdas, así como una prueba del poder de las dualidades: contar objetos matemáticos dentro de una variedad de Calabi-Yau arrojaba, milagrosamente, el mismo resultado que el deducido a partir del área del horizonte de sucesos del agujero negro.

TRANSICIÓN GEOMÉTRICA

Muchas dualidades significativas que aparecen en la teoría de cuerdas conllevan un cambio en la geometría, lo que se conoce como «transición geométrica». Imaginemos, por ejemplo, un toro como un donut colocado en horizontal encima de una mesa. Ahora, visualicemos una circunferencia de una sección vertical del toro con su base sobre la mesa. Supongamos que reducimos esta circunferencia hasta llegar a un punto, apretando el donut hasta que este se rompe y se abre, con lo cual se hace topológicamente equivalente a una esfera (véase la Fig. 89). Con este procedimiento se obtiene una imagen sencilla de una transición geométrica, aunque no refleja su importancia para la teoría de cuerdas.

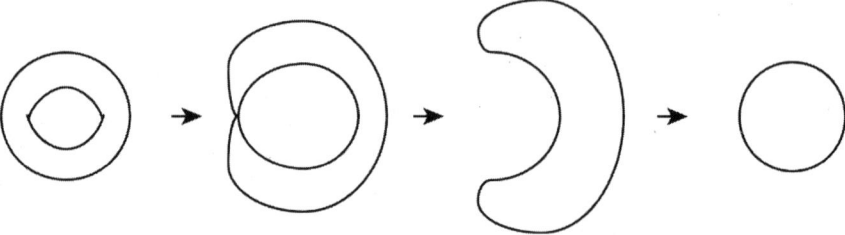

Figura 89. Ejemplo de transición geométrica:
un toro se transforma en una esfera.

Por otra parte, el confinamiento de los quarks, el hecho de que estén fuertemente ligados dentro de los núcleos, también puede representarse como una transición geométrica, en la que una esfera se contrae y otra esfera se expande en su lugar, como puede verse en la Fig. 90.

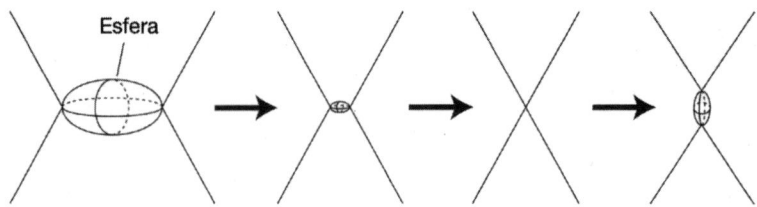

Figura 90. Una esfera se contrae y otra esfera se expande: un modelo geométrico para explicar el confinamiento de los quarks.

Un ejemplo clave de transición geométrica nos lo proporciona la noción de holografía, con la que ya nos encontramos en el capítulo 7 y que volveremos a tratar a continuación.

HOLOGRAFÍA

Es probable que usted esté familiarizado con las tarjetas holográficas, que tienen imágenes en 2-D que, sin embargo, dan la impresión de ser objetos de 3-D. Además, en el capítulo 7 también mencionamos la holografía en el contexto de los agujeros negros, que pueden caracterizarse completamente si se conoce el área de su horizonte de sucesos, sin necesidad de conocer su volumen.

Supongamos que representamos un fotón por una matriz $N \times N$, en lugar de por una única componente, o matriz 1×1 de la física clásica. Este es el caso de la teoría de Yang-Mills en 4-D, como dijimos antes. Pues bien, resulta que si se toma N muy grande, $N \gg 1$, enton-ces ¡se obtiene una teoría de la gravedad en 5-D! Esto es un ejemplo de holografía, así como también un ejemplo de la dualidad AdS/CFT que mencionamos anteriormente.

La dualidad AdS/CFT puede describirse en un lenguaje más sencillo y dice así: toda la información acerca de la física en un espacio-tiempo de 5-D, tal como la describe la teoría de cuerdas, teoría que incluye la gravedad, está completamente codificada en la frontera de 4-D de ese espacio-tiempo, tal como la describe una teoría cuántica de campos que no incluye la gravedad. Sorprendentemente, estas dos descripciones resultan ser equivalentes, a pesar de que involucran diferentes dimensiones espaciotemporales, y de que una de ellas incluye la gravedad y la otra no. Este no es solo un hecho asombroso, sino también muy útil, pues ha servido de base para realizar muchos estudios interesantes en la física teórica en las dos últimas décadas (y, presumiblemente, aún le queden varias décadas más).

La holografía a la que nos referimos aquí es una idea fascinante descubierta a través de la teoría de cuerdas, una herramienta increíble para resolver cuestiones muy difíciles, verdaderos rompecabezas, que podemos aplicar a una gran variedad de problemas. Los físicos no siempre sabemos por qué funcionan esta y otras aproximaciones basadas en dualidades. Y comprenderlo requerirá una colaboración a largo plazo entre matemáticos y físicos. Nadie sabe cuánto durará un proyecto así ni adónde nos llevará en última estancia.

Ley del Semicírculo de Wigner

Para terminar esta sección sobre la holografía, vamos a exponer un resultado curioso, aunque un poco técnico, dirigido a los lectores más entusiastas con las matemáticas (los menos entusiastas pueden pasar al capítulo siguiente).

Consideremos la distribución gaussiana, dada por la función densidad

$$f(x) \propto exp(-x^2/g).$$

Pues bien, Eugene Wigner planteó estudiar un análogo matricial de dimensión superior de esta función, sustituyendo x por X, una matriz simétrica $N \times N$, en la que cada entrada es una variable aleatoria. Consideremos ahora sus valores propios. En general habrá N de ellos, y Wigner descubrió que si se cumple $N \gg 1$ y $g \gg 1$, manteniendo el producto Ng fijo, los valores propios se distribuyen siguiendo una función densidad que es ¡un semicírculo perfecto! Para ser precisos, hay que decir que Wigner encontró este resultado para el caso de matrices hermíticas (que son iguales a sus transpuestas conjugadas), y obtuvo para el radio del semicírculo el valor $R \sim \sqrt{Ng}$.

¿Y qué tiene que ver esto con la holografía? Sea $\rho(\lambda)$ la densidad de los valores propios. Pues ocurre que en el límite en el que N es muy grande, $N \gg 1$, se obtiene aproximadamente

$$\alpha\rho^2+\lambda^2 = gN.$$

Por lo tanto, la función densidad queda de la forma

$$\rho(\lambda) \propto \sqrt{R^2 - \lambda^2}.$$

Así que ahora hay una nueva variable ρ, que representa una nueva dimensión, como se muestra en la Fig. 91. Desde este punto de vista, la holografía tiene que ver con alguna propiedad que se manifiesta en condiciones extremas. En este caso, cuando el tamaño de la matriz N es muy grande, lo que lleva a una descripción equivalente: la ley del semicírculo. En ejemplos más complicados de la teoría de cuerdas, procedimientos similares conducen a la gravedad en una dimensión superior. Estas descripciones duales pueden ser muy esclarecedoras e interesantes por sí mismas.

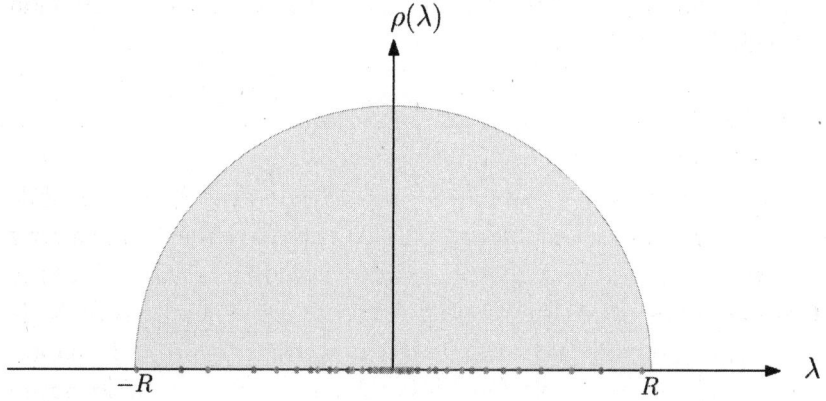

Figura 91. La densidad de los valores propios de una matriz hermítica muy grande, con entradas aleatorias, adopta la forma de un semicírculo.

12. Recapitulando

Mucho de lo que hemos tratado en los capítulos anteriores ha estado alternando entre la física y las matemáticas, aunque en el último capítulo las hemos visto entrelazadas en torno al concepto de *dualidad*. En algunos casos, hemos tratado un tema determinado (A) desde la perspectiva de las matemáticas, así como de la física. Y luego hemos tratado el tema opuesto (llamémoslo anti-A), de nuevo desde ambas perspectivas (véase la Fig. 92). También hemos resuelto algunos acertijos y rompecabezas que combinaban ideas de física y de matemáticas en una especie de descripción o representación dual.

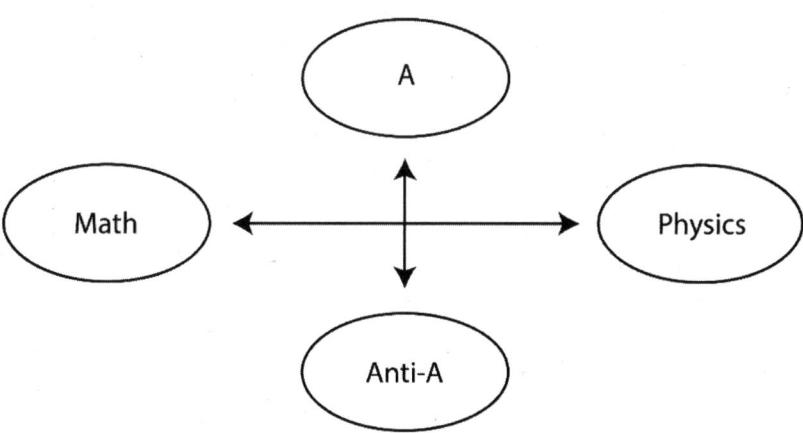

Figura 92. Esquema de los temas de este libro.

La dualidad, como hemos explicado, se ha convertido en un tema cada vez más relevante en la física actual, y es también una idea clave para resumir lo que hemos aprendido a lo largo de este libro. Una lección que se desprende del estudio de las dualidades que emergen en la naturaleza, es que tenemos que estar abiertos a diversidad de ideas en lo referente a nuestra comprensión de las leyes físicas. En otras palabras, no debemos aferrarnos a una única idea o perspectiva, ignorando puntos de vista alternativos. Hay muchas maneras distintas de ver las cosas: todas pueden ser igual de legítimas y todas pueden ofrecer sus ventajas y puntos de vista. En algunos casos, lógicamente, una idea mejor puede dar lugar a una mejor solución. Este puede ser, en pocas palabras, el mensaje clave y fundamental que hay que extraer de lo que hemos expuesto. En lo que sigue, vamos a repasar algunas de las cuestiones que hemos tratado, añadiendo algunos detalles más.

LAS SIMETRÍAS Y SU ROTURA

En primer lugar, hemos estudiado la importancia de las simetrías en física. Hemos examinado las simetrías traslacionales y rotacionales, así como otras formas más sutiles de simetría.

Acertijo
¿Cuál es el valor del ángulo con el signo de interrogación, en la Fig. 93, si los lados con marcas son iguales dos a dos de la manera que se indica?

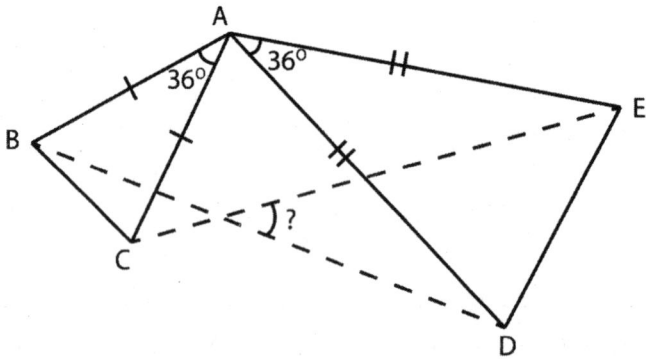

Figura 93. ¿Cuál es el valor del ángulo con el signo de interrogación?

Vemos que los triángulos *ABD* y *ACE* son iguales y, después de una rotación de 36 grados alrededor del punto A, se superponen de manera exacta. Por lo tanto, el ángulo con el signo de interrogación entre *BD* y *CE* es de 36 grados porque esto es lo que cambian los ángulos entre las rectas al hacer esa rotación. Esta solución también hace uso de la simetría rotacional, porque sabemos que un triángulo se puede girar (36 grados en este caso) sin que sufra ningún cambio.

Acertijo
En las esquinas de un cuadrado de 10 metros se encuentran cuatro tortugas. Cada una se mueve hacia la tortuga contigua en sentido antihorario a una velocidad constante de 10 cm/s, y toma el camino más corto hacia su objetivo. ¿Cuánto tardan las tortugas en encontrarse en el centro? (Véase la Fig. 94 A).

Solución
Las tortugas tardan 100 segundos en encontrarse en el centro. Nuestra intuición nos dice que si una tortuga no se moviera, la otra tortuga que va a su encuentro tardaría 100 segundos en llegar a su objetivo. Pero, ¿por qué tarda 100 segundos, de todas maneras, a pesar de que la tortuga a la que persigue también se está moviendo?

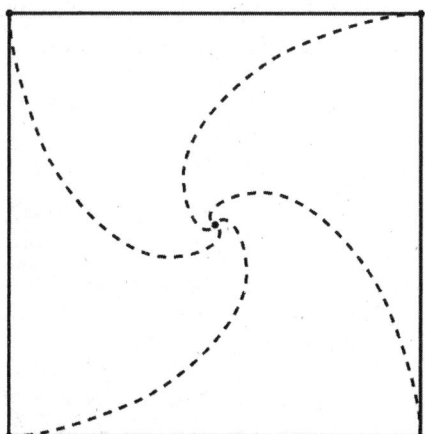

Figura 94 A. Las cuatro tortugas se mueven hacia la tortuga contigua en sentido antihorario a una velocidad constante y toman el camino más corto.

La razón es la siguiente. Esta configuración de cuatro tortugas posee siempre una simetría rotacional de 90 grados alrededor del origen, por lo que ellas siempre forman un cuadrado cuando todas se mueven a la vez (véase la Fig. 94 B). Las tortugas empiezan a moverse en las cuatro esquinas de un cuadrado y mantienen siempre la misma distancia relativa entre sí, lo que significa que siempre se encuentran en las cuatro esquinas de un cuadrado, que se va encogiendo hasta convertirse en el punto de encuentro. Vemos pues que cada tortuga se mueve siempre en perpendicular a la dirección del movimiento de la tortuga a la que persigue, por lo que la velocidad a la que se aproxima a esta es la misma que si esa tortuga no se moviera.

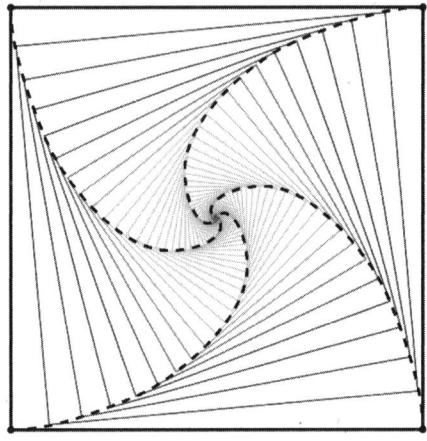

Figura 94 B. Cuando las tortugas se mueven todas a la vez,
siempre están en las esquinas de un cuadrado.

Las simetrías son divertidas, pero romperlas a veces lo es aún más. Y es que, en algunos aspectos, debemos nuestra existencia a la rotura de simetrías. Un buen ejemplo nos lo proporciona la antimateria. La materia es gemela de la antimateria, así que ¿cómo puede existir la materia si la antimateria desapareció? En efecto, si hubiera una relación perfectamente simétrica entre ellas, no existiría la materia y nosotros no estaríamos aquí, porque la materia y la antimateria se aniquilarían mutuamente, sin dejar más que algún tipo de energía tras de sí. El hecho de que sobreviviera la materia fue solo posible debido a un exceso diminuto de esta sobre la antimateria al comienzo del universo, justo después del Big Bang (exceso de una partícula entre miles de millones producido por la llamada «violación de la simetría CP», entre otros motivos).

Vemos pues que, aunque se suele decir que las simetrías están por todas partes a nuestro alrededor, lo cierto es que también están a nuestro alrededor las roturas de ciertas simetrías, y puede que esto sea aún más importante. No obstante, la rotura de algunas simetrías puede ser muy antiintuitiva. Por ejemplo, la física de partículas no es simétrica bajo las reflexiones, como vimos; es decir, no es invariante bajo las transformaciones de paridad, un hecho que incluso a Feynman le costó aceptar en un principio.

LAS SIMETRÍAS DE GAUGE

Muchas propiedades relevantes de la física de partículas están relacionadas con las llamadas «simetrías de gauge». Estas tienen una naturaleza diferente de las simetrías más familiares que vemos a nuestro alrededor. En lo que respecta a la simetría de traslación, podríamos decir que un experimento realizado en dos puntos diferentes debería dar el mismo resultado. Respecto a la simetría de gauge, sin embargo, diríamos que esos dos puntos diferentes son esencialmente el *mismo* punto. En lenguaje matemático, se diría que estamos «cocientando» o eliminando algo, usando alguna relación de equivalencia, de manera que podamos identificar dos objetos como si fueran el mismo. Un ejemplo sería la equivalencia entre todas las líneas de un cilindro paralelas a su eje, como vamos a explicar a continuación.

Un cilindro puede considerarse como el producto de una línea recta por una circunferencia. Así que cada punto de la circunferencia identifica, o «etiqueta», a la recta que pasa por él. Imaginemos ahora una simetría que consiste en hacer girar el cilindro a lo largo de su circunferencia. Si identificamos esta como una simetría de gauge, estaríamos identificando todos los puntos de la circunferencia entre sí. En otras palabras, todas las líneas rectas paralelas al eje del cilindro se verían como equivalentes.

El electromagnetismo clásico proporcionó el primer ejemplo conocido de una simetría de gauge que materializa la simetría del cilindro que acabamos de comentar. Para todo campo eléctrico, existe un potencial eléctrico asociado V, definido para cada punto del espacio. Pues bien, resulta que el valor numérico de V, en cualquier sitio, es arbitrario porque se define tomando un punto de referencia o «tierra» que, a su vez, es arbitrario. Si se eligiera un punto de referencia diferente, el valor numérico de V se modificaría, pero eso no afectaría a las propiedades físicas. Dicho de otro modo, si V es una solución de las ecuaciones de Maxwell, entonces V más una constante arbitraria, C, también sería una solución y no habría ningún cambio en absoluto en los correspondientes campos eléctrico y magnético. Este es el ejemplo más sencillo de una «transformación de gauge». En el lenguaje de la física, las ecuaciones de Maxwell tienen una simetría de gauge porque son invariantes bajo una versión más complicada de esta transformación de gauge. En la analogía con el cilindro, equivale a elegir un punto del círculo para cada punto del espacio-tiempo.

El cambio de divisas entre diferentes países ofrece también una buena analogía de la simetría de gauge. Imaginemos una red de puntos, en la que cada punto representa un país (véase la Fig. 95). Entre los diferentes países existen unos tipos de cambio de divisas[52].

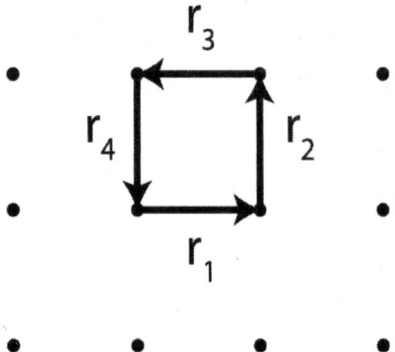

Figura 95. Red de países. El producto de los tipos de cambio de moneda $r_1\, r_2\, r_3\, r_4$, en forma de bucle, no variará cuando se produzcan modificaciones en las monedas de los distintos países.

52 Para un análisis más detallado de este ejemplo, véase el artículo de Juan Maldacena https://arxiv.org/pdf/1410.6753.pdf .

Si cambia la moneda de un país, cambiarán todos los tipos de cambio r_i entre ese país y los demás. Pero ese cambio de moneda no afecta realmente a ningún factor económico, ya que se trata solo de una mera convención. Consideremos, por ejemplo, el cambio de divisas entre Estados Unidos y Argentina. Supongamos que el tipo hubiera sido de 3.000 pesos argentinos por 1 dólar estadounidense. Pues bien, en 1985, Argentina introdujo el Austral como moneda oficial, equivalente a 1.000 pesos. Por lo tanto, 1 dólar estadounidense vale 3 Australes. Esto podría considerarse como una simetría de gauge porque, tras el cambio de moneda, nada ha cambiado en realidad ya que todas las elecciones de moneda son equivalentes. Así que, en este sentido, es como una simetría de gauge.

Obsérvese que el producto de los tipos de cambio de moneda r_1 $r_2 r_3 r_4$, en forma de bucle, como se muestra en la Fig. 95, *no* variará cuando se produzcan modificaciones en las monedas oficiales de los distintos países, por lo que tiene un significado real. Es análogo a lo que los físicos llamamos una cantidad invariante de gauge. Puede que haya tipos de cambio de moneda justos y su multiplicación en cada ciclo den como resultado la unidad ($r_1 r_2 r_3 r_4 = 1$). Pero, en otros casos, también puede ocurrir que la especulación haga que se produzcan ganancias ($r_1 r_2 r_3 r_4 > 1$).

Esta es una ilustración sencilla de las simetrías de gauge, aunque no nos da ninguna idea sobre su papel crucial en la física. Como se explicó en el capítulo 3, el electromagnetismo tiene una simetría de gauge $U(1)$. Y nuestras teorías sobre las otras fuerzas fundamentales de la naturaleza: fuerte, débil y gravitatoria, también incorporan simetrías de gauge. Así que estas conforman una estructura central y fundamental sobre la que descansa firmemente nuestro Modelo Estándar de la física de partículas.

MATEMÁTICAS INTUITIVAS

Hemos analizado toda una variedad de fenómenos matemáticos en la física. Por ejemplo, hemos sido capaces de argumentar que existen puntos antípodas en la Tierra, con la misma temperatura y presión atmosférica, basándonos únicamente en el principio de continuidad. Con este ejemplo mostramos que las matemáticas pueden imponer algunas restricciones a la física, aunque no suelen aportar apenas información sobre cómo funciona y su dinámica. En ese caso, las matemáticas establecieron las restricciones que conducen a la existencia de esos puntos antípodas en la Tierra, pero no nos dicen dónde se encuentran ni las condiciones bajo las que podrían variar.

Rompecabezas

Imaginemos que tenemos una bola cuya superficie está llena de átomos. Hacemos que todos ellos se muevan por la superficie de manera continua durante unos instantes y luego se posen, de manera parecida a lo que se hace en el juego de las sillas musicales. Entonces, un átomo «pierde» si acaba en el mismo sitio en el que empezó. Pero los átomos quieren ayudarse unos a otros para no perder. ¿Es posible que ningún átomo pierda?

Solución

No, esto no es posible. Un teorema matemático, llamado teorema del punto fijo de Brouwer, afirma que una función continua de una esfera sobre sí misma siempre tiene un punto fijo. La prueba es similar a los argumentos relativos a los números de vueltas que analizamos en capítulos anteriores. Y la versión infinitesimal da un campo vectorial que debe tener un cero en algún lugar. Este fenómeno también se describe mediante el enunciado: «No se puede peinar el cabello de manera continua en todos los puntos de una esfera». Siempre hay un sitio, un punto en el que el cabello se queda recto, de punta, y no se puede peinar en ninguna dirección. Proyectando el cabello sobre la esfera se obtienen vectores y el cabello que sobresale hacia arriba corresponde a un vector igual a cero. Esto es lo que se entiende por un punto fijo de un campo de vectores. Pues bien, el movimiento de los átomos en este rompecabezas puede verse como un campo vectorial y, para que ningún átomo pierda, este campo no debe valer cero en ningún sitio, lo cual es imposible.

De nuevo, estos enunciados matemáticos de apariencia tan formal desempeñan papeles importantes en física. A este respecto, recordemos que la conservación de la carga eléctrica en la teoría de cuerdas se corresponde con el hecho de que el número de vueltas se conserva al concatenar las cuerdas alrededor de un cilindro.

MATEMÁTICAS CONTRAINTUITIVAS

Un excelente ejemplo de matemáticas contraintuitivas son los cerca de 120 m de altura extra que se pueden conseguir añadiendo 1 m de cinta alrededor del ecuador de la Tierra.

Recordemos también el acertijo sobre el número de regiones en que se divide un círculo al trazar líneas que unen puntos dados de su circunferencia. Con este acertijo aprendimos que los patrones numéricos nos pueden confundir. En física, solo dispondremos de un número finito de datos y de ejemplos a partir de los cuales extrapolar. Así que, incluso aunque nuestros datos se ajusten perfectamente a nuestras teorías, siempre tendremos que estar preparados para la posibilidad de que estas resulten ser erróneas.

Los infinitos suelen ser fuente de confusión y desconcierto. Un hecho interesante sobre este tema es que el conjunto de los números reales computables, es decir, aquellos que podemos calcular con tantas cifras decimales como queramos, es numerable. Y esto a pesar de que los números reales, en su conjunto, no son numerables. Este hecho se debe a que los números reales computables resultan de un conjunto numerable de operaciones. Y si se realiza un número de operaciones numerable, lógicamente se obtiene un número de resultados igualmente numerable.

A veces hacen su aparición en la física matemáticas de lo más disparatadas. Recordemos nuestro análisis anterior sobre el Hotel de Hilbert, en el que se deducía que $\infty+1 = \infty$. Algo similar sucede, de hecho, en la física para crear una partícula en condiciones de vacío. La teoría matemática que describe este tipo de anomalías se denomina *teoría de índices*.

Rompecabezas

Lanzamos al aire una moneda un tanto especial. En la primera tirada siempre sale cara y en la segunda siempre sale cruz. La moneda tiene capacidad de adaptación porque, después de las dos primeras tiradas, la probabilidad de que salga cara es proporcional a la proporción de caras que han salido en las tiradas anteriores. Si efectuamos 100 tiradas más, ¿cuál es la probabilidad de que salgan 13 caras después de las dos primeras tiradas? ¿y 50 caras? ¿y 100 caras?

Solución

Hay dos efectos que compiten entre sí. Está el aspecto combinatorio, relativo al número de formas de alcanzar un número determinado de caras, y también hay un efecto avalancha, que favorece que el resultado de la tirada sea el mismo que aquel que tenga una proporción mayor en las tiradas anteriores. El primer efecto haría que el que salieran 50 caras fuese mucho más probable que 0 o 100 caras. El segundo efecto haría lo contrario y daría una gran probabilidad a los extremos. Digamos que, por casualidad, sale cara en las primeras tiradas. Entonces, la probabilidad de que salga cara aumenta y podría producirse un efecto avalancha de caras, haciendo más probables las posibilidades más extremas. Pues bien, sucede que los dos efectos se compensan, de hecho, y el resultado es que ¡la probabilidad no depende del número de caras que hayan salido! Todos los resultados son igualmente probables, con una probabilidad de 1/101.

Podemos comprobarlo fijándonos en la siguiente secuencia de tiradas y la probabilidad correspondiente de cada una de ellas, donde *H* representa las caras y *T* las cruces (por sus siglas en inglés):

$$H \quad T \quad H \quad H \quad T \quad H \quad T$$
$$\frac{1}{2} \quad \frac{2}{3} \quad \frac{1}{4} \quad \frac{3}{5} \quad \frac{2}{6}$$

De esta pauta podemos deducir que la probabilidad de obtener un resultado dado de *H* caras y *T* cruces, es

$$\binom{H+T}{H} \times \frac{H!\,T!}{(H+T+1)!} = \frac{1}{H+T+1}.$$

El primer factor está relacionado con el efecto combinatorio y el segundo con el efecto avalancha, lo que conduce a una probabilidad de 1/101 para todos los resultados posibles, como decíamos.

FÍSICA INTUITIVA Y FÍSICA CONTRAINTUITIVA

La intuición física permite alcanzar una perspectiva y una comprensión sorprendentes sobre problemas aparentemente difíciles. Un ejemplo de lo más destacado es que, por medio de la teoría de cuerdas, la intuición física ha permitido avanzar en problemas abstractos de geometría enumerativa de gran interés matemático, independientemente de su interés en física. En las fronteras de la física teórica, hemos usado la simetría especular y la intuición física para prever y obtener resultados matemáticos que los propios matemáticos aún no pueden demostrar.

¿Se acuerda de cómo demostramos el teorema de Pitágoras a partir de un argumento basado en fuerzas de torsión? Se puede discutir si este argumento es de algún modo circular, pero es incuestionable que plantear problemas matemáticos en un contexto físico puede ofrecer nuevas perspectivas. Por ejemplo, se puede aplicar esa misma técnica fácilmente para demostrar la ley o teorema de los cosenos. Estos son solo un par de ejemplos sencillos que ayudan a ilustrar lo que queremos decir con más generalidad.

A menudo, las teorías no parecen intuitivas hasta que se las mira a través de la óptica adecuada. Por ejemplo, la teoría de la relatividad especial de Einstein resulta muy contraintuitiva, con sus fenómenos extraños de dilatación del tiempo y contracción de longitudes, pero se deriva de la hipótesis, muy intuitiva, de que los sistemas o marcos de referencia inerciales tienen que resultar idénticos en cuanto a la física se refiere. Al principio, a nadie se le ocurrió que la velocidad de la luz fuera la misma en todos los sistemas inerciales, y los físicos pasaron muchos años buscando el éter, el medio a través del cual pensaban que se propagaba la luz, para poder medir su velocidad en los diferentes sistemas. Pero esos esfuerzos fueron infructuosos y llevaron a la conclusión de que el supuesto éter no existía. Y una vez que se acepta que la velocidad de la luz es la misma para todos los marcos de referencia inerciales, la teoría de Einstein se deduce de inmediato y se vuelve más «intuitiva».

Por otro lado, la mecánica cuántica es el ejemplo por excelencia de la física contraintuitiva. Lamentablemente, aún no hemos encontrado la manera correcta de entenderla y abordarla, pues es una teoría muy alejada de la intuición. Sin duda, se puede decir que la mecánica cuántica, y especialmente sus aspectos probabilísticos, sigue siendo incomprensible para la mente humana. Han pasado casi cien años desde que se elaboró y aún no la hemos interiorizado. Un ejemplo excelente de esta situación nos lo da el experimento de la doble rendija, que después de tantos años todavía parece contradecir el sentido común. Otros aspectos poco intuitivos de la mecánica cuántica incluyen la imposibilidad de «etiquetar» partículas idénticas, como los electrones, por lo cual no se pueden identificar. Tratamos esta cuestión en un rompecabezas donde se tenía una vara con hormigas, y vimos que era mucho más fácil de resolver si no se hacía un seguimiento sobre la identidad de estas y se las trataba como si fuesen indistinguibles.

NATURALIDAD

Después hemos pasado al tema de la naturalidad, donde vimos que se pueden obtener gran número de fórmulas y expresiones de física usando el análisis dimensional. Los resultados obtenidos presentaban desviaciones razonables, por lo general de orden 1, respecto de los resultados exactos.

Pero no siempre aparecen cantidades naturales en física. Dirac fue uno de los primeros científicos en señalar que existen algunos números gigantescos que se dan de manera natural. Por ejemplo, la razón entre la repulsión electromagnética y la atracción gravitatoria entre dos protones es una cantidad adimensional que resulta tener un valor astronómico.

Usando las constantes $\hbar$, G y c, obtuvimos las unidades de medida fundamentales de la naturaleza: las llamadas unidades de Planck. Desde la longitud de Planck hasta la longitud correspondiente al tamaño del universo, se tienen las longitudes que se muestran en la Fig. 96.

$$\ell_{\text{Planck}} \xrightarrow{\times 10^{20}} \ell_{\text{protón}} \xrightarrow{\times 10^{20}} \ell_{\text{Sol}} \xrightarrow{\times 10^{20}} \ell_{\text{Universo}}$$

Figura 96. Desde la longitud de Planck hasta la longitud del universo.

También nos hemos encontrado con el enigma de las jerarquías, en las que aparecen cantidades antinaturales, tanto muy grandes como muy pequeñas. El porqué de la jerarquía de escalas es una cuestión abierta aún por resolver. Una disposición más natural habría conducido, probablemente, a ¡un universo de tamaño del orden de la escala de Planck! En tal caso, nuestra propia existencia tendría que considerarse altamente improbable, además de antinatural, pues, en condiciones más naturales, el universo solo existiría durante la escala de tiempo de Planck, es decir, apenas una pequeñísima fracción de segundo.

Algunos físicos han invocado el principio antrópico para que los ajustes finos aparezcan de manera natural, pero esta aproximación conduce a muy pocas predicciones. En efecto, la predicción de Weinberg sobre la constante cosmológica Λ, basada en el principio antrópico, ha sido una de las escasas contribuciones destacables a este tema.

Por otro lado, hemos visto cómo algunos problemas naturales de la teoría de números, que están formulados en términos de cantidades que no son grandes, pueden tener, sin embargo, soluciones en las que aparecen números descomunales. Quizá el problema de la jerarquía de escalas, que parece antinatural en un contexto físico, tenga una explicación similar: puede que solo sea cuestión de plantear los problemas de la manera correcta en términos de variables o cantidades naturales de orden 1.

LA FÍSICA Y LA RELIGIÓN

Hemos examinado algunas ideas filosóficas relacionadas con la física y la religión. Un gran enigma proviene del hecho de que los parámetros que caracterizan la materia y otros fenómenos en el universo tienen que estar muy finamente ajustados para permitir nuestra propia existencia. Los creacionistas dicen que alguien, algún ser sobrenatural, tuvo que ajustar esos parámetros a mano, por así decirlo. Por otra parte, los que creen en explicaciones más naturales apelan al principio antrópico, sugiriendo que nuestro universo ha sido seleccionado de forma evolutiva para que existamos, pues de lo contrario ni siquiera estaríamos aquí para reflexionar sobre estas cuestiones. Al final llegamos a la conclusión de que la ciencia no puede rebatir a la religión, ni la religión puede rebatir a la ciencia. No debemos sacar conclusiones de una de estas escuelas de pensamiento y aplicarlas a la otra.

Si retrocedemos en el tiempo, digamos que hasta la época Newton, en el siglo XVII, encontramos diversos matices de religiosidad. Yo creo que los científicos son en general religiosos, quizá en un sentido poco convencional, aunque puede que no lo reconozcan. Buscan un patrón, un modelo en la naturaleza que puede que ni siquiera exista, pero ellos creen que sí existe, lo que podría considerarse irracional y algo parecido a una creencia religiosa.

Lo más importante es tener una mente abierta. Como Einstein no la tenía, se mantuvo escéptico toda su vida sobre la existencia de los agujeros negros y de las ondas gravitatorias, a pesar de que su teoría de la relatividad general los predecía. Más aún, a causa de sus ideas preconcebidas, Einstein descartó la teoría del Big Bang por considerarla mitología bíblica. Pero a pesar de esos prejuicios, el lugar que ocupa el pensamiento de Einstein en la física lo convierte en uno de los mayores visionarios de la historia de la ciencia.

DUALIDAD

Hemos visto cómo las dualidades, que parecen emerger de manera natural en la física y las matemáticas, pueden transformar una cuestión difícil en una fácil. Se trata de un concepto revolucionario, cuyo impacto en la física teórica ya es muy grande, y que continúa extendiendo su influencia adentrándose cada vez más en las matemáticas. A pesar de ello, es casi bochornoso que no entendamos por qué funcionan estas dualidades. No obstante, puede que haya una razón filosófica para que existan en la naturaleza, que reza así: «Las teorías físicas tienen estructuras tan complejas que casi parece que habría que postular demasiados «milagros» para que pudieran existir. Así que si se obtienen los mismos milagros para dos teorías en apariencia diferentes, tal vez en realidad se trate de la misma teoría, pero ataviada con distintos atuendos; es decir, que las dos teorías sean duales entre sí». Esta es la explicación del físico Sergio Cecotti de por qué existen las dualidades: la escasez de estructuras complejas ¡obliga a que muchas de ellas se repitan!

Los avances en la física están cambiando muestra concepción

sobre el universo y desafiando nuestra comprensión de nociones fundamentales tales como la masa y el espacio-tiempo que habitamos. Dicho esto, es posible que existan límites en lo que respecta al alcance de nuestras teorías. En las últimas décadas, nuestras fronteras teóricas se han situado muy por delante de nuestras capacidades experimentales, por lo que no hemos logrado plasmar muchos de nuestros últimos descubrimientos teóricos en datos observacionales. En cualquier caso, algunas ideas de la física teórica han encontrado y siguen encontrando aplicaciones en las matemáticas, las cuales han resultado ser una vía sumamente productiva. Las conexiones entre estos dos campos son cada vez más fuertes a medida que la ciencia avanza por caminos nuevos e inesperados. Y aunque no conozcamos el itinerario exacto, no cabe duda de que será un viaje apasionante. Espero que nos acompañe en esta aventura.

Glosario

adición de velocidades
agujero negro
agujero negro: singularidad
altura atmosférica
análisis dimensional
Anderson
anti-materia
anti-partículas
apretón de manos: acertijo
Aristarco de Samos
Aristóteles
Arquímedes
Arquímedes: paradoja
Arquímedes: problema del ganado

Bekenstein
Bell
Bertrand Russell
biyección
Bohr
bola de cañón
Boltzmann
Boltzmann: constante
bosón de Higgs
botella de Klein
botella envenenada: adivinanza

Elkies
energía oscura
entropía
entropía de los agujeros negros
Eratóstenes
escala de Gran Unificación
escala de distancias
escala de los seres humanos: rompecabezas
escala de masas
escala de tiempos
estanque circular: rompecabezas
Euler
expansión del universo
experimento de la doble rejilla

Farmelo
Fermat: último teorema
flotabilidad
Friedmann
Feynman

Galileo-Galilei
Gauss
geodésicas
Gödel
grado de una aplicación
Gran Unificación de las fuerzas
gravedad cuántica
gravitón
Greene

Hamilton
Hawking
helicidad
Higgs
holografía
hormigas en un plano: rompecabezas
hormigas que colisionan: rompecabezas

hotel de Hilbert
Hubble

Ibn Al-Haytham
Ibn Muadh
imanes
indistinguibilidad en mecánica cuántica
integral de camino
inversión temporal

Lagranje
lagrangiano
Larmor: fórmula
Lemaître
lente gravitatoria
Levi
ley de Snell
ley del Semicírculo de Wigner
LHC
LIGO
Lorentz
Lu

Maldacena
materia oscura
Maxwell
Maxwell: ecuaciones
mecánica cuántica
mecánica estadística
medianas de un triángulo: acertijo
mezcla de pinturas: adivinanza
modelo de Ising
modelo heliocéntrico
monedas: rompecabezas de las tiradas
monedas: acertijo de la moneda falsa
monje: adivinanza
movimiento de la tierra

naturalidad
neutrinos
Newton
no abeliano
números complejos
números primos
números racionales

Oppenheimer
origen del universo

paradoja EPR
paradoja de los gemelos
paradoja de Monty Hall
paridad
Pascal
pastillas: adivinanza
Pauli
Penrose
Planck
Planck: unidades
Platón
presión
Principia Mathematica
principio antrópico
principio de Bernoulli
principio de correspondencia
principio de incertidumbre de Heisenberg
puntos en un círculo: rompecabezas

radiación de cargas aceleradas
radiación de cuerpo negro
radio de Schwarzschild
recta de ajuste óptimo
rectángulo: rompecabezas
religión y ciencia
rigidez
Riemann

Riemann: función zeta
Robertson
rotura espontánea de la simetría

Schrödinger
series analíticas
Shechtman
simetría de gauge
simetría de rotación
simetría de traslación
simetría especular
Slipher
sólidos platónicos
Steinhardt
Strominger
superconductividad
supercuerdas
supersimetría
Susskind

't Hooft
tablero de ajedrez: acertijo
tablero con ladrillos: acertijo
tableta de chocolate: acertijo
temperatura de la Tierra: acertijo
temperatura y presión atmosférica: rompecabezas
teorema de Brouwer
teorema de Fermat-Torricelli
teorema de Noether
teorema de Pitágoras
teorema fundamental del álgebra
teoría cuántica de campos
teoría de campos conformes
teoría de cuerdas
teoría de la relatividad
teoría de la relatividad especial
teoría de la relatividad general
teoría de números